科幻导论

李广益　主编

重庆大学出版社

图书在版编目（CIP）数据

科幻导论 / 李广益主编 . -- 重庆:重庆大学出版社，2023.8

ISBN 978-7-5689-4098-6

Ⅰ.①科… Ⅱ.①李… Ⅲ.科学普及-普及读物-创作方法-高等学校-教材 Ⅳ.①N49

中国国家版本馆CIP数据核字(2023)第141467号

科幻导论

KEHUAN DAOLUN

李广益　主编

策划编辑：张慧梓

责任编辑：陈　曦　　版式设计：陈　曦

责任校对：刘志刚　　责任印制：张　策

*

重庆大学出版社出版发行

出版人：陈晓阳

社址：重庆市沙坪坝区大学城西路 21 号

邮编：401331

电话：（023）88617190 88617185（中小学）

传真：（023）88617186 88617166

网址：http：//www.cqup.com.cn

邮箱：fxk@cqup.com.cn（营销中心）

全国新华书店经销

中雅（重庆）彩色印刷有限公司印刷

*

开本：787mm×1092mm　1/16　印张：19.5　字数：428 千

2023年8月第1版　2023年8月第1次印刷

ISBN 978-7-5689-4098-6

定价：66.00 元

编委会名单

科幻导论

PREFACE 绪言

曾几何时，科幻只是一个小众爱好，一种“大男孩”、女性、底层、后发民族等边缘群体在想象中获得自由和超越的亚文化。但在世界各地，随着社会的发展，工业文明的演进，尤其是高科技对日常生活的渗透，越来越多的人不得不直面未来的降临。在这个意义上，即便不读科幻小说，也并不热衷于科幻电影，一个现代人仍会随时接触作为文化形式乃至融入生产方式的科幻，成为有意识或无意识的科幻受众。一段窗明几净、描绘都市人居理想形态的家电广告，一件精致小巧、富有工业设计美感的数码产品，一个志存高远、全面应用智能制造的大型企业，都在润物细无声地改变整个社会的科技认知和情感结构，使得科幻不再是天外飞仙的奇谈，而是人们习以为常的存在。

由于“未来已来”，科幻创作遭遇了某种危机，不止一位科幻作家感叹“科幻已死”，因为想象越来越难演绎震撼人心的惊奇。但与此同时，作为一种文化的科幻越来越不需要论证自己的正当性，因为它已经逐渐成为青年人的“缺省配置”，乃至更年轻世代的“先天模因”。正是在这样的语境下，科幻走进了我们的课堂，成为我们学习的对象，或为我们的学习提供某种助力。一百多年前，最早引介和提倡科幻的中国人之一鲁迅感概道，“盖胪陈科学，常人厌之，阅不终篇，辄欲睡去，强人所难，势必然矣。惟假小说之能力，被优孟之衣冠，则虽析理谭玄，亦能浸淫脑筋，不生厌倦。”[1]借助科幻小说直接普及科学知识的做法已经被证明事倍功半，乃至作茧自缚，但鲁迅提示的藉由这种文类“改良思想，补助文明”的可能性，却能够在当代技术条件下获得新的演绎。非但科学幻想与科学传播可以相辅相成，在科技创新、文化创意、社会治理等诸多领域，科幻都能发挥启发、引导、催化的作用，亦因此我们需要认识科幻，掌握打开科幻的各种方式。

在进入丰富而迷人的科幻世界之前，我们首先需要对科幻概念做一番思辨。“科幻”是“科学幻想”的缩写，很多时候都指向以小说形态出现的文学创作，也是电影中举足轻重的类型，人们提到科幻时一般首先想到科幻小说或科幻电影。但实际上，科幻与诗歌、戏剧、散文以及各种样式的文学都有结合，而在艺术门类中也不乏科幻主题的绘画、雕塑、建筑、音乐等。正如science fiction演化为可以冠于任何作品之前的前缀“scifi-”，“科幻”也可以用万千方式来赋形。虽然我们展现给大家的大部分科幻作品都是小说和电影，在行文中也较多地立足于文学，但必须明确指出，科幻首先是一种思维，是一种想象力的展开方式。它既能孕育壮阔的文艺形象，又能发散高蹈的哲人玄思，也能辅助冷峻的战略

1 鲁迅：《〈月界旅行〉辨言》，《鲁迅全集》（第十卷），北京：人民文学出版社，2005年，第164页。

决断。

无论是中文的“科幻”，还是英文的science fiction，今天已经固定下来的表述昭示了这类文艺与科学的紧密关系。很多人认为，在现实中改变了社会的科技发展，也是滋育科幻想象的源泉。缔造美国科幻“黄金时代”的著名编辑、作家小约翰・W.坎贝尔就认为，科幻和科学一样，既能解释已知的现象，也能预测尚未发现的新现象。科幻以故事形式，描绘科学应用于机器和人类社会时产生的奇迹，必须符合逻辑地反映科学新发明如何起作用，究竟能起多大作用和怎样的作用。另一位科幻作家布雷特诺的界定如出一辙：科幻小说是以科学以及由此产生的技术对人类影响所作的理性推断为基础的小说。对科幻的这种理解颇具技术乐观主义色彩，阿西莫夫、海因莱因等科幻大师持类似看法，其中隐含着一种认识论上的自信，即展开想象的主体掌握了对于客观世界的可靠知识，这些知识经过了实践检验，具备真理性，据此可以推演出令人信服的可能世界。

这样的观念或信念，至今仍不乏支持者，细节的合理和逻辑的严密也仍然是衡量科幻作品的重要尺度。然而，科幻中的科学多数时候并不等同于现实中作为一个知识体系存在、一个社会领域运作的科学，即便想象的编织者本身是卓有成就的科学家。科学的严格可能会让步于审美需要，也可能受制于知也无涯，更重要的是，孰为科学本来就永无标准答案。在科学史上，很多名家曾经发表今人看来荒诞无稽、当属臆想的研究成果，并被当时的科学共同体所认可。时人据此生发的想象，在今天看来很不“科学”，但却成为科幻史的重要篇章。由此想来，对于遵照此刻的科学体系划定的科幻边界，若干世代后的人类大概也会付诸一笑。或许我们能够普遍要求的，是一种渗透在想象中的“科学”话语，在其读者看来是唯物主义的、非神学的、超现实而不超自然的。至于这样的想象究竟是可供领导人决策的技术预言，还是批判现实的社会寓言，或是纯粹的形而上学推断，抑或是有所侧重的混合，取决于作者的科技素养以及他展开某种想象的态度和意图。

一些批评家避开了“科学”所指的模糊、游移甚至争议，把科幻定义的重心放在认知功能上。其中最著名的是苏恩文提出的“认知性疏离”（cognitive estrangement）。在他看来，科幻是“一种文学类型或者说语言组织，其充要条件是疏离和认知的在场与互动，其主要形式装置是替代作者经验环境的想象框架”。[1]朱迪斯・梅里尔同样认为科幻是一种运用了科学方法的有效认知手段。这类故事就其本质而言可以称为“推测小说”（speculative fiction），其目的是“通过投射、推断、类比、假说–纸上实验等方式来探索、发现和了解宇宙、人和‘现实’的本质。”[2]以上两位学者的观点合在一起，与同样关注认知功能，并

1 Darko Suvin, *Positions and Suppositions in Science Fiction*, London: Macmillan, 1988, p.37.

2 Judith Merril, “What Do You Mean: Science? Fiction?” in Rob Latham ed., *Science Fiction Criticism: An Anthology of Essential Writings*, New York: Bloomsbury, 2017, p.27.

曾经主导中国科幻创作的“科普工具论”形成鲜明对比。后者将“科学幻想读物”简单地视为知识载体，如苏联学者奥尔加·F.胡捷认为，这类作品“是用文艺体裁写成的——它用艺术性的、形象化的形式传播科学知识”[1]，另一位苏联评论家E.C.李赫兼斯坦更直接地称之为“普及科学知识的一种工具”。[2]事实上，借助小说文体介绍科学知识的尝试从晚清一直持续到现在，而且1949年以前science fiction大多数时候被翻译成“科学小说”。其后，中文从俄文научная фантастика汲取了“幻”，形成“科学幻想小说”的文类定名，但“科学小说”的称谓并未消失，甚至有人坚持认为，应该单列一类“科学小说”，其中的推测和设想都有科学依据，不能与“科学幻想小说”等量齐观。苏恩文等人的界说无疑为科幻文类提供了更大的深度和广度，也点出了这一文类介入社会的重要途径，而中国科幻百年来的科普传统虽然曾在特定时期限制甚至阻遏了文类的发展，却也造就了独特的路径和经验，至今依然发挥着重要作用。

由此可见，在科幻文类不长的发展史上，已经层累了若干种对于这一文类的界定。每种定义都代表了定义者从自身经验和立场出发对科幻的理解，进而对科幻创作产生程度不一的影响。有的提法今天已经式微，但却在科幻史上留下了深深的印记，甚至代表着某种不容忽视的可能性。在这些年代不一、面向各异的科幻定义之中，很难找到有意义的共识或公约数，也很难产生一统天下的权威，以至于科幻批评家达蒙·奈特从外延入手，表示“科幻小说就是科幻小说家们写的小说”。类似的想法如诺曼·斯宾拉德所说，“科幻小说就是任何出版为科幻小说的读物”。这些定义看起来是取巧，也的确存在漏洞，但却在最大程度上包容了科幻的多样性。另有论者试图在内核的坚实与边界的开放之间取得平衡，如中国科幻作家王晋康在《漫谈核心科幻》一文中，一方面承认科幻是一个“模糊集”，另一方面又勾勒兼具科学之美、科学理性、科学立场的“核心科幻”，视之为支撑科幻文类存在的一块最重要的基石。应该说，科幻何以成为科幻，何以独具魅力，何以避免消融在别的文艺门类中，始终是一个关键问题，“核心科幻”论的意义正在于此。

科幻概念无法定于一尊，这曾被认为是文类发展的障碍，尤其是在讲求“名正言顺”的中国语境中。不过，换一个角度来看，这种情况或许并非全然负面。科幻发展到现在，已经是一个维特根斯坦所谓“家族相似”的概念。被这一概念所指涉的对象，其关联不是普遍具有的共性，而是其中的一些和另一些在某一点上相似，另一些又和另外的一些在另一点上相似，如此构成无中心的亲缘网络。在这个意义上，“核心科幻”虽云“核心”，或占据了科幻史某些阶段的中心，在长程视野中却也只是具有重要意义的非中心存在。个体

1　O.胡捷等：《论苏联科学幻想读物》，王汶译，北京：中国青年出版社，1956年，第1页。

2　李赫兼斯坦：《论科学普及读物与科学幻想读物》，祈宜译，北京：科学普及出版社，1958年，第20页。

或群体在具体的时刻，从具体诉求出发，会倚重某种特定的科幻观，但从根本上说，开放和无中心的科幻，始终向人们的好奇心、探索欲和创造力挥舞着橄榄枝，邀请大家沿着各自不同的路径前来思考和想象，在一个不断被科技所改变的世界中，自我和人类的境遇以及命运。

在对科幻的内涵外延有所了解之后，读者或许会产生这样的问题：通过学习一门以科幻为主题的课程，我能收获些什么？对科幻感兴趣，大可按照自己的偏好，读小说、看电影、玩游戏，为什么要因此走进课堂？上了这门课，我对科幻的热情是否反而会被拗口的术语、平淡的讲授、繁琐的作业所熄灭呢？

对于将要使用这部教材的老师们来说，在自己的教学设计中思考并回应以上问题，有助于增加课程的吸引力。一本教科书有各种各样的用法，一门课程也有丰富多彩的讲法，也许各位老师和同学的自由发挥才是师生在课堂内外一起享受科幻的关键。在这里，我们谈谈自己的想法，抛砖引玉，为大家探索科幻课程的无限可能提供一点参考。

——在课程中，可以形成“阅读的共同体”，一起欣赏科幻之美，共同感受“科幻的原力”。的确，今天的人们可以很便捷地独自沉浸在文艺所创造的另一个时空中，但同时也很容易被各种信息和琐事干扰、打断，乃至半途而废。克服碎片化生活的一种方式，就是进入一个专注于作品的集体氛围，而课堂的场所和纪律正是营造这样一种氛围所需要的。此外，“独乐乐不如众乐乐”，通过分享交流，彼此印证感受、辩驳观点，尤其对知识密度和思想含量较高的科幻文本，“奇文共欣赏，疑义相与析”，每一位课程参与者对作品的认知都逐渐丰富起来，知吾道不孤，亦知天外有天，日常有得，身心皆宜。

——在课程中，可以深入理解承载科幻的各种文艺形式。在科幻小说中，人物不再是理所当然的中心，描绘一个惟妙惟肖的想象世界才是很多杰作的关键。也就是说，衡量科幻小说时不能墨守主流文学的陈规，否则便会缘木求鱼。风靡全球的科幻大片，亦引领了电影工业技术的飞跃，从而改写了电影史。科幻给文艺带来了妙想和奇观，更不断冲击和挑战着主导性的语言形式和符号体系的边界。揣摩这些作品的过程，也是疏离习以为常的形式构造，重新思考文化表达可能性的过程。另一方面，科幻往往又受到大众文化工业的青睐，成为某种通俗化、类型化的文化产品，其生产机制同样值得审视。

——在课程中，可以尝试科幻创作，构造属于自己的世界。今天的创作，不必是文学青年扬名立万的途径，而可以是在一个社会生活被高科技深刻渗透的时代，青年心灵有所感，有所思，有所飞扬，有所沉郁地自我表达。也许有人从这里起步，成为科幻大师，但更令人期待的是，未来的许多“斜杠青年”，将“科幻作家”作为自己的多重身份之一，在灵感袭来时能够从忙碌的生活和工作中抬起头来仰望星空，用文字之光驱散精神的晦暗。而在文字之外，一幅与AI协作完成的科幻画，一段意境悠远的科幻微视频，一个逼真再现文明毁灭与重生的科幻游戏，都会见证创造力的解放。

——在课程中，可以借助科幻，审视渗透和支配生活的科技。科幻把科技可能造就的未来美好生活，也把科技走上歧路所导致的灾难图景，一同带到我们面前。科幻用科技树另类生长而成的或然世界，让人思考现实中的技术发展是否存在别样选择；又在想象的未来解决困扰我们的难题，令人憧憬科技进步给人类带来的跃迁。科幻能够在壮丽的蓝图上点出科学家的重要位置，激励科研工作者的雄心壮志，也能够让人们看到失败工程留下的断壁残垣，警示试图驾驭自然伟力者必须临事而惧，好谋而成。科幻集聚了各种各样的“主义”和声音，任其碰撞冲突，激辩科学的是非，技术的善恶，以及研究者、发明者和使用者的伦理责任。

——在课程中，还可以通过科幻提供的独特视角，思考自我、社会、国家、人类、世界等一系列元命题。在科幻作品中，一方面，“一切坚固的都烟消云散了”，孰为人，孰为智慧，孰为生命，从社会制度到道德尺度，从遗传规律到物理定律，所有历史终结论和封闭世界观的基石都在科幻中动摇；另一方面，又出现了前所未有的宏大而整全的视角，在更高的维度上观照人类在全球化时代深度联结之后的共同命运。在人工智能的浪潮中，在后人类时代的曙光中，在世界体系的混沌中，在文明依然被束缚于这个星球、不能聚合力量远航无垠的局促中，科幻鼓励我们把目光真正投向未来，在新的时代寻找沉溺在过往经验中的人们不能提供也无法想象的答案。

编写《科幻导论》，首要目的是满足高校科幻类通识课程的需求，同时也可用于中文、外文、艺术等学科和专业的课程，此外众多科幻迷也是本书潜在读者。我们希望这部教材大家读来意兴盎然，跟随遍布其中的奇想妙想解放自己的心灵，也希望能够为有志于科幻文化事业者提供一些命题和方法上的参考。为此，我们在编写中兼顾通识性和学术性，在信而有征、清通可读的基础上，突出具有导向意义的学术论断，并在每章的末尾提供了深入研习所需参阅的文献。

本书包含六个主要板块。在“历史”板块，我们试图摆脱过往科幻史的西方中心模式，梳理和呈现科幻在不同文化土壤中的全球生长；“批评/理论”板块提供了一些经典和前沿的理论视角和路径，读者可循此深入剖析科幻作品，或通过科幻作品走向具有根本意义的人文社会命题；“跨媒介/类型”板块展现了生发于科幻而多姿多彩的文艺创作；与之相对，“跨学科”板块昭示，科幻思维在人文科学、社会科学乃至自然科学研究中大有用武之地；“创作”板块是资深科幻作家创作心得的凝练，帮助广大读者从“临渊羡鱼”到“退而结网”；最后，“关键词”是对科幻作品的基本主题或母题的一个概括，方便读者快速建立对于这类创作的整体认知。

怀着发展科幻教育、繁荣科幻事业的热忱，来自海内外高校的数十位学者参与了这部教材的编写。得益于重庆大学出版社的组织、协调，教材编写团队多次举行工作会议，集思广益，协同推进，并克服了疫情的影响，如期完成了编写工作。

在感谢出版方的鼎力支持和每一位编委的倾情投入的同时，我们将此书献给中国科幻教育的开创者吴岩教授。从1991年在北京师范大学开设中国第一门科幻课程并自编《科幻小说教学研究资料》到如今，吴老师始终奋斗在科幻教育的第一线，直接或间接地影响了所有以科幻为志业的中国学人。作为高等教育领域的第一部科幻教材，《科幻导论》正是他多年前播下的种子所长出的又一个果实。

CONTENTS 目录

第一编　历　　史

第一章　从神话传说到科技故事

作为一种现代性的文类，科幻的兴盛与现代大工业的发展以及科技革命的进程息息相关，作为现代科幻核心要素之一的幻想在古老的传说中展开了腾飞的翅膀。从古代的神话传说到近现代的科技故事，人类的想象化作一幅幅动人的画卷，其中包孕着现代科幻的萌芽。

第一节　遥远的别处：通往未知的奇异旅行

在科幻研究史上，人们对于“科幻”的定义始终莫衷一是，而这带来的直接问题便是如何界定科幻这一文类的开端。在《亿万年大狂欢：西方科幻小说史》中，英国科幻作家布莱恩·奥尔迪斯将玛丽·雪莱发表于1818年的带有哥特小说色彩的《弗兰肯斯坦：现代普罗米修斯的故事》（以下简称《弗兰肯斯坦》）视为现代科幻小说的起源。尽管奥尔迪斯的观点在其著作发表之初受到了多方质疑，但当下越来越多的人接受了他的观点，认为工业革命、科技和现代性成就了《弗兰肯斯坦》在科幻史中的创始地位。

著名科幻学者詹姆斯·冈恩认为，在《弗兰肯斯坦》之前，不存在任何真正意义上的科幻小说。不过，若追溯科幻这一文类的前史，我们会在遥远的别处发现许多带有科幻色彩的作品。科幻小说是人类在艺术上对变革经历的回应，而这些希望、梦想和恐惧是人类古已有之的对世界的好奇性、认知性的表述，特别是对幻想性器物、工具的呈现。中国古代典籍《酉阳杂俎》中鲁班制造的木鸢、《夷坚志》中的下颚移植术、《梦溪笔谈》中返老还童之药等故事，以及《三国演义》里的木牛流马、《博物志》中的奇肱国“飞车”、《拾遗记》里的神秘飞翔机械“贯月槎”等想象，无不带有科幻色彩。正如科幻作家杨鹏所言，“由于时代的局限，中国古代的科幻故事和科幻小说不可能使用现代人的词汇，如激光、全息摄影、机器人、飞碟、外星人等。当他们幻想出这些东西来时，只好用他们惯用的词汇来代替。如飞碟叫做仙槎、明珠、火球；望远镜叫宝镜；机器人叫木偶人、傀儡、铁冠人；而外星人，更多地被叫成羽人、鬼怪、神仙。”[1]

尽管这些称呼不那么科幻，甚至有的还带有神话色彩，并且有些想象欠缺小说的某些要素，但其中一些小故事已经具备科幻小说的部分特征，最为经典也最常为人们所提及的是《列子·汤问》中偃师造人的故事。在这部作品中，偃师制造的人偶能歌善舞，甚至以假乱真，致使周穆王因人偶与自己侍妾眉目传情而想要将其处死。《偃师造人》这一寓言故事构思独特，植根于中国文化传统的土壤之中，被一些研究者视为中国古代第一部科幻小说。这篇作品是否能被归为科幻小说可以再做进一步的讨论，不过整个故事的构造尤其是对“技术造物”的精妙想象，无疑具有十分显著的科幻色彩。

其实，科幻小说的核心要素之一幻想，在世界各国神话中就已经大量存在。人们在想象中遨游太空，思索人类的位置，并以史诗、戏剧或神话故事的形式加以表述，如古巴比伦史诗《吉尔伽美什》讲述的故事包含了人类对毁灭的恐惧与控制自然的梦想，其所关注的人民与统治者之间的关系以及人应该如何对待死亡也正是科幻小说所关心的问题。而在中国的神话故事女娲补天、夸父逐日、大禹治水、后羿射日中，科幻想象也在萌生。此外，作为现代科幻小说另一个重要特征的冒险旅行也可以在荷马史诗《奥德赛》以及戏剧、历史、对话录、散文传奇等古希腊文学中找到原型。这些作品中有些故事有现实的对应，有些则是单纯的幻想。一些评论者“将所有这些归于科幻小说的早期形态”。[2]

而在古罗马，萨莫萨特人琉善创作于公元165—175年之间的《一个真实的故事》也颇具科幻小说风味。这部作品讲述了“我”与冒险者同伴们在大洋上航行却被狂风卷到太空的一系列荒诞不经的故事。此书名为“真实故事”，表达了作者对当时流行的文化思想和哲学理念的讽刺，英国作家斯威夫特的名著《格列佛游记》也直接受到这部作品的影响。因此，也有很多人将琉善视为首位科幻作家，称其为“科幻小说之父”。不过亚当·罗伯茨指出，在琉善之前，已经有许多作品开始想象太空，如普鲁塔克分别写于公元80年和90年的《论月球表面》和《论苏格拉底的守护神》，前者通过作品中虚构人物的讲述，描绘了一个幻想的月球表面景象，如月球的山脉、峡谷、火山和环形山等地貌特征，后者则在一个人物讲述自己“灵魂出窍”的经历时想象了宇宙的样貌。安东尼·第欧根尼创作于公元100年的《修黎之北的漫游》也描写了主人公们从西西里岛到修黎再进入北极圈，从而登上月球这个“一尘不染之地”的传奇探险经历。因此，罗伯茨认为琉善难以称为首位科幻作家，他仅仅处于这类题材创作潮流的末期。

事实上，空中的奇异旅行拥有悠久的世系，古典文学中对于星空的想象某种意义上构成了科幻经典母题的原型。在欧里庇得斯的《柏勒罗丰忒斯》中，天空（或称为天神）常被描述为拥有强大而不可控制的力量，有着各种各样的形态和能力。阿里斯托芬的戏剧

1 杨鹏：《中国古代有没有科幻小说》，杨鹏、张润芳、冯莹：《中国古代科幻故事集》，北京：中国少年儿童出版社，1997年，第5页。

2 亚当·罗伯茨：《科幻小说史》，马小悟译，北京：北京大学出版社，2010年，第33页。

《和平》和《鸟》也展现了与天空相关的神话元素，如前者描绘了被禁锢在天上的巨人提丰以及掌控天空的宙斯等神话人物，后者则想象了一个建在天空中的城市“云之上城”，人们在这座耸立于云端的城堡中可以与神灵交流。西塞罗所著《论共和国》第六卷残存部分《西庇阿之梦》虽然是政论，具有相当程度的道德寓言意味，但其中蕴藏的宇宙视角却使其带有不同于其他作品的科幻色彩，如作品中的描述，星辰“比我们所能想象的更巨大……地球看起来是多么渺小，这让我轻视起罗马来，它仅仅是地球上的一个小点”。

在西方进入中世纪后，文学与宗教开始紧密结合。尽管在文学中，幻想依然存在，但在某种意义上，这种被宗教塑造的想象更像是奇迹，如《圣女列传》中“充满神奇元素的生动的故事”以及但丁《神曲》对于地域、炼狱以及天堂的描绘。文艺复兴打碎了思想的桎梏，而思想家们对宗教宇宙观和世界观的突破不仅为科学的进一步发展扫清了障碍，也为科幻想象的再次腾飞奠定了基础，可以说，开普勒的《梦》(1634)、戈德温的《月中人》(1638) 等作品接续了古典文学中的星空想象这一科幻母题。

想象是人类最重要的能力，也是促使人类不断进化的强大推动力。远古以来，人类文化不断涌现形形色色的瑰丽幻想。这些幻想或许并不能完全称为科幻，但其中却包含现代科幻的种子，构成科幻文类的漫长前史。

第二节　乌托邦：社会设计的蓝图

科幻小说想象科技对人类社会产生的影响，而乌托邦则“探讨我们如何生活，以及如此生活将使我们置身于怎样的世界”。[1]那么后者是否可以归为科幻小说呢？这其实是一个被长期讨论的问题。有一些评论者认为乌托邦文学实际是讽刺文学，它的力量来自于理想社会与现实之间的距离及其产生的批判性和动员能力。不过，如果我们扩大科幻文学的定义，将其视为对人类社会结构的某种想象，如苏恩文定义科幻时提到的对“新的社会组织”的渴求，那么乌托邦文学也属于广义上的科幻文学。

托马斯·莫尔

“乌托邦”这一名称源于托马斯·莫尔发表于1516年的著名作品《乌托邦》。在这部作品中，莫尔创造了一个理想的社会，人民的民主由全岛大会和议事会实现，国家官员由选举产生并实行轮换，而在教育、经济等社会生活的各个方面也有独特的制度设计。《乌托邦》

1　鲁思·列维塔斯：《乌托邦之概念》，李广益、范轶伦译，北京：中国政法大学出版社，2018年，第1页。

以游记的独特形式开辟了乌托邦文学这一新的脉络谱系，康帕内拉写于1602年的《太阳城》、安德里亚出版于1619年的《基督城》以及弗朗西斯·培根发表于1627年的《新大西岛》等一系列作品均可纳入乌托邦文学传统之中。

意大利人康帕内拉的《太阳城》以对话体的形式想象了一个废除了私有制的社会。这个国家实行哲人政治，统治者名叫霍赫，是一位仁慈的哲人王，也是城邦的主教。在这个国家，人们为社会进行生产，在劳动之余从事科研和体育活动，生活用品在监督之下按需分配。康帕内拉笔下的太阳城显然与莫尔构想的乌托邦异曲同工。

德国神学家安德里亚创作的《基督城》以同样的游记形式想象了一个生产资料公有制的基督徒国家。基督城由集体领导，三人联合执政，分管司法、审计和经济，同时国家重视教育，人们根据自身所习技能分别参加各个行业的劳动，社会产品按需分配，住宅也统一调配。尽管《基督城》的社会设计具有浓厚的宗教色彩，但这部作品仍然与乌托邦文学的传统一脉相承。而《基督城》也与《乌托邦》《太阳城》并称为西欧空想社会主义史上最早的三颗明珠。

实验科学的创始人弗朗西斯·培根的《新大西岛》则设想了一个由科学主宰的社会，岛上的执政机构“所罗门之宫”由科学家和知识分子组成。与《乌托邦》《太阳城》《基督城》等作品的不同在于，《新大西岛》对未来人类社会的想象奠基于科学和技术，其中不乏潜水艇和自动机械人等这些在当下已成为现实的幻想。

乌托邦总是将理想社会置于当下时间中的另一个平行空间，去设计新的蓝图，而这些理想社会总是需要更加先进的科技去推动，这在另一方面促进了科幻的萌发。事实上，一些国家的科幻文学正孕育和产生于乌托邦文学，比如俄国科幻。

乌托邦不仅从正面促使人们设计美好、理想的社会，滋育科幻想象，在相反的方面也推动着反乌托邦小说的产生。诞生于20世纪的反乌托邦三部曲——扎米亚京的《我们》、赫胥黎的《美丽新世界》和奥威尔的《1984》，便被视为对乌托邦思想的反思。三部作品均想象了科技和极权体制对于人类自由和个性的威胁以及对个人情感的剥夺，探讨人类本质和生命的意义。尽管依然存在一定争议，但这三部作品在当下已被大部分读者和研究者视为社会型科幻小说的一类。

想象中的乌托邦存在于此时的彼处，虽是“乌有之乡”却并非无源之水。它总是奠基于作者所生存时代的国家和社会，并时刻以此参照。正如罗伯特·阿普尔鲍姆所述，“曾经被认为就在那儿的，它们处于超越欧洲经验之外的世界里，建构了我们的希望和欲望，也建构了我们对于自己是谁、身在何处的本体论感受，只不过是我们此地的荒唐而又满心希望的投射。”[1]无论乌托邦的想象多么天马行空，它总是无法脱离作者所生活的现实，而将其推衍到逻辑上的极端时，便会使人自然而然产生另一种观点：“只有在世界之外，才

1 亚当·罗伯茨：《科幻小说史》，第68页。

能保留可能性和理性他者的概念空间。”[1]因此，当乌托邦小说逐渐式微之时，随之兴起的便是17世纪以降的“未来小说”。

第三节 科学传奇：理念、假说与事实

1543年，哥白尼的《天球运行论》横空出世。这部著作提出的“日心说”突破了托勒密“地心说”的思想桎梏，是近代科学革命的开山之作，促进了西方近代世界观的形成。哥白尼的革命不仅唤起了人们对于宇宙的崇高感和“惊奇感”，更重要的是推动了科学观念的传播与发展。17—18世纪，启蒙运动的蓬勃发展不仅进一步解放了人们的思想，也使得“科学”和“理性”的观念深入人心，而“科学”话语的兴起无疑对现代科幻的勃兴产生了至关重要的作用。

保罗·萨尔茨曼在《英国散文小说1558—1700》中曾统计，在17世纪的英国共有477部小说作品，其中有21部属于科幻这一文类，“这21部科幻小说是接下来两个世纪中飞速发展的作为一种文类的科幻小说的开端”。[2]当科学成为一种无可回避的社会存在之后，古典知识分子便通过科幻创作来思考和回应现代世界的种种挑战，其中，约翰尼斯·开普勒及其作品《梦》无疑占据着相当重要的位置。

开普勒在16世纪末曾写出《月球的天文学》的草稿，数十年间不断修改，直到1630年去世时也没有出版。在开普勒辞世后，其儿子于1634年将这部草稿以《梦》为题发表。这部作品讲述了一个人怎样飞往月球以及月球人是怎样生活的故事。主人公“我”做了一个梦，梦见自己在看一本书，书的主人公名叫杜拉克托斯，其母亲是女巫。故事便是杜拉克托斯的女巫母亲向他讲述精灵如何在地球和月球之间穿梭以及月球真实情况的故事。这部短篇小说总共只有3800词，然而用于解释文中出现的科学知识的注释却高达15000词。在这部短篇小说中，科学与幻想或者说魔法之间产生了奇妙的张力，这也使这篇小说具有较强的感染力，并在特定的年代“详尽阐释了‘新教’理性科学和‘天主教’魔法/魔力的想象力泛化之间的辩证关系”。[3]

从《梦》中可以看到深受宗教思想影响的古典知识分子面对科学挑战时的态度。而在17世纪，星际旅行题材的作品清晰地表现了知识分子利用科学展开的想象。如威尔金斯1638年的作品《月球世界的发现》想象借助飞行器或人工翅膀飞向月球，以及17世纪中叶西拉诺·德·贝热拉克的两部在其去世后才出版的宇宙旅行小说《月球之行》（1657）

1 亚当·罗伯茨：《科幻小说史》，第68页。

2 亚当·罗伯茨：《科幻小说史》，第52、53页。

3 亚当·罗伯茨：《科幻小说史》，第53页。

和《太阳之行》(1662)。贝热拉克的两部作品想象利用不同的科学方式如反射光镜、火箭飞向月球和太阳，同时也夹杂着对于神学问题的冗长论述，显示了17世纪科幻小说的某种特征：科学元素与宗教元素的辩证张力。

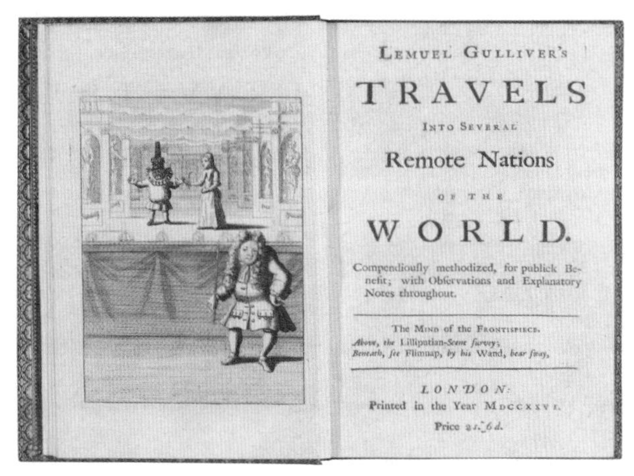

《格列佛游记》1726年初版版权页

随着启蒙运动在18世纪欧洲的深入，科学理性开始成为一种哲学共识，这极大地促进了科幻的想象。不过与此同时，人们也开始对这一共识展开反思。可以说，在科幻史上，18世纪是一个相当重要的阶段。乔纳森·斯威夫特出版于1726年的《格列佛游记》是否能被纳入科幻小说这一文类？这是一个众说纷纭的问题，譬如奥尔迪斯就认为这部作品不能算是科幻作品，因为它的主旨是讽刺性/道德性而非思辨的。不过冈恩等学者还是认为《格列佛游记》具备科幻小说的特征，譬如第三部对飞行浮岛的种种描写展现了科学技术对人类的影响。尽管斯威夫特不信任科学，其作品主要是讽刺时政，但《格列佛游记》的种种描述却深刻揭示了科学对于人类社会的影响。启蒙运动的代表人物伏尔泰也曾写下具有科幻色彩的小说《微型巨人》。在这部作品中，伏尔泰想象了一个身材巨大的天狼星人来到地球并与地球人展开辩论的故事。《微型巨人》显然具有科幻小说的外壳，比如外星人降临的故事模式，不过在这篇小说中伏尔泰更多还是在进行哲理层面的思考，通过外星人的视角来将地球中心的观念相对化，来强调宇宙的广阔性，清除基督教启示的普世性。《格列佛游记》和《微型巨人》都可归于“奇异旅行”这一悠长的科幻传统。在18世纪，这种类型的作品也大量存在，如乌洛夫·达林的《埃里克和高斯的故事》、罗伯特·帕尔托克的《彼得·威尔金斯的生活和历险》、路德维希·霍尔伯格的《尼古拉·克里姆地下旅行记》、勒·谢瓦利埃·德白求恩的《水星故事》、斯威登伯格的《关于地球》等等。

18世纪末期，哥特小说开始风靡英国，其源头可追溯到霍勒斯·华尔浦尔于1764年出版的《奥特朗托堡》。小说主要讲述了一个发生于16世纪意大利南部奥特朗托城堡中的诡异故事，告诫人们追求权力和自私自利的人最终会遭到失败和惩罚。作为文学流派的哥特小说主要探讨极端感情和黑色话题，渲染阴森、恐怖的气氛，小说的背景也常常是废弃的哥特式城堡、修道院等等。而在哥特小说的文学潮流中，孕育着被视为现代科幻第一部作品的《弗兰肯斯坦》。

生物学的发展、电的发现以及哥特小说的文学潮流共同促使了玛丽·雪莱的名著《弗兰肯斯坦》的诞生。用冈恩的话来说，“如果这部小说算不上是第一部科幻小说的话，

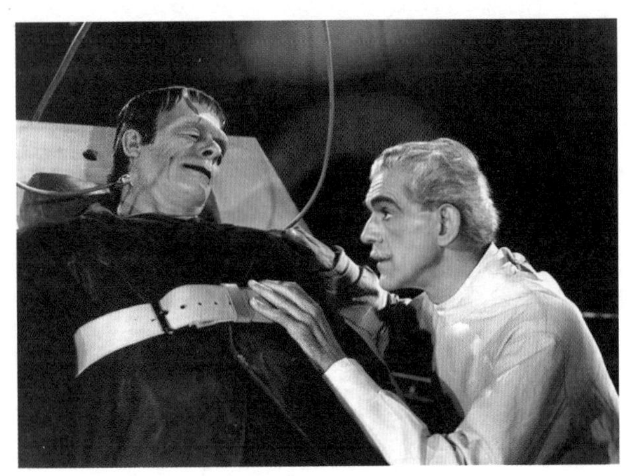
1931年詹姆斯·怀勒执导的科幻电影《科学怪人》剧照

那至少也是第一部包含未来科幻小说诸因素的长篇小说。”[1]应该说，这个评价是相当公允的。在这篇小说中，疯狂的科学家维克多·弗兰肯斯坦从自己住处附近的藏尸间偷来尸体的各种肢体并将其组装，最终在一个风雨交加的夜晚利用电流创造了一个新的生命。然而这个创造物却如怪物般丑陋，不被人类社会和自己的创造者所接受和容纳。在创造者和创造物的一系列的纠葛之后，这个被科学怪人制造出来的生命选择了自焚。

《弗兰肯斯坦》具有哥特小说阴森、恐怖的基调，深受时代思潮影响。工业革命在带来先进的科学技术，使人对未来充满乐观希望的同时，又让人陷入恐慌和沉思——科学对人以及人类社会将产生怎样的负面或异化的作用。《弗兰肯斯坦》以小说形式触及这个主题，并具有相当的思想深度，而整部小说的文学构思以及对科学技术的强调也使其带有强烈的科幻色彩，对后世的科幻创作产生了巨大的推动作用，其影响力延续至今。由此观之，《弗兰肯斯坦》确实可称作第一部现代科幻小说，而玛丽·雪莱也担得起“科幻之母”的赞誉。

说到早期现代科幻，爱伦·坡也是一位绕不过去的人物，萨姆·莫斯考维茨这样评价：“坡对科幻小说的全部影响是无法计算的，但他对这一流派发展的最伟大贡献在于，他提出了一条规则，即对所有超乎寻常的东西都必须进行科学的解释。”[2]作为美国短篇小说先锋的爱伦·坡创作了一批具有科幻色彩的作品，如《莫诺斯与尤娜的对话》《气球骗局》《大漩涡底余生记》《催眠启示录》《崎岖山脉的故事》《未来的故事》《瓦尔德马先生病例之真相》等。《莫诺斯与尤娜的对话》讲述了两个灵魂在死亡后的交谈，涉及时间、空间和宇宙的概念，探讨灵魂存在的可能性；《气球骗局》虚构了一个名为蒙哥马利·托普汉姆的英国人，乘坐一架热气球横渡大西洋的故事，小说讽刺了新闻媒体的不负责任，但关于热气球飞行技术的想象使其带有科幻文学的色彩。《瓦尔德马先生病例之真相》则是包含科幻元素的恐怖小说，一位名叫瓦尔德马的人在临死前被注射了一种药物，于是便处于一种悬浮的状态。虽然在奥尔迪斯看来，“坡最好的故事不是科幻小说，他的科幻小

1　詹姆斯·冈恩、郭建中主编：《科幻之路（第一卷）》，福州：福建少年儿童出版社，1997年，第190页。

2　詹姆斯·冈恩、郭建中主编：《科幻之路（第一卷）》，第241页。

说也不是他最好的故事，”[1]但爱伦·坡对于科幻文学的意义仍然毋庸置疑。在科幻作品中，他探索科学与严肃之间的辩证关系，将直觉想象视为科学进步的引擎，表达了一种对“变革”的独特理解，而这也成为后来科幻小说的重要特征之一。

从遥远的神话传说到17世纪的乌托邦，再到工业革命初期的科技故事，人们一直在想象一个不同的世界，从这些想象中可以勾勒科幻文学的漫长谱系。尽管这些小说、故事、轶闻、札记或许很难真正归入科幻序列，但却为现代科幻留下了若干闪烁着心灵光采的概念、结构、形象、语词。当我们谈论科幻史时，不应忽视这些“史前”的科幻萌芽。

（本章撰写：张泰旗）

课后思考：

1. 你知道哪些想象了技术和科学的古代文学作品？那些想象与今天的想象有何不同？
2. 描绘理想社会蓝图的作品有哪些？反映了怎样的哲学理念？

1 布赖恩·奥尔迪斯、戴维·温格罗夫：《亿万年大狂欢：西方科幻小说史》，舒伟、孙法理、孙丹丁译，合肥：安徽文艺出版社，2011年，第56页。

第二章　科幻文类的兴起

19世纪中期到20世纪初，法国和英国分别诞生了被誉为“科幻小说之父”的作家凡尔纳与威尔斯，伴随着科技大爆发及现代出版技术的发明，此时科幻小说的雏形已经在欧洲与美国出现。萌芽时期的科幻小说在主题、内容、形式上进行了各个方向的探索，在此过程中，逐渐形成了科幻小说的一套创作模式，并为这一文类的最终诞生提供了沃土。

第一节　科幻双星

儒勒·凡尔纳是世界上最多产、作品流传最广的作家。当他把自己的作品称为“奇异旅行”（Les Voyages Extraordinaires）时，他就与此前漫长的文学传统产生了跨越时间的联系。比凡尔纳小一辈的赫伯特·乔治·威尔斯获得了更大的声誉，他的作品被称为“科学传奇”（scientific romances），影响了世界各国的文学界和思想界。可以说，凡尔纳为科幻小说赢得了读者，体现了一种社会影响力，而威尔斯则让世人明白科幻小说可以成为文学作品。至此，科幻小说这一流派的创作准则才真正诞生。

儒勒·凡尔纳

1828年2月8日，凡尔纳出生于法国南特卢瓦尔河上的费多岛。他是一位著名律师的儿子，18岁时遵照父亲的意思，去巴黎攻读法律。青年凡尔纳对法律毫无兴趣，而是渴望成为一名作家。1851年，凡尔纳遇见同样来自南特的作家皮特尔-谢瓦利埃，而后在他担任主编的《百家文苑》杂志上发表了处女作《墨西哥的幽灵》。同年8月，该杂志又刊发了凡尔纳的第二篇小说《空中历险记》。这篇小说融合了冒险叙述、旅行主题和细致的历史研究，凡尔纳日后称它是“故事系列”的第一个标志。

1856年，迫于生计，凡尔纳当起了股票经纪人。1857年，与带着两个孩子的寡妇奥诺丽娜结婚。1862年，凡尔纳在爱伦·坡《气球骗局》的影响下，创作了《气球上的五星期》。赏识此书的出版商皮埃尔-儒勒·赫泽尔不但签下这部作品，还答应为凡尔纳出版一套"奇异旅行"丛书。1863年1月，《气球上的五星期》正式出版，获得了出乎意料的成功，若干版本即刻售罄。书里的核心科技形象热气球其实并非纯然来自幻想，但其中旅行、气球、气球装置等种种复杂的细节描述是超前于那个时代的。此时距孟格菲兄弟第一次乘坐气球升空已有90年了，但只有在凡尔纳的创作中，热气球才成为一个具体可感的文学意象。凡尔纳此后的多部最具影响力的作品也延续了这个创作思路。多年以后，身为编辑的坎贝尔指出，"有两样最基本的事情，读者希望作者能做到其中之一，最好是两者兼顾。作者必须提供比读者所能想象出的更棒的细节，或者想象出读者想象不到的东西。最理想的情况是，作者想象出一样新的东西，同时提供绝妙的细节。"[1]

凡尔纳此后进入了创作高峰期。他拥有扎实的文字功底与丰厚的知识储备，又有良好的写作习惯，因此保持着每年出版两三本优秀小说的高效创作。这些小说都可以归入"奇异旅行"这个大标题下，包括"海洋三部曲"《格兰特船长的儿女》《海底两万里》《神秘岛》，以及《地心游记》《从地球到月球》《环绕月球》《八十天环游地球》等经典作品……按照赫泽尔当时和凡尔纳签订的合同，其报酬足够他支付上流社会的生活开销。凡尔纳由此开创了科幻文学的一个先河——他是世界上第一位职业科幻作家，甚至也是第一位在作品中植入船厂商业广告的作家。稳定的出版合同保障了凡尔纳长年的持续产出。

1905年3月24日，凡尔纳安息于法国亚眠家中，享年77岁。全世界纷纷电唁，悼念这位伟大的科幻作家。凡尔纳一生勤勉，著作等身，仅小说就有104部。据不完全统计，凡尔纳的著作在过去的一个多世纪被翻译成了150余种文字，译本超过4000种，是世界上作品被翻译第二多的作家，仅次于阿加莎·克里斯蒂。在过去的160多年中，数以十亿计的人们阅读过凡尔纳的作品。在可以预见的将来，凡尔纳的作品还将继续影响这个世界。

I.F.克拉克指出："在凡尔纳之前，科学奇迹只是偶尔在传奇故事中出现；但凡尔纳成功地将科技成就转变为小说的主题，并因此赢得了世界范围的认可。"[2]马克·希莱加斯在《未来的噩梦：H.G.威尔斯和反乌托邦》中写道，"他（凡尔纳）最大的贡献是让公众意识到科幻小说是一种独特的写作形式。尽管他与威尔斯之间几乎没有直接交往，但他的作品为威尔斯在19世纪90年代开始创作的那些更为重要的科学传奇小说和短篇故事培养了读者。"[3]

1 詹姆斯·冈恩：《交错的世界：世界科幻图史》，姜倩译，上海：上海人民出版社，2020年，第154-155页。

2 詹姆斯·冈恩：《交错的世界：世界科幻图史》，第196页。

3 詹姆斯·冈恩：《交错的世界：世界科幻图史》，第195页。

赫伯特・乔治・威尔斯

1866年9月21日，赫伯特・乔治・威尔斯出生于英国肯特郡的布罗姆利。他的父亲是名园丁，母亲给有钱人家做仆人。因为家贫，威尔斯有过一段辗转做学徒的经历。转机出现在1884年，他获得了一笔奖学金，得以前往致力于培养科学教师的伦敦师范学院（后来的南肯辛顿皇家科学院）就读。威尔斯在伦敦求学三年，第一年在赫胥黎门下攻读生物学。赫胥黎是达尔文进化论学说的忠实拥护者，在其门下的那一年，或许对威尔斯的一生产生了最为关键的影响。

1888年，年仅22岁的威尔斯在学校的《科学学派杂志》上发表了一篇叫《时间中的阿尔戈英雄》的短篇小说。后来，威尔斯对这个短篇进行了反复修改，第五稿时变为中篇，名字被改为《时间机器》，于1895年出版。小说里对未来世界人类分为生活在地面的埃洛伊人和地下的莫洛克人的描写，是对达尔文进化论的典型运用，在当时阶级矛盾十分尖锐的英国，读者一眼便能看出这两个虚构的种族所指为何。小说大获成功，一举奠定了威尔斯在科幻文坛上的地位。在这以后的十年里，威尔斯又陆续发表了《莫罗博士岛》（1896）、《隐身人》（1897）、《世界大战》（1898）、《当睡者醒来时》（1899）、《最早登上月球的人》（1901）、《神食》（1904）、《现代乌托邦》（1905）以及《在彗星出现的日子里》（1906）等作品。这些长篇小说在报刊上刚一连载完，精装本就问世了，短篇小说也结集出版，大都成为科幻史上的经典。

不过，威尔斯的写作并不局限于科幻小说。威尔斯的写作生涯被划分为三个阶段：科学传奇时期（1895—1900）、喜剧时期（1900—1910）和思想小说时期（1910年之后）。与大半生全身心投入创作的职业科幻作家凡尔纳不同，威尔斯还积极参加社会和政治活动。在写科幻小说之前，威尔斯曾编写过《生物学教材》。他与萧伯纳相识，参加过费边社。第一次世界大战期间，威尔斯参与了国联的活动，并前往世界各国访问。1920年，威尔斯出版了100多万字的《世界史纲》，论述了从地球的形成、生物和人类的起源一直到第一次世界大战为止，横跨五大洲的世界历史。他还曾于1914年和1920年访问俄国，1934年访问苏联。他开创了“未来学”研究，成为该学科的奠基人。他还是联合国《人权宣言》蓝本的起草者之一。事实上，威尔斯更像是一个政治理论家与社会活动家，写科幻对他而言，基本上是出于宣讲自己政论的目的。幸好，这种宣讲因为威尔斯的才华而不显得枯燥和空洞。1946年8月13日，威尔斯在伦敦去世，享年79岁。

威尔斯对科幻的最大贡献，在于他开启了科幻文学的独立时代。威尔斯之前的科幻，大多依附于别的文学类型。《弗兰肯斯坦》被认为是哥特小说、恐怖小说；爱伦・坡写的是侦探小说；凡尔纳的很多小说都能划入冒险小说行列。但威尔斯的科幻小说却不从属于任何别的文学类型，它就是以科幻小说的面目出现的。因此，也有学者将《时间机器》发表的1895年确定为科幻小说诞生的日子。威尔斯开创的科幻题材数量之多，范围之广，后世无出其右者。此外，威尔斯的科幻还具有深厚的思想性，其重心不在于新型发明和奇异世界，而是寄寓于科幻想象的对于现实、对于科技的利与弊、对于未来的种种深刻思考。而这种种思考，也是后世优秀科幻作家所追求的。有学者说，科幻的本质其实是哲学。这一点，从威尔斯就开始了。

第二节　主要欧洲国家的情况

除威尔斯以外，这一时期的英国值得关注的科幻作家还有：陆军中校乔治·汤姆金斯·切斯尼爵士，他于1871年出版的《杜金战役》创造了未来战争的科幻文学样式；主流作家埃德温·A.艾勃特于1884年创作的《平面国》，描述了如果世界是二维的，生活会变成什么样子，其中张扬的想象力令人叹为观止；博物学家约翰·杰弗里斯写于1885年的《后伦敦谈》，属于后毁灭题材的开山之作；编辑出身的罗伯特·巴尔写于1892年的《伦敦的毁灭》，预见到了60年后的伦敦烟雾事件；比威尔斯大11岁的乔治·格里菲斯试图同威尔斯争夺评论界的赞扬，他写于1898年的《垄断雷电》开20世纪初盛行的疯狂科学家故事之先河。

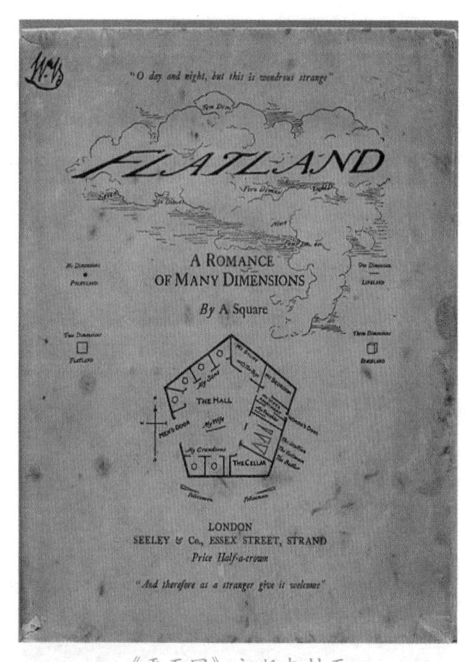

《平面国》初版本封面

在主流作家方面，罗伯特·斯蒂文森是这一时期的代表。斯蒂文森以《金银岛》享誉世界，写于1886年的《化身博士》则在科幻史上留下浓墨重彩的一笔。这部小说对双重人格的成功塑造和耸人听闻的故事手法，使它在多年以后仍然魅力无穷，曾被多次改编为音乐剧、电影和游戏。1907年的诺贝尔文学奖获得者约瑟夫·吉卜林，出生于印度孟买。其众多作品中，有两部属于科幻：《夜班邮船》（1905）描写了一艘激光推进的小汽艇的旅行，这篇小说详尽地描述了航空学的未来及其对生活和政治的巨大冲击；《易如ABC》（1912）描述了一种能控制人的激光武器，但作者以社会学而非科技为重心，描述了人口过剩这一问题的国际反应，以及人们对于人群拥堵的心理感受。詹姆斯·冈恩认为，“假如他在这种发展中的文学样式中所写的作品和威尔斯一样多，他也许会与这个比他年轻一岁的作家竞争‘科幻小说之父’的称号”。[1]

阿瑟·柯南·道尔不是纯粹的主流作家，也不靠科幻扬名。毫无疑问，他的名气主要来自于“福尔摩斯系列”。道尔在暂别福尔摩斯之后，就在同年创作了科幻名篇——《拉夫尔斯·霍的所作所为》（1891，又译为《点石成金》）。这是他早期的科幻写作尝试，或多或少地带有社会讽喻色彩。道尔有不少作品与科幻相关，如《炼金》《电椅的兴起》《恐怖谷》《洞穴中的巨兽》《高天的恐怖》等。而真正使他在科幻史上留名的还是写于1912年的长篇科幻小说《失落的世界》，这是有史以来第一部一大群恐龙和巨猿抢镜的小说，道尔在不知不觉中成为《侏罗纪公园》和《金刚》等电影的鼻祖。小说主人公查林杰教授后来还在道尔的其他科幻小说中登场：查林杰在《有毒地带》中担任主角，小说中由于外层空间毒气的污染，人类濒临毁灭；在《多雾的土地》里，查林杰开始信仰唯心主义；后来，查林杰教授又在《地球痛叫一声》和《粉碎机》两个短篇中充当主角。柯南·道尔对科幻小说的贡献不容忽视。

此一时期的法国，除了最耀眼的凡尔纳外，天文学家卡米伊·弗拉马利翁创作了《无限故事》（1872）和《世界末日记》（1893）。阿尔伯特·罗比达的作品中，描绘未来图景的插图与小说正文交相辉映，从数量上讲他的创作并不比凡尔纳少，但因为模仿痕迹过重而为人垢病。1879年，他创作了《萨蒂南·法拉杜勒的奇妙历险记》，他在《20世纪》《电生命》《二十世纪之战》等小说中，体现了丰富的想象力，同时也不乏幽默感。《科幻小说百科全书》称19世纪80年代到20世纪30年代为“法国科幻小说真正的黄金时代”。当时法国的一批流行杂志“经常刊载一些预言推测性的中篇小说和长篇连载小说”。[2]利尔·亚当的《未来夏娃》（1886）是其中的优秀者。

《在两个行星上》插图版初版封面（1949）

库尔德·拉斯维茨是德国科幻创始人。拉斯维茨是德国著名哲学家和历史学家，1895年11月开始创作小说《在两个行星上》，于1897年出版。该书是德国科幻史上最为著名、流传最广、影响最大的作品。书中描绘了一支火星人探险队的先遣部队来到地球，在北极上空建造了太阳能空间站，并且在北极建立基地的故事。拉斯维茨笔下的火星人就像天使，不但美貌，科技发达，而且道德完善。作品中还有很多技术预测：车轮型的空间站、旋转的轨道、合成的原料、日光房等。

1　詹姆斯·冈恩：《科幻之路 第五卷》，郭建中译，福州：福建少年儿童出版社，1997年，第245页。

2　萧星寒：《星空的旋律：世界科幻小说简史》，苏州：古吴轩出版社，2011年，第244页。

十年时间里，《在两个行星上》先后被翻译成瑞典语、挪威语、丹麦语、荷兰语、波兰语、匈牙利语等九种语言，对后世的外星人创作有着深远的影响。巧合的是，威尔斯也是在1895年开始连载《世界大战》，于次年出版单行本。两个作者笔下的火星人呈现截然相反的形象，一个善良到极点，一个凶恶到极点，时至今日，科幻小说和科幻影视里还活跃着这两种极端的外星生物。20世纪初，受凡尔纳的影响，德国出现了奇异旅行小说热。罗伯特·克拉夫被称为“德国的儒勒·凡尔纳”，他的代表作有：《乘坦克环游世界》(1906)、《乘飞机环游世界》(1908)、《空中统治者》(1909)、《尼赫里特探险》(1909)、《新大陆》(1910)。F.W. 马德尔专写青少年冒险小说，他的作品既有乌托邦元素又有幻想元素，代表作为《遥远的世界：一次行星旅行的故事》(1911)。

1861年，意大利文坛才开始出现一些幻想未来的作家，例如保罗·曼泰加扎的《3000年：一场梦》(1897) 和埃米利奥·萨尔加里的《2000年的奇迹》(1907)。但上述小说都不是纯正的科幻小说，幻想意味非常浓厚。直到第二次世界大战结束，真正的意大利科幻小说才终于出现。

北欧在历史上就有幻想的传统，早期科幻雏形主要有瑞典作家克拉斯·郎丁的《氧气与香气》(1878)、芬兰作家阿维兹·吕德肯的《身处群星》(1912) 等。奥托·维特是北欧第一个重要的科幻人物，他是一个采矿工程师，1912年回到瑞典之后，出版了几十部“充满想入非非念头”的科幻小说。1916年，他还创办了瑞典首家现代科幻小说杂志《沃登的渡鸦》。虽然4年后就停刊，但对北欧科幻发展有着重大的影响。

在南欧，这一时期主要的科幻作家出现在匈牙利。莫尔·约考伊被誉为“匈牙利最伟大的作家”，在19世纪70年代就写出了一系列幻想与科幻小说，包括《大洋洲》《黑钻石》《通向北极之路》《金钱不是上帝的地方》《下个世纪的小说》等。

对于萌芽时期的科幻小说，吴岩认为主要有以下几个特点：第一，作家们并没有意识到自己是在创作一种特殊式样的作品。也许他们意识到了，但不乐意去标榜这种特殊性。他们没有给自己的作品定出特别名称和给出特别定义。这样做的优点是避免了来自读者和文学界对于创新的太多责难。第二，初创期的作品没有固定的格式，作家们尽量从各个方面进行探索。他们的这种探索在接下来出现的科幻小说黄金时代中被揉合起来，形成了固定模式。第三，从科幻小说的初创开始，科学内容和技术就没有上升到主要的地位，它不是当成科普读物或者科学预言被创作出来的。作家更关注的是人类的命运和整个世界的前途。最后，萌芽初创期确定了后世科幻小说的主要题材，包括太空探险、奇异的生物、战争、大灾难、时间旅行、技术进步以及未来文明的走向等等。

第三节　美国早期的纸浆杂志

“纸浆杂志”（pulp magzine）是一种兴起于19世纪末、终于20世纪50年代的廉价故事杂志。在电视、电影、漫画和平装书流行以前，报纸与杂志充当了人们获取信息的主要渠道。19世纪末期，除了精美的“精装书”，“小说”要么被印在报纸角落的“连载版块”上，要么被印在经过化学材料涂抹的、光滑的“高档杂志”上，要么就被印在未经加工的、充满毛边儿的廉价木浆纸上，这最后一种就是“纸浆杂志”。不过，纸张质量的不同，并非是区别“高档杂志”与“纸浆杂志”的主要标准。既然主打“廉价”，其读者必然不是坐在温暖火炉旁的贵族或资产阶级，而是铁道边、柜台旁、工地上与后厨里的“劳苦大众”。而显然，大部分工人阶级对于严肃文学没那么大的兴趣，骇人听闻的恐怖故事、离奇曲折的奇幻冒险、充满暴力的犯罪故事，才是解除疲惫、通往悠闲花园的钥匙。

弗兰克·A.芒西

不少美国科幻史论家认为，纸浆杂志是“科幻”这一类型真正的诞生地。随着连诺铸排机等现代出版业技术基础的发明和推广，弗兰克·芒西等出版巨鳄左右着这个时期的大众阅读市场。1882年，芒西在纽约创办了《金色商船队》杂志，1888年杂志的名称缩减为《商船队》，6年后发行量减少到了8000份。1896年，《商船队》成为第一份只刊载小说的杂志，这本192页的杂志只卖10美分一本，“纸浆杂志”就这样诞生了，在接下来的数十年中，它们垄断了小说市场，并引领了科幻小说的发展。

在此之前，科幻小说已经得以在小型文学杂志上刊登（如爱伦·坡的作品），或是以精装本的形式出版（如凡尔纳的作品）。如今，科幻小说有了一个能够进入千家万户的渠道，而且好处是相互的，刊载科幻小说的杂志很快就发现这种小说十分畅销。凡尔纳的《崔福尔格斯博士的奇妙故事》1892年刊登在《海滨杂志》上，其他科幻作家也相继在《海滨杂志》上出现，其中一位是M.P.希尔，他凭借一系列描写未来战争小说和灾难小说一举成名：《地球女皇》——单行本书名为《黄险》（1898），是最早以来自亚洲的“黄色威胁”为主题的小说；《紫云》（1901）是他最负盛名的作品，小说中地球上的人类几乎被一种来自地下的毒气灭绝。

自20世纪初期开始，不断壮大的纸浆杂志开始慢慢划分流派，逐渐产生了只针对某一类型读者的特定刊物：科幻、恐怖、冒险、侦探、谍战……毫无疑问，100多年前的廉价刊物对于类型小说的划分有着无比重要的意义，而菲利普·马洛、人猿泰山、约翰·卡特、佐罗这些我们如今耳熟能详的角色，其实都来自于那些10美分一本的小册子。纸浆杂志对于文学的两个最大贡献，一是细分出了不同的“类型”；二是在连载小说中，开始出现了“常规角色”。

威尔斯的早期作品同样以杂志为主要载体，其中大部分发表在《蓓尔美尔杂志》上，包括《被窃的杆菌》《制造钻石的人》《巨鸟岛》等等。《时间机器》最初于1895年分五期在《新评论》上连载，立刻引起了评论界的一片赞誉之声，并赢得了人们对这个新小说类型从未有过的尊重。事实上，不仅威尔斯的小说突然大受欢迎，其他人创作的推测性的和关于未来的作品也是如此。《皮尔森杂志》匿名连载了乔治·格里菲斯的《革命天使》，这也是一部延续了切斯尼《杜金之战》传统的未来战争小说，还发表了他的《垄断雷电》；柯蒂斯的《勒美特利湖的怪物》，讲述人脑被移植到了一只史前爬虫的脑袋里。《黑猫》杂志刊登的大多数作品都是科幻、奇幻小说。《商船队》主打探险小说，但也频繁刊载科幻小说。

1905年，芒西又创办了《故事杂志》，从第一期起就刊载科幻小说。到了1911年，这份杂志的前景变得很不明朗，但在这一年的8月24日，一位不出名的作家给执行编辑托马斯·纽厄尔·梅特卡夫寄来一篇长达4.3万字、尚未完稿的小说，名为《火星公主德贾·托里斯》，这位作家就是埃德加·赖斯·巴勒斯。后来，这部连载小说以《在火星的月亮下》为名得以发表。《在火星的月亮下》——单行本名为《火星公主》至今仍是许多巴勒斯迷最钟爱的小说。1912年6月4日，巴勒斯寄来了一部名为《人猿泰山》的新小说，《故事杂志》以700美元买下了它，并在1912年的10月号上全文刊登，如今这期杂志已成为热门收藏品。巴勒斯最早发表的两部小说引发了读者的热烈反响，表扬信纷至沓来。1913年2月6日，“地心”系列的第一部小说问世，这是一部基于空心地球概念的短篇小说，名为《勇闯地心》。“地心世界”是一个由地球炽热地心照亮的蛮荒世界，它尚处于比地球表面更早期的进化阶段，洞穴人与恐龙并存，主要的生命形式是一种有翼爬行动物。巴勒斯后来给《火星公主》《人猿泰山》《勇闯地心》都写了不止一部续集。他在世时，总共创作并出版了59本书，其中24部以人猿泰山为主角，巴勒斯声称，仅在北美就卖出了3500万册精装本，其中1500万册是“人猿泰山”系列，剩下2000万册则是其他小说。正如凡尔纳和威

《故事杂志》1912年2月号，刊载了《在火星的月亮下》

尔斯在他们各自的年代里所做到的，巴勒斯再次证明了科幻小说在大众中的吸引力，尽管是通过一种以探险为主的科幻小说形式。巴勒斯让廉价杂志度过了艰难时光——即使这并不是他一个人的功劳，但至少很大程度上要归功于他。

这些发表于“纸浆杂志”上的早期科幻作品风靡一时，并成为后世作家的模仿对象或灵感来源。在这些小说中，许多主题即便在今天依然没有过时，写作技巧也仍然可资借鉴。但这一时期美国最重要的贡献就是大众杂志的诞生，杂志为科幻小说提供了市场，并演变为后来专门的科幻杂志，为科幻这一类型小说的出现提供了土壤——“科幻小说”（Science Fiction）这个专有名词终于呱呱坠地。

（本章撰写：任冬梅）

课后思考：

1. 凡尔纳在《海底两万里》中书写的潜水艇，与现实中的潜水艇发展有何关系？

2. 你认为哪部作品可以视为世界科幻文学的起点？它与其他类似的早期创作最重要的不同之处是什么？

第三章　科幻之路上的后来者

与欧美先发工业国家不同，拉美、东欧和东亚等地的科幻文化是其各自后发现代化历程的伴生物。当现代化浪潮席卷全球之时，这些地区的国家或沦为资本扩张的垫脚石，或成为殖民主义与封建主义对抗的战场。与科学相关的理想、文化和创作，则成为晦暗世界里指向“别处”“未来”“现代”的想象路径：极具本土性和时代性的“科学幻想”概念由此生发。

第一节　拉美科幻的诞生

从18世纪中期至1920年，拉美的11个国家总计发表了95部科幻作品。这些文本勾勒出一部丰富立体的拉美社会史，有对动荡局势的影射、对国家未来的憧憬、对科学技术的观察和反思，以及对人类进化的大胆预言。被殖民历史和现代化进程在拉美的科幻发展史中留下了深刻的痕迹，“国家认同”作为核心主题贯穿其中，乌托邦和反乌托邦是常见的叙事手法。

早期乌托邦与奇幻色彩

拉美科幻的原创性曾受到较多质疑，很多作品受英语经典科幻的影响巨大，但不能因此忽视其民族文学传统、前哥伦布时代和殖民时代奇幻传统的影响，以及部分本土作家对英语文学有意识的背离、对内外势力的文化和政治霸权的反抗。

这一文类在拉美的起步可以追溯到18世纪中期。早期拉美科幻作者通常具有某种专业学科背景，科学知识丰富，并且抱有科学启蒙主义的责任感，希望通过文学作品去激发民众的科学思维。教会修士马努尔·安东尼奥·德·里瓦斯于1775年创作的短篇小说《朔望与方照》被认为是墨西哥文学史上最早的“原型科幻”，可能也是整个美洲大陆最早的科幻小说。小说写在当年的天文学年鉴的序言中，以书信形式讲述了一位法国天文学家的月球之旅。通过主人公与月球智者之间关于牛顿、笛卡尔和地球文明起源等问题的深入探讨，以及附录中详细的历法与恒星观测笔记，里瓦斯充分展示了他的学识。但是在主题和语言上，培根的《新大西岛》（1627）、开普勒的《梦》（1634）和伏尔泰的《微型巨人》（1752）等欧洲科幻对其的影响也十分明显。

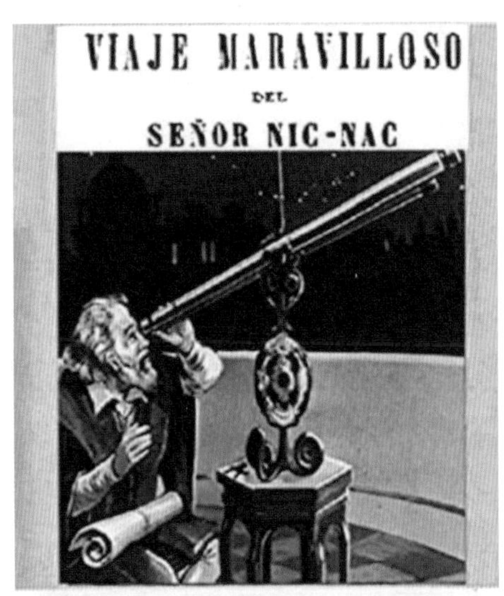

《尼克-纳科先生的奇妙之旅》封面

19世纪中期，出现了两部初具现代科幻雏形的作品，《1970年的墨西哥》（1844）和《写于2000年的巴西历史篇章》（1868—1872）。之后，阿根廷生物学家、小说家爱德华多·拉迪斯劳·洪博格发表短篇小说《尼克-纳科先生的奇妙之旅》（1875），被视为拉美第一篇真正意义上的现代科幻。来自三个国家的三部作品都采用时空穿越的叙事手法将国家建设的梦想寄托于未来乌托邦的畅想中，显示出了较强的时代共性。独立战争所带来的拉美社会长期动荡以及三位作家相近的政治立场是催生乌托邦潮流萌发与繁荣的主要原因。

科学启蒙是现代化建设的必要步骤，但在传统宗教信仰根深蒂固的拉美，科学主义的到来不可避免地引发了两派的权威之争。墨西哥作家佩德罗·卡斯特拉的科幻小说《天空之旅》（1872）和《凯伦斯》（1890）就涉及了这个主题。与此同时，科学与宗教的较量也为某些超自然观保留了生存空间，这个时期的科幻作品中或多或少杂糅了极具本土特色的奇幻元素。19世纪拉美最重要的女性作家之一、胡安娜·曼努埃拉·戈里蒂被视为拉美奇幻实验创作的先驱，她的两部科幻作品《听者自听》（1865）和《草药与别针》（1876）多被归类于奇幻。又如以科学论证著称的洪博格的另一部作品——从进化论的角度探讨了拉美通过科学建构未来乌托邦的可能性——《两派的殊死搏斗》（1875）也在部分情节中显现出典型的奇幻叙事特征。这种奇幻基因根植于拉美科幻创作的血脉，在20世纪初的作品中仍然时常可见，例如在被誉为“拉美小说之王”的乌拉圭作家奥拉西奥·基罗加的《肖像》（1910）和《吸血鬼》（1927）中，科学与奇幻的交织融合就显示出了鲜明的地域文化特征。

科技、政治与反乌托邦

在19世纪末的拉美，尽管原创性科学研究极其有限，但国家现代化建设的需求使得科学推崇渐成风气。科学话语的的渗透增强了科幻中技术想象的合法性，作家们热衷于谈论文明与技术的进步，描绘充满科技感的未来社会。

例如，洪博格的《奥拉西奥·卡里邦》（1879）讲述了机器人威胁人类社会的前沿话题。基罗加的《人造人》（1910）是关于生物复制的故事，尽管《弗兰肯斯坦》的痕迹隐约可见，但这部作品将背景设置在阿根廷，体现了较强的本土意识形态，对伦理与科学的探讨也更具现代性。现代技术的普及加速了拉美科幻从精英文化向大众文化的转变，为这种新文类注入了活力。[1]

19世纪末至20世纪初，第一次拉美文学运动中现代主义的兴起一度限制了科幻的发展。但随后，接踵而至的世界大战和科技革命造成了剧烈的社会动荡和精神动荡，也引发了人们对无节制的科学实验的反感。同时，在国家现代化建设过程中暴露出来的诸多问题令知识分子们的政治理想蒙上了一层消极色彩，科幻作品的政治内涵愈加明显，基调也从乌托邦式的乐观主义转向悲观，反乌托邦创作渐成趋势。

例如，爱德华多·埃斯库拉的《十三世纪》（1891）、戈多弗雷多·爱默生·巴恩斯利的《2000年的圣保罗或国家复兴》（1909）都借助未来社会构想分别反映了阿根廷和巴西所面临的严峻现实问题。在科幻创作缓慢复苏的墨西哥，爱德华多·乌尔塞斯的《尤金妮娅》（1919）描写了一个政府通过强制实行绝育和安乐死控制人口的“完美”的未来社会，被看作是拉美科幻从乌托邦转向反乌托邦的重要标志。值得一提的是，这三部作品都谈及了当时拉美社会的热门话题——优生学。同时，对技术的讨论更加多元，其中不乏技术威胁论的视角。例如墨西哥作家马丁·路易斯·古兹曼在《战争是如何在1917年结束的》（1917）中借地球毁灭后人类的唯一幸存者之口探讨了人类与机器的关系，控诉了占据权威地位的技术对人类灵魂的剥夺。

20世纪初，不少主流作家加入该领域的创作，科幻成为他们针砭时弊、抒发政治抱负和批判伪科学的有力手段，阿根廷作家尤为活跃。阿根廷诗人、小说家莱奥波尔多·卢戈内斯在《奇怪的力量》（1906）中尝试用文学的方法和另类的科学思路解释进化论等科学概念，引发了较大的社会反响。豪尔赫·路易斯·博尔赫斯将讽刺、形而上学注入阿根廷科幻，在文学幻想中融入历史现实主义叙事，风格独树一帜。西班牙语文学最高奖项塞万提斯奖的获得者比奥伊·卡萨雷斯的《莫雷尔的发明》（1940）是公认的拉美科幻经典，被译为多种文字。

总体而言，拉美科幻在西欧和北美科幻的启蒙下起步，在社会变革和科技发展的推动下成长，而复杂的地缘政治环境、殖民历史、种族冲突、现代化发展不均衡等现实问题又在其主题和叙事上形成了鲜明的地域特色。

1　拉切尔·海伍德·费雷拉：《拉美科幻文学史》，穆从军译，天津：百花文艺出版社，2016年，第204、247页。

第二节　俄罗斯科幻的起步

不同于西欧国家，俄罗斯科幻的发展有其自身的历史脉络，18世纪中后期至19世纪末是俄罗斯科幻的发轫期。当时，由于农奴制弊端日益显现，社会矛盾加剧，一些贵族文学家开始思考未来俄国社会的理想模型，乌托邦文学由此诞生，并在部分作品中演化出科幻想象。在这一时期，俄罗斯经历了数次重大的政治和社会变革，国家名称和疆域范围也随之变化。为统一起见，本节对此不作详细区分，统称俄罗斯。

乌托邦文学与帝国想象

早期乌托邦创作的代表作品有亚历山大·彼得诺维奇·苏马罗科夫的《幸福社会的梦想》（1759）、德米特里耶夫·马莫诺夫的《贵族哲学家：一个寓言》（1769）、米哈伊尔·米哈伊洛维奇·谢尔巴托夫的《前往奥菲尔之地》（1783），以及瓦西里·廖夫申的《最新的航行》（1784）等。

此后，欧洲其他国家的文学作品多被介绍到俄罗斯，同时国家的现代化进程也给俄罗斯科幻带来了新变化：一边用文学讲述着19世纪末20世纪初俄罗斯充满动荡的社会现实，一边用想象为俄罗斯创造了高度现代化的理想未来。诗人弗拉基米尔·费多罗维奇·奥多耶夫斯基在《4338年：彼得堡信札》（1840）中就构想了连接欧亚的大铁路、飞艇、飞驰在喜马拉雅山巅的列车等高科技交通工具，以及摄影机、电话、电子书、大型数据检索系统等电子设备。换言之，早期的俄罗斯科幻不仅是现代性的某种表征，还体现了对现代性的思考，甚至形塑着俄罗斯现代性的样貌。

至20世纪初，俄罗斯发展成为世界上疆域最大的帝国，俄罗斯文学也进入了所谓“白银时代”，许多作家开始尝试科幻创作，关注国家的未来命运。早在1894年，俄罗斯杂志就开始认可和使用“科学幻想”（научная фантастика，scientific fantasy）一词来指称科幻小说，比雨果·根斯巴克提出science fiction要早32年。

1904年，横贯欧亚的西伯利亚大铁路开通，更加速了俄罗斯人的帝国想象。阿列克谢·加斯捷夫于1916年发表了《特快列车：西伯利亚幻想》，这部通篇没有具体人物而只有奔驰列车的科幻小说形象地展现了大铁路对人们地理空间认知的冲击与重塑，浓厚的帝国中心论是当时俄罗斯社会思想状况的映射。

科学技术的助力

在这一时期，基础物理理论的发展使太空航行逐渐成为俄罗斯科幻的常见主题，引领者是后来被称为“航天之父”的康斯坦丁·齐奥尔科夫斯基。从1880年代初就开始关注航天技术的齐奥尔科夫斯基由于理论过于超前而受到科学界排斥，又受限于沙俄政府对宇宙航行的态度，便将科研融入科幻，创作出《在月球上》（1878）、《在地球之外》（1920）等宇航主题的作品。在《在地球之外》中，他提出宇宙的失重环境有利于生物体的发展且形成理想的生物圈，人类将在2020年通过成熟的星际移民技术建立太空定居点。齐奥尔科夫斯基终于在1932年获得政府的认可，被授予“红旗劳动奖章”。

康斯坦丁·齐奥尔科夫斯基

科技为俄罗斯科幻奠定了想象的基础，但是在现实中，现代科技的不断发展也引发了俄罗斯知识分子的忧虑，于是在20世纪初的革命风潮中形成了俄罗斯反乌托邦小说的潮流。例如颓废派诗人勃留索夫的科幻作品多是从现代主义的角度展开对未来的思考，其短篇作品《机器起义》（1908）和《机器造反》（1914）探讨了机器与人类的关系，流传最广的《南十字星共和国》（1905）则讲述了高科技对人类文明的威胁。勃留索夫的诗歌作品崇尚自然科学又富有社会敏感和生活激情，这些特征也鲜明地反映在了其科幻创作之中。类似的作品还有伦理学家伊凡季耶夫的《在另一颗行星上：火星居民生活小说》（1896），通过对科技与人性、工业与自然的二律背反现象的思考，拓展了科幻小说的深度。

十月革命的红色基因

20世纪初期，十月革命后的无产阶级文化派代表之一亚历山大·波格丹诺夫开始了科幻创作，代表作有《红星》（1908）和《工程师门尼》（1912）。《红星》以1905年革命为背景，讲述的是革命家列昂尼德结识了因能源短缺而计划殖民地球的火星人，由此展开了拯救地球的行动。这部作品在时代氛围烘托下成为畅销书，1908至1920年间再版了16次。哲学家尼古拉·费多罗夫的《2217年的一个夜晚》（1906）也诞生在革命的前夜，作品描绘了一个出生、繁殖和死亡的有机周期被严格计算的工业经济学时间表所取代的未来国家，创造和培育生命沦为机械流水线，由爱情、家庭或亲属关系组成的私人历史变得遥不可及。波格丹诺夫和费多罗夫的作品关注公共和私人时间，通过科幻想象对社会主义乌托邦展开了深入思考，展现了俄罗斯科幻作家对泰勒主义和福特主义的警惕。

苏维埃政权的建立打破了帝国旧制，但是在没有制度模板的共产主义道路上，又遭遇了诸多新问题和挑战，督促知识分子继续他们的社会思考。这一时期的科幻文学大多沿袭了俄罗斯文学的社会批判传统，例如叶甫盖尼·扎米亚京的《我们》（1921）、米哈伊尔·布尔加科夫的《狗心》（1925）等代表作。其中，《我们》被认为是开反乌托邦小说之先河，与赫胥黎的《美丽新世界》（1932）和乔治·奥威尔的《一九八四》（1949）一同被誉为“反乌托邦三部曲”，并影响了后两者的创作。

十月革命后，科幻小说也在政治新思潮的引领下呈现出更多的样貌。以《苦难的历程》三部曲闻名的“红色伯爵”阿列克谢·托尔斯泰在1920年代发表了科幻中篇小说《阿爱里塔》（1922）和长篇小说《工程师加林的双曲线体》（1926）。《阿爱里塔》讲述了两个勇敢的苏联人在火星上的故事，1924年被改编为电影，引起了巨大的社会反响。“阿爱里塔”成为火星探索的代名词，后来还设立了同名科幻书籍奖。

被誉为“苏联科幻之父”的亚历山大·别利亚耶夫也于此时进入了创作高峰期，1925年发表长篇《陶威尔教授的头颅》后至1942年逝世的十余年间，有《世界主宰》（1926）、《水陆两栖人》（1928）等17部长篇和数十篇短篇科幻小说问世。但在1930年代中期至50年代，由于战争与国内日益严格的审查制度，其科幻进入了一个相对缓慢的发展时期。

第三节　东亚科幻文脉之兴

东亚的日本和中国都经历了从封建王朝走向近现代的艰难转型。1868年的明治维新开启了日本的近代化改革之路。清末民初的中国，则在一系列新文学与新文化的探索过程中，回应了来自西方的现代文化。“科学小说”等新文类也在东西文化的碰撞和新旧思想的更替中生根发芽。

中日两国的科幻从诞生、确立，到自成体系，各自经历了近一个世纪的摸索，其背后既有来自西方文明的触动力，亦有本土文学内发的原动力，而19世纪末至20世纪初千潮涌动、万象待新的社会政治环境为其提供了丰沛的能动力。

一、日本

从“政治小说”到“科学小说”

儒学家岩垣月洲于1857年发表的《西征快心篇》被认为是日本最早的具有科幻性质的小说。虽然不完全符合现代科幻的定义，但这部架空历史战争小说对江户末年日本扩张意识膨胀的批判具有一定的时代先进性。

明治初年，日本的民间文学仍以写风俗人情、讲滑稽故事的“戏作小说”为主。而近代文学也随着文明开化的不断深入萌芽待发，一个重要的标志是1980年代初“政治小说”的出现。其主要背景是自由民权运动中政治活动家的宣传需求、文学观念的转变以及西方文学的影响。据统计，在政治小说的全盛期（1880—1889），有50多部作品呈现出一定的科幻色彩，代表作有风赖子的《黑贝梦物语：龙宫奇谈》（1880）、政治家末广铁肠的《二十三年未来记》（1886）和《政治小说 雪中梅》（1886）等。迫于明治政府的压力，作者们多借助虚构的时空设定来陈述自己的政治理想，在想象上尽显天马行空，其中不乏乌托邦色彩的作品。尽管政治小说随着自由民权运动的失败在1890年后逐渐衰退，科幻却在科学观的兴盛下发展起来。

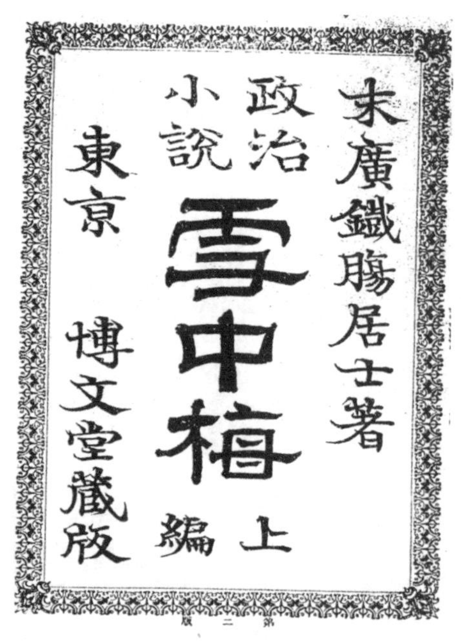

《政治小说　雪中梅（上篇）》封面

明治政府大力推行西式教育，明治中期，西方先进技术和科学实证思想受到日本社会追捧，“科学”成为热门词，尚未形成明确文类的科幻小说被赋予了一个新名称——“科学小说”。经考证，“科学小说”一词最早出现在日本政治家尾崎行雄为《雪中梅》所作的序文中。尾崎行雄称政治小说和科学小说“将万物网罗无遗，乃近时小说之进步”。[1]从作者使用的片假名“サイエンチヒック　ナーブエル”（scientific novel）可以看出，这是一个日译外来词。至1950年代“サイエンス　フィクション”（science fiction，SF）的概念在日本普及之前，“科学小说”基本上成为科幻小说的代名词。

《浮城物语》引发的文类之争

尽管政治小说的文学性多受诟病，但它的普及在实质上推动了日本社会对小说的广泛接受，小说也不再是用于消遣的低等读物，这种定位的改变对日本文学的近代转型意义重大。

1885—1886年，小说家、文学评论家坪内逍遥发表了日本国内第一本小说创作理论著作《小说神髓》，肯定了小说的艺术价值，日本近代文学由此拉开序幕。提倡写实主义的坪内逍遥认为小说应忠实地摹写社会情况与人们的内心世界，人情为先、世态风俗次之。他对科幻小说的态度亦然。1887年，坪内在《读卖新闻》发表文章《未来记一类的小说》，指出小说可分为观察现实和回想过往两种，试图描写遥远未来的不应冠以小说之名。

1890年，政治家、作家矢野龙溪的海洋冒险小说《报知异闻：浮城物语》引发了日本文学史上关于科幻文类最早的一次争论，焦点在于这部作品能否被定义为“小说”。以内田鲁庵和石桥忍月为首的反对派大多是坪内理论的支持者，认为不以描写人情、生活为目的的虚构作品是文人的拙劣伎俩，不具备审美价值。矢野的支持者森田思轩、德富苏峰、

1　末広鉄腸：『政治小説　雪中梅（下篇）』，東京：博文堂，1886年，5頁。

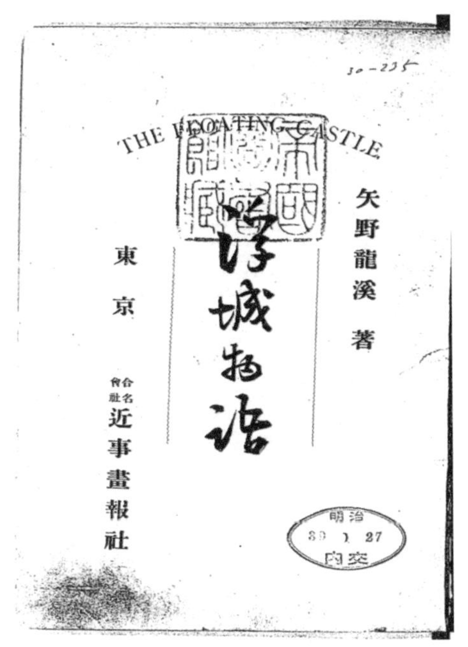

《浮城物语（修订版）》（1906）封面

森鸥外、中江兆民和犬养毅为此书作序，给与了高度评价。德富称赞这部作品将社会现实隐喻于架空文字之中，堪称“19世纪的水浒传”。[1]森鸥外则指出“小说的疆域绝非如世人所云这般狭隘”，“应在诗的天地间开辟一个新版图”。[2]对此，矢野回应道，小说的目的应以娱乐读者为主。日本文学研究者柳田泉认为这场争论实质上是纯文学与大众文学之间的较量。于科幻而言，这场文类之争仅仅是一个开始，但更为重要的是，娱乐功能的明确提出，推动科幻文类在形成道路上前进了重要的一步。

翻译文学与凡尔纳热潮

除社会变革带来的内部原动力以外，来自西方文明的外部驱动力也是日本科幻起步不可或缺的因素。相较于医学、天文学等实用科学，文学翻译起步甚晚，但在明治10年（1877）前后，外语的普及和对西方文化的渴求带来了一股文学翻译热潮。科幻小说的翻译也由此起步，开山之作是荷兰植物学家彼得·哈定的《2065年》（1865）的两个译本——《新未来记》（1866成稿，1878出版）和《后世梦物语》（1874）。这股热潮在1890年代前后达到高峰，据统计，翻译作品的发行数量达到了原创作品的二分之一。

法国小说家儒勒·凡尔纳的作品在此背景下流行日本。自1878年《八十天环游地球》的首个译本发行后（译者为川岛忠之助），此后的十年间共有27部凡尔纳的翻译小说问世。其中《海底两万里》（1870）、《环绕月球》（1869）、《奇特旅行记》（1890）均出现多个译本和发行版本，受欢迎程度可见一斑。这些作品兼具外国文学和西方科学这两个对当时的日本而言极具吸引力的“文明”元素，其未来属性激发了日本人对未知世界的好奇与憧憬，同时也契合了日本社会正在不断发酵的海外扩张思潮。凡尔纳的作品进一步刺激了这种冒险意识，也展示了科学幻想的无限可能。此外，阿尔伯特·罗比达的“二十世纪三部曲”也在1883至1887年间先后翻译出版。这些翻译作品在主题和叙事上对19世纪末至20世纪初的日本科幻创作、例如贯名骏一的《星球世界旅行》（1882）和押川春浪的《海底战舰》（1900）等作品的影响清晰可见。

日本文学研究者千叶宣一指出，日本近代文化史是通过顺应、并存、排斥、融合等方

1 德富蘇峰：無題，矢野龍溪：『報知異聞　浮城物語』，東京：報知社，1890年，序文1-4頁。

2 森鴎外：「題報知異聞」，矢野龍溪：『報知異聞　浮城物語』，東京：報知社，1890年，序文1-10頁。

式，在外来西欧文明的冲击与本土传统文化的调和中形成的，日本科幻亦是在这种文化发展脉络中蹒跚起步的。1900年被视为日本现代科幻元年，科幻用半个世纪的时间终于在日本文学的版图上争取到一席之地，如此顽强的生命力是其长年扎根大众、观照现实的结果，也使之在20世纪前期成为日本科技兴国政策下的科普生力军。

二、中国

“小说界革命”与哲理科学小说

梁启超是最早提倡科幻文类的中国知识分子。1902年8月，《新民丛报》第十四号刊登广告《中国之唯一文学报〈新小说〉》，列出了《新小说》拟刊登的小说类别。其中“哲理科学小说”名列第三，紧随“历史小说”“政治小说”之后。梁启超对这一文类的界定是“专借小说以发明哲学及格致学，其取材皆出于译本”。

在这个东西洋思想彼此汇聚冲撞的时期，“科学小说”的定名并不精确，同时出现的还有“理想小说”“哲理小说”“冒险小说”等。而在梁启超之前，中国也已经出现了一批利用西来科学作为幻想题材的作品，例如《荡寇志》（1853）、《淞隐漫录》（1884—1887，连载于《点石斋画报》）、《百年一觉》（1894）、《平金川全传》（1899）、《八十日环游记》（1900）等。梁启超本人也于1901年开始连载翻译小说《十五小豪杰》（原著为凡尔纳的《两年假期》，参照的是森田思轩的日译本《十五少年》）。

随着西学的加速涌入，前科学时代的不羁“幻想”开始被科学精神、实证主义、理性主义、进化论史观等现代思想牵引，转向新的轨道。梁启超将“科学小说”视作“小说界革命”的一个努力方向，他本人的努力也在当时文坛上引发了诸多效法。梁启超在《新小说》创刊号上发表的《新中国未来记》，标为“政治小说”；他的翻译作品《世界末日记》（原著为卡米伊·弗拉马利翁，参照的是德富芦花的日译本《世界之末日》），标为“哲理小说”；以及卢藉东、红溪生翻译的凡尔纳的《海底旅行》，标为“科学小说”。此后十年间，晚清科幻小说总计大约两百种，其中报刊所载约130种（翻译约60种，创作约70种），单行本约70种（翻译近50种，创作20余种）。在这个时期出版的约4000种“新小说”当中，科幻已经是具备辨识度的文类了。

这些作品很多采取了《百年一觉》《新中国未来记》式的写作方式，即以“未来记”或“梦”的形式，书写中国人理想的“大同世界”，代表作品有蔡元培的《新年梦》（1904）、旅生的《痴人说梦记》（1904）、海天独啸子的《女娲石》（1904）、吴趼人的《新石头记》（1908）、许指严的《电世界》（1909）、陆士谔的《新中国》（1910）等。这些作品通过对比清末中国的现实，凸显政治理想实现之后的美好未来，但又往往在书写实际革命经过时陷入困境，包括《新中国未来记》在内的不少作品都未能最终完成。

现代科学观念与“导中国人群以进行”

与借由科学提供的新鲜叙事手法、人物形象和政治理想相比，部分晚清知识分子系统地学习了现代科学知识，也更深入地理解其发展逻辑，从中提炼出一系列兼具现代性和超越性的审美形象和思想观念。代表人物有青年周树人以及荒江钓叟、东海觉我（徐念慈）等。

与前辈们将科学技术视为强国手段的思路不同，周树人所认知的科学是一种真理性的知识系统，能够在现实社会实践之外形成一整套源于自身的文化形态，它本身的力量远远大于启蒙社会、推动革新。例如在《说鈤》[1]中，鲁迅认为镭元素的发现能够“辉新世纪之曙光，破旧学者之迷梦”；而由科学衍生出的科学小说，可以让普通读者“获一斑之智识，破遗传之迷信，改良思想，补助文明”，因此“故苟欲弥今日译界之缺点，导中国人群以进行，必自科学小说始！”

荒江钓叟的《月球殖民地小说》（1904）和东海觉我的《新法螺先生谭》（1905）也都从各自的角度推进了这个方向的创作。前者诞生于日俄战争期间，以东亚黄种人的共同发展为主要线索，小说中的日本科学家发明了先进的飞艇，却依然无法跳出不同种族、文明之间相互殖民的野蛮逻辑。后者则第一次书写了现代宇宙观念中的太空旅行，作者以奇特的想象描写了主人公灵魂与躯壳分离之后，尝试塑造未来科学境界而不得的困境。

《月球殖民地小说》第七回“助龙求凤新婚到美洲 用狗监人恶捕欺中国”

但此后的同类探索，都很快落入窠臼。作家们往往在传统本土故事模式中简单掺杂、罗列外来科技名词，从而失去了对科学理念和潜力的把握。例如碧荷馆主人的《新纪元》（1908）套用神魔小说斗法模式，而法宝总是源于“西国某科学大家”的发明。类似作品还有《双灵魂》（1907）、《新七侠五义》（1909）等。于是，以周树人为代表的翻译家、写作者随即放弃了对这个方向的继续探索。他们希望建立以现代科技为基石的一整套世界观、文化观和人生观，这种观念可以看作是后来“科玄论争”的前导。在陈独秀等人引入唯物史观后，这个方向才得到进一步的发展。

1　“鈤”为镭的旧译。

不绝如缕的科学传播

晚清科幻的多维探索，在中华民国成立之后发生了较大的变化。海外求学经历更为完整而丰富的留学生逐渐成为科幻创作的主体。他们对西方科学人文典籍、思想精要的认知程度有了较大提升，关于科学、幻想和现实的讨论更加深入。同时，更为新潮的媒介形式如广播、电影等也成为科幻文化的重要载体，出现了《隐身衣》（1925）、《六十年后上海滩》（1938）等原创科幻电影。

在民国所有的科幻翻译中，威尔斯的作品数量最多。他的作品译介和作家近况在20年代后频繁出现，进入40年代，更是与“科学幻想”一词产生了直接勾连。此外，柯南·道尔、爱伦·坡、华盛顿·欧文、斯蒂文森、莫尔、奥威尔等人的科幻小说亦多有中译。

与翻译的热潮相比，这一时期的原创科幻在探索性上就稍显乏力。其中不少创作延续了晚清科幻对未来中国的想象，仍旧承担书写理想社会蓝图的功能，代表性作品有市隐的《火星游记》（1925）等。但此时也出现了一批讽刺和批判作品，还有不少作品表达了对科技发达的担忧，塑造了战争环境下的“邪恶科学家”形象。代表作品包括《消灭机》（1916）、《十年后的中国》（1923）、《万能术》（1924）、《猫城记》（1933）、《冰尸冷梦记》（1935）、《未来空袭记》（1938）、《月球旅行记》（1941）等。此外，以“游戏”“滑稽”“消遣”为主要目的的娱乐性科幻作品的出现也是这个时代的一大特点，例如包天笑等鸳鸯蝴蝶派作家们创作的科幻小说。

同时，科幻与科普的深入融合也是极具在地性的独特发展方向。不少在科学杂志担任编辑或主笔的作家，时常会利用科幻小说的形式传播科学知识。顾均正是其中最典型的代表，他于1940年前后翻译了四篇美国科幻小说，并在其中加入了大量的科普内容和本土化改写。

吴岩认为，后发国家的科幻文学通常将理想的国家现实作为一种未来召唤融入科幻作品。19世纪至20世纪初，拉美、东欧和东亚地区的科幻在外来文化的刺激下萌芽、在现代化建设的进程中生根，其早期发展显示出了较多的历史共性。舶来与传统的碰撞、主流与边缘的角逐、科学与宗教的对抗，这些元素又使得科幻在这些国家各自的文化土壤中孕育出丰富多彩的主题和叙事特征，为20世纪中期世界科幻迎来全球性繁荣奠定了基础。

（本章撰写：江晖）

课后思考：

1. 世界各地的“科幻”概念分别于何时、自何处产生？

2. 在发展初期，世界各地的“科幻”意涵与今天有何不同？

第四章 人民/大众的现代文化

科幻文学的发展轨迹在各个文化中并不同步，但它们之间的联系有迹可循。在不同的社会和文化语境下，科幻文学的兴起和流行与社会经济发展、出版媒介状况、历史文化、大众心理、教育水平、创作者个人观念等各种因素以复杂的方式相关联，产生了丰富多样的国别科幻发展史。但无论在哪个文化环境中，创作、阅读和欣赏科幻文学都需要一定的科学知识储备和哲学敏感度，这对读者和作者都提出了个人素质上的要求。随着这种素养的培育和提升，现代杂志与书籍出版业走向繁荣，并在很大程度上见证了科幻文学之发展与杂志文化的深刻渊源。

第一节 美国科幻文学的“黄金时代”

20世纪中叶，美国科幻文学由“低俗”大众文学转向与科学知识和价值观密切联系、相对严肃的文学，这一转变体现了历史和社会环境对于科幻文学的塑造。以杂志为媒介，一个由科幻爱好者组成的社群逐渐形成并壮大。

20世纪美国大众文化的发展可追溯到“咆哮的二十年代”（Roaring Twenties，有时译作“兴旺的二十年代”），即20世纪20年代的经济大繁荣。经济发展推动了以爵士音乐为代表的流行文化的繁荣，然而随后就是经济衰退，30年代很多美国人失业，民众普遍生活水平下降，文化产业也随之洗牌。40年代初，美国加入第二次世界大战，经济重心向军事工业倾斜。战后，得益于战胜国地位以及军工产业的发展，美国经济进入又一轮繁荣。

这一时段是美国杂志和类型文学发展的重要时期。20世纪20年代，印刷技术的突破和经济的普遍繁荣使得出版业快速发展，许多新杂志创办起来。30年代的经济大萧条，虽然使文化产业总体上紧缩，却又为具有消遣解压功能的类型文学准备了市场。从这时起，通俗文学杂志朝多样化发展，类型小说如侦探小说、西部小说、冒险小说等兴起，小说的读者群扩大。

专业化的科幻杂志此时应运而生。科幻文学的主要平台是杂志，因为它的发行更为灵活，成本也相对小。一系列重要的科幻杂志不仅成为作品的发表平台，推动科幻文类逐渐成型，也提供了读者、作者和编辑相互交流的空间，科幻迷文化借此迅速发展。

“黄金年代”正是诞生于杂志当中。这个塑造了今天科幻文化的名词，尤指20世纪30—50年代，一系列美国科幻界最重要的大师和经典作品在此时爆发式地涌现。科幻小说的崛起，成为美国乃至世界通俗文学界的重要现象。

在20世纪中期以前，经由传统出版社出版的科幻小说极少，即使长篇科幻小说，也多以杂志连载的方式出现，这种情况直到60年代才发生重大变化。对于科幻杂志的兴旺发达，两位大师级编辑居功至伟。首先是雨果·根斯巴克，著名的雨果奖即以他的名字命名。根斯巴克出生于卢森堡，青年时期移居美国。他是一位工程爱好者，早在1908年就开始办科技工程相关的爱好者杂志，后来转向科幻小说的写作和编辑。1926年，根斯巴克创办了《惊奇故事》，这是第一本专门刊登科幻小说的杂志，也正是这本杂志使得科幻成为一个文学出版类别。根斯巴克后来又办了不少科幻小说杂志，包括《惊奇故事季刊》《科学奇妙故事》等，成为举足轻重的科幻出版人和编辑。在根斯巴克的影响下，其他科幻杂志也纷纷问世。

在《惊奇故事》的发刊词中，根斯巴克使用了 scientifiction 这个词来定义和描述科幻小说，这是最早将科幻小说与科学联系并类型化的尝试。他以凡尔纳、威尔斯和艾伦·坡为例，阐释这本杂志的编辑理念：科幻小说是“一种同时具备科学事实和预言能力的充满魅力的浪漫作品……这种令人惊奇的故事不仅读来非常有趣，并且还有教育意义”。[1]他倡导的是一种综合了科学信息、文学叙事和未来预言的文类，区别于20世纪初“纸浆杂志”上那种混杂着刺激猎奇因素的科幻小说雏形。1929年，根斯巴克又在自己创办的《科学奇妙故事》杂志中提出 science fiction 这个名词，这逐渐成为科幻小说的固定名称。

《惊奇故事》创刊号（1926年4月）

根斯巴克的杂志产生了广泛的影响。后来的许多重要作者，包括E.E.史密斯、杰克·威廉森、斯坦利·温鲍姆等都从他的杂志上起步。这个新鲜文类吸引了对新兴科技感兴趣、具备一定文化水平的精英读者，他们中的一部分后来成了作者。杂志上刊登的读者来信数量繁多，读者以杂志为媒介的自发活动也非

1　Hugo Gernsback, “A New Sort of Magazine,” *Amazing Stories*, No. 1 (1926), p. 3.

常频繁，科幻迷群体开始出现。他们对科幻的热爱程度之高，在其他类型小说读者群体中十分少见。

另一位重要的科幻编辑是小约翰·W.坎贝尔。坎贝尔生于美国新泽西州，曾就读于麻省理工学院和杜克大学，并在后者取得物理学学士学位。大学期间坎贝尔就在根斯巴克编辑的《惊奇故事》上发表了一些长篇和短篇科幻小说，声誉直追E.E.史密斯。他也创作过其他风格的科幻小说，不过后来就专注于科幻小说编辑了。

坎贝尔的编辑成就斐然，美国科幻“黄金年代”极大地得益于他对作者的发掘和引导。一般认为，坎贝尔开始编辑《惊人故事》的1937年即是“黄金时代”的开端[1]，第二次世界大战结束后的1946年则是这一时代的结束。坎贝尔在接手杂志后很快就让一批重要作者大放异彩。此时几十种新的科幻文学杂志纷纷出现，但坎贝尔的杂志是美国科幻小说无可争议的核心平台。

坎贝尔注重科幻小说中科学知识和技术细节的准确性，从而推动了“硬科幻”的发展，这成为美国科幻“黄金时代”作品的标志性特征。他还强调科幻小说探索社会和人性的深度，使得科幻的文学品质得到了提升。坎贝尔时常和作者见面谈心，或者写长信给作者，为之提供大量科学知识、创意和情节构思等方面的建议，帮助他们塑造作品。极端情况下，作者会成为坎贝尔理念的传声筒。例如，阿西莫夫曾经得到坎贝尔的多方支持和辅导。在他构造“机器人三法则”[2]的过程中，坎贝尔起到了很大的作用，而其经典短篇《日暮》(1941) 几乎是坎贝尔布置的命题作文，发表时还被坎贝尔加上了一段描写。

“黄金时代”最著名的代表作家西奥多·斯特金、范·沃格特、罗伯特·海因莱因和艾萨克·阿西莫夫均与坎贝尔相关，他们以各有千秋的写作塑造了黄金时代科幻的风格。斯特金偏重短篇小说，尤为关注心理和情感的探究，其塑造生动人物的能力和诗意化的叙事为人称道。《微宇宙的上帝》(1941) 探讨科学实验的伦理问题，《超人类》(1950) 思考人类的进化和认知的本质，彰显了斯特金的个人特色。

沃格特则将奇幻因素运用在科幻写作中，并且创造了一种复杂而碎片化的叙事方式，个性十足。其早期长篇小说《斯兰》(1941) 在《惊人故事》上连载之后引起了轰动，诸多读者为之着迷。后来的著名科幻作家菲利普·迪克自称受沃格特的影响最深。

海因莱因有从军经历和工程技术背景，其早期作品以对未来历史的细致构造闻名。他将自然主义写作引入了科幻创作，在完整构造的世界观中，将背景和相关信息不露痕迹地交待出来，坎贝尔因此称其为第一流的现代科幻作家。海因莱因的部分早期短篇作品构成了未来历史系列，其他长短篇涉猎多种题材。他也创作了一些青少年科幻小说。

阿西莫夫最负盛名的作品是短篇《日暮》、“机器人”系列 (1940—1985) 和《基地》

1　该杂志1930年创立，至今还在运营。1938年改名《新奇科幻》(也译作《惊骇科幻小说》《惊险科幻小说》等)，1960年又改名为《类比》。

2　本书以“机器人三法则”对译three laws of robotics这一关键概念，原因详见第六编“关键词”词条“机器人”。

系列（1942—1993）。“机器人”系列小说中，短篇小说《转圈圈》（1942）提出了著名的“机器人三法则”，使以往科幻小说中无所不能的“金属魔鬼”受到规约，成为具备正电子大脑的机器，这才有了科幻小说中可信的机器人形象。《基地》系列小说作品繁多，规模庞大，虚构了“心理史学”的概念，以未来人类银河帝国的衰亡为背景思考历史兴亡的规律。

美国“黄金时代”的出现与社会经济大环境相关，杂志媒介的发展为之提供了基础。而随着二战的展开，军事斗争、高级武器、太空飞行等概念对人们变得不再陌生，进而成为科幻文学成长的沃土。更重要的条件是越来越多的受过一定科学教育的人群，尤其是青年学生，他们为科幻文学的生产贡献了智慧，为科幻的消费提供了支持，并且自发地形成了科幻迷文化圈。

第二节 苏联科幻文学的专业知识传统

第二次世界大战结束后，以美国和北大西洋公约组织为主的资本主义阵营与以苏联和华沙条约组织为主的社会主义阵营之间展开了持续40多年的冷战（1947—1991）。双方在尽量避免武力对决的基础上相互遏制，相互竞争，形成了两极对峙的世界局势。苏联国内加强建设经济，发展工业，科技水平实现飞跃。1957年，苏联发射人类第一颗人造卫星斯普特尼克1号（Sputnik-1）；1961年，苏联宇航员尤里·阿列克谢耶维奇·加加林成为世界上第一个进入太空的人类。这些太空探索成就震动了西方世界，从此两个集团展开了超过20年的太空竞赛，军备、科技是其中的主要竞争内容。

两极对峙的局势影响了双方社会的各个方面，并在文化生产领域得到反映。50年代后期，苏联出版业逐渐恢复繁荣。同一时期，飞速发展的现实科技使苏联科幻小说也迎来了复苏，迎来了自己的“黄金时代”。[1]

这一时期最优秀的苏联科幻作家多为科技专家。“院士作家”伊万·叶菲列莫夫是古生物学家、苏联科学院院士，因发掘戈壁沙漠中的恐龙遗骸而闻名。1957年，他在《技术—青年》杂志上发表了长篇《仙女座星云》（后以单行本形式出版），学界普遍认为这是苏联科幻“黄金时代”的开端。这部著名的共产主义乌托邦作品讲述了人类在公元3000年实现共产主义以后探索外太空的故事，以大量的细节展现了人类对时空的征服。关于科幻小说的使命，叶菲列莫夫认为，它不应承担科普的功能，而应“展示科学对社会和人的发展的影响，反映科学的进步，在心理、情感生活中认识自然和了解世界是科幻文学主

1 一些学者认为，苏联科幻文学的“黄金时代”开始于1957年，持续到20世纪70年代初。见Daniel Gerould, “On Soviet Science Fiction,” *Science Fiction Studies* 10.3 (1983), p. 341; Vladimir Gakov, Alan Myers, Igor Tolokonnikov, Peter Nicholls and David Langford, “Russia,” in John Clute and David Langford eds., *The Encyclopedia of Science Fiction*, London: SFE Ltd and Reading: Ansible Editions, updated 2 January 2023, https://sf-encyclopedia.com/entry/russia , accessed 16 March 2023.

要的意义和目的。”[1]另一部影响很大的科幻小说是阿列克谢·卡赞采夫的《太空神曲》(1973)。卡赞采夫也是一位科技工作者，是叶菲列莫夫的朋友。《太空神曲》设定在共产主义实现之后，讲述几位宇航员先后到达几个地外星球并遭遇不同的智慧生命文明的故事。

苏联科幻“黄金时代”最著名的代表作家是斯特鲁伽茨基兄弟。哥哥阿卡迪·斯特鲁伽茨基曾在苏联军队服役并在军校学习，后担任编辑；弟弟鲍里斯·斯特鲁伽茨基是一名天文学家和计算机工程师。1958年，二人开始合作创作科幻小说，著作丰富，被翻译成多国语言。其处女作《紫云国》(1959)描写人类探索金星的悲壮旅程；名作《正午：二十二世纪》(1962)及其后续系列作品是一个共产主义乌托邦故事；《成神颇难》(1964)探讨宗教信仰和科技发展的关系，奠定了两人一线科幻作家的地位。其作品中传播最广的是《路边野餐》(1972)，被20多个国家引进翻译，产生了诸多改编作品，还被导演安德烈·塔科夫斯基以《潜行者》(1979)为名改编为电影，成为20世纪经典科幻影片之一。《路边野餐》讲述地外高智慧生物在地球“野餐”后，其遗留物给人类造成的困惑，具有讽刺与隐喻风格。斯特鲁伽茨基兄弟的创作早期偏向乐观的未来历史，具有共产主义乌托邦倾向，后逐渐转向讽刺和社会批评。他们的创作转变也显示了这一时期科幻小说的总体倾向。

斯特鲁伽茨基兄弟

除了斯特鲁伽茨基兄弟外，其他代表性人物还包括亨里希·阿尔托夫，季米特里·比连金等。儿童科幻文学亦有很大的发展，基尔·布雷切夫是其中的代表人物。布雷切夫的早期作品收入《阿利萨的旅程》(1974)，此外还有《一百万个冒险》(1976)、《一百年以后》(1978)等。

第三节　中国科幻的科普传统

1949年中华人民共和国成立之初，《中国人民政治协商会议共同纲领》就提出“努力发展自然科学，以服务于工业、农业和国防建设，同时奖励科学的发现和发明，普及科学知识”，从而确立了科普事业的地位。此后的科普工作以工农兵和少年儿童为主要对象，以普及科学知识为目的，形式多样。这一时期的中国科幻文学作品作为“科学文艺”的一部分，呈现了明显的科普特征，并与儿童文学结合。一系列科普杂志和专业化的科学出版

1　伊万·叶菲列莫夫：《科学与科幻》，阎美萍译，《科幻研究通讯》2022年第2期，第9页。

社，成为中国科幻的重要文化阵地。

国外经典科幻小说和科普作品继续启发着这一时期的中国科幻创作。凡尔纳的作品在50年代被重新翻译、大量引入中国，《气球上的五星期》《八十天环游地球》等成为青少年必读的教育读物。此时影响很大的还有苏联、东欧社会主义国家的科幻和科普作品，特别是米·伊林的科普作品和理论观念。伊林是一位苏联工程师、科普作家和儿童作家，其科普作品从40年代到60年代被大量译介到中国，包括《十万个为什么》《人怎样变成巨人》《原子世界旅行记》等，深受读者欢迎。

1954年，郑文光在《中国少年报》发表《从地球到火星》，讲述了一群少年误入火星轨道又被大人救回的故事。这篇作品被视为新中国第一篇科幻小说。作品在青少年读者中激起了极大的兴趣，北京的古观象台迎来观测火星的热潮。郑文光后来出版了小说集《太阳探险记》，将科幻与民族文化传说相结合。他的《火星建设者》(1957)则面向成人读者，演绎了人类在火星上创立基地、建设新社会的艰辛，在洋溢着理想主义精神的同时不乏沉思气质。

《太阳探险记》(1955)

活跃于二十世纪五六十年代的作者对许多主题进行了探索。迟叔昌的《割掉鼻子的大象》(和于止即叶至善合作)《大鲸牧场》等想象共产主义未来的生产和生活，构思精巧；童恩正的《古峡迷雾》《五万年前的客人》等主要以考古、历史主题为题材，综合多学科视角，审视民族、国家、人类的发展历程；萧建亨的《布克的奇遇》《奇异的机器狗》等面向儿童读者，以科学技术为核心构造谜题；刘兴诗的《北方的云》结合气象和地理题材，塑造了宏大的“南水北调”奇景；王国忠的《黑龙号失踪》《打猎奇遇》等将科幻与国际关系、生产生活等方方面面的文学题材相结合，显示了科幻的广度；叶至善的《失踪的哥哥》以人体冷冻为核心科幻创意，讲述了一个哥哥变弟弟的奇异故事。

这一时期大部分作品是为少年儿童写的，具有科学原理明晰、线索简单明了、语言通俗易懂的特点，一些作品的科普倾向十分明显。总体来说，这是中国当代科幻的起步阶段。

第四节 从各辟蹊径到《科幻世界》

20世纪60年代后期革命风潮席卷全球之际，港台地区的科幻创作也发生了革命性的变化。民国时期“鸳鸯蝴蝶派”的科幻创作思路，在香港大众阅读市场上得到了延续。而在台湾地区，以张系国为代表的文化精英一方面汲取了50年代以降通俗电影与儿童刊物中的科幻元素，另一方面在欧美科幻文化和重大科学事件的影响下，于1968年开始尝试提倡“科幻小说”这一门类。这一时期的重要作品，主要有张晓风的《潘渡娜》、张系国的《星云组曲》、黄海的《一〇一〇一年》等。从70年代末开始，随着倪匡的科幻作品引入台湾，港台地区科幻的自我定位发生了微妙的改观。在香港，科幻元素更深地融入面向大众娱乐消费的小说影视作品，特别是出现了一批由周星驰、刘德华等主演，将科幻元素融入戏剧、动作、推理的杂糅性影视作品。在台湾，从80年代中期开始，科幻几乎彻底摒弃通俗读物的自我定位，逐步转向主流文学场域。

而在大陆（内地），科幻在“文革”之后的发展，更深刻地汇入社会文化和历史的宏观叙事当中。“文革”之后，“四个现代化”中科学技术现代化这一目标的地位在国家层面得到了前所未有的提升。科幻文学的发展在这样的大环境下得到大力支持。1978年6月5日，在上海召开了全国科普创作座谈会，多名科普和科幻作家出席。1979年8月14日，中国科学技术普及创作协会（1990年更名为中国科普作家协会）第一次全国代表大会召开。这些官方机构对于科普和科幻创作活动起到了重要的指导作用。

这一时期，文化出版业全面复苏，本土文学创作繁荣，出现了多种文学思潮和流派。科幻文学创作同样应时而兴。上海的少年儿童出版社创办的《少年科学》杂志早在1976年初的创刊号就发表了叶永烈的短篇科幻《石油蛋白》，而后又发表了叶永烈《世界最高峰上的奇迹》、萧建亨《密林虎踪》等名作。总体上，期刊杂志积极刊发科幻小说，专业科学文艺期刊也相继出现，重要的有《科学文艺》（1979—）、《科幻海洋》（1981—1983）、《智慧树》（1981—1986）、《科学文艺译丛》（1982）等。青少年科普期刊、纯文学期刊、少儿刊物以及一些报纸都开始发表科幻作品。

儿童文学的出版社和期刊也积极组织新作品的出版和发表，如少年儿童出版社迅速向多位科幻文学作者约稿，出版了童恩正的《古峡迷雾》（1978）、萧建亨的《密林虎踪》（1979）、刘兴诗的《海眼》（1979）等；新作者叶永烈的《小灵通漫游未来》（1978）也应邀出版，一时洛阳纸贵。

科幻文学的创作力量明显加强。作者队伍主要由两部分组成：一部分是被称为“归来者”的老作者，即在五六十年代就开始创作的作者，包括萧建亨、刘兴诗、童恩正、刘后一、郑文光、嵇鸿、鲁克等，其新时期的第一批作品和之前的创作在风格和内容上都有密切关联。另一部分是新入者，包括宋宜昌、王晓达、金涛、郑渊洁、王亚法、尤异、王金海、吴岩、绿杨等，他们带来了新的创意。

原创作品中，最具影响力的是叶永烈的《小灵通漫游未来》（少年儿童出版社1978年8月）和童恩正的《珊瑚岛上的死光》（《人民文学》1978年第8期）。《小灵通漫游未来》是一部儿童科幻小说，讲述小记者小灵通来到未来市采访，体验种种令人向往的未来科技的故事。出版后大受欢迎，累计销售超过300万册，成为当时的现象级文学作品，后来改编成连环画、电视、电影剧本等。《珊瑚岛上的死光》将科学幻想与反特主题相结合，发表在主流文学权威刊物《人民文学》上，次年获得第一届全国短篇小说奖，在当时的文坛上产生了很大的影响，后来也有广播和电影改编。两部作品的成功说明，当时的科幻文学在大众市场和主流文学界都有了一席之地。

《小灵通漫游未来》(1978)

中国科幻开始了多元化的大胆探索。首先是突破了儿童文学的限制，进入成人科幻领域。郑文光创作的长篇《飞向人马座》(1979)，情节的复杂性、人物的丰满程度、叙事的成熟程度都非常高，是一曲青春的赞歌，完全超越了早年作品《从地球到火星》。其次是突破单纯类型化科幻的模式，出现了文体类型上的多元化发展。如叶永烈使用侦探小说的模式，把科幻和侦探故事结合在一起，创作了金明系列“惊险科幻”。第三，开创了科幻现实主义的潮流。叶永烈的《腐蚀》(1981)、金涛的《月光岛》(1980)、郑文光的《地球的镜像》(1980)、《命运夜总会》(1981)、魏雅华的《温柔之乡的梦》(1981)等，关注现实生活，与社会现实对话。这些作品为中国科幻小说介入社会、介入人生、成为更具深度的文学创作和思想实践做了富有价值的探索。

中国科幻理论研究和科幻史研究也开始发展。童恩正在作品获奖后，在《人民文学》发表《谈谈我对科学文艺的认识》，从理论上阐述科学文艺的目的、结构和写法，提出科学文艺的目标不是科学知识普及，而是要传达科学的人生观，塑造典型的人物，科幻小说应该成为单独的门类。萧建亨、郑文光等人也表示了类似的看法，主张科幻应该服务于更宽泛的四个现代化的建设，提倡科学精神、科学方法、科学审美、科学价值观等。

这些探索和创新在引人瞩目的同时，也招致层出不穷的批评。叶永烈的《世界最高峰上的奇迹》(1977)改编的连环画《奇异的化石蛋》(1978)遭到抨击，批评者认为其中的科学知识存在错误。《谈谈我对科学文艺的认识》也引发争议，反对者直言科学文艺失去了科学内容就成了“灵魂出窍”的文学，失去了思想性。这些批判后来发展成所谓科幻“姓科”还是“姓文”的激烈争论，即“科文之争”。1982年初，对科幻小说的批评愈演愈烈，科幻创作出版也逐渐受到打击。1983年，科幻小说被斥为“精神污染”，长期陷入低谷。

1990年代，中国科幻再次走向繁荣，这与《科幻世界》杂志在困境中的坚守和开拓密不可分。在科幻文学低谷期，《科学文艺》杂志几次转变编辑思路。1991年，更名为《科幻世界》，开始重点打造“科幻”文化品牌，终于柳暗花明。这一时期，《科幻世界》通过评选中国科幻银河奖、组织笔会、举办校园科幻征文等不断壮大作者队伍，提升创作水平。1991年，《科幻世界》编辑部与四川省外事办公室和四川省科协共同在成都举办了世界科幻小说协会年会；1997年7月，《科幻世界》杂志社举办了97北京国际科幻大会，除了广邀中外科幻作家，还请到5位美国和俄罗斯的宇航员参会。这两次会议有力地扩大了中国科幻的影响，也为《科幻世界》的发展争取到了宝贵的国际助力。同一时期以及稍后创办的《科幻大王》（1994—2014，2011年更名为《新科幻》）、《世界科幻博览》（2005—2007）、《科幻画报·文学秀》（2005）等科幻杂志，也在中国科幻史上留下了或深或浅的印迹。

中国的科幻迷文化主要源于80年代郑文光、吴岩等人的介绍和实践，但作为一种文化现象逐渐兴起则要到90年代之后。在姚海军、吴岩等核心人物的推动下，科协等官方组织之外的科幻杂志、同人刊物、科幻教学等，都起到了团结科幻爱好者的作用。1988年，姚海军创造了中国科幻爱好者协会，并且开始印制协会会刊《星云》，在科幻界影响甚大。稍后，其他一些地方和高校中也出现了科幻迷组织和同人刊物。互联网在90年代后期开始高速发展，网络平台逐渐取代了同人刊物，成为科幻迷交流的媒介，由此出现了一些跨地区的科幻迷组织。90年代，吴岩在北京师范大学开设了面向全校的科幻小说选修课，很多作家通过这一课程走上创作之路。

在这一时期，一批被称为“新生代”的作家开始成为创作的主力军，其中的代表人物包括王晋康、刘慈欣、韩松、星河、柳文扬、何夕、凌晨、苏学军、杨平、刘维佳、潘海天、赵海虹等。这些作者创作风格各异，关注的题材也不同。经典科幻主题如科学假说等继续激发新的想象，如刘慈欣在《微观尽头》（1999）等作品中演绎大胆的科学猜测；星河的《决斗在网络》（1996）被认为是“中国第一篇赛博朋克小说”，王晋康的《七重外壳》（1996）、杨平的《MUD黑客事件》（1998）等探讨电脑网络、虚拟世界给人类带来的新问题；王晋康的《亚当回归》（1993）、《天河相会》（1996）等就生物技术和后人类问题展开思索；潘海天《偃师传说》（1998）改编古代典籍中的技术传说，探索科幻民族化之路；韩松《宇宙墓碑》（1991）以先锋手法制造陌生的阅读感受，质疑历史记忆，探讨文明发展。

大多数“新生代”作家在90年代初登科幻文坛，甫一亮相便佳作频出，极大地丰富了中国科幻文学的图景。值得一提的是，这些优秀的作家作品主要以《科幻世界》杂志为平台，通过银河奖和科幻迷群体的认可而为人铭记，他们的高光时刻也是中国科幻杂志时代最辉煌的记忆。

第五节　走向高峰的日本科幻文学

第二次世界大战结束后，日本经济逐渐复苏，并在20世纪60—70年代开始腾飞，尤其在高新科技研发方面成果显著，创造了经济奇迹。80年代，日本经济出现下滑趋势，到了90年代，由于各种国内外因素，经济开始出现种种问题。从文化方面看，美军占领日本期间美国文化的输入极大地影响了日本文化的发展，西方尤其是美国科幻文学进入日本人的阅读视野，这使得之前陷入停滞的日本科幻在重新启动时已经身具美国基因。二十世纪五六十年代出版的许多科幻文学作品模仿西方作品，本土科幻文学的市场发展很慢。但在日本科幻界的不懈努力下，优秀原创小说不断增长。到80年代，日本科幻终于迎来了全盛期。

20世纪50年代，不少日本作家和科幻爱好者以成立协会、出版杂志等各种形式努力推动科幻文学创作。1954年，太田千鹤夫创办第一份科幻小说专刊《星云》；室町书房1955年启动“科幻小说丛书”；今日泊亚兰创立的作家组织“Ω俱乐部”，于1957年发行《科幻小说》。但这些努力都以失败告终。

只有两本主要杂志最终获得了成功。1956年，由“日本科幻迷之父”、作家和翻译家柴野拓美提议，矢野徹、星新一、斋藤守弘等20名左右作家组成了“科学创作俱乐部”。次年，该俱乐部开始出版会刊《宇宙尘》（1957—2013）。《宇宙尘》月刊是同人杂志，吸引了许多科幻爱好者加入创作。它成为日本科幻界不能绕开的重要平台，大多数后来成名的科幻作家都在这里初试莺啼。另一本杂志是早川书屋的总编、作家福岛正实创办的商业科幻小说刊物《SF杂志》（1959—）。这本杂志重视团结职业作家，吸纳多种主题的创作，尤其对反映现代科技造成的社会性病症的作品青睐有加。编辑福岛正实像坎贝尔一样深度介入作者的创作，对作品的最终形态产生了巨大的影响。后来，从《宇宙尘》出道，再在《SF杂志》上成长为职业作家，成为不少科幻作家的发展轨迹。

《宇宙尘》杂志创刊号（1957年5月）

1962年，《宇宙尘》组织的第一届日本科幻小说大会（MEG-CON）在东京召开。1963年，福岛正实、石川乔司、川村哲郎、小松左京、星新一、森优、光濑龙、矢野徹等发起成立了日本SF作家协会（Japan SF Writers Association，简称JSFWA）。[1]1970年，日本科幻大奖“星云赏”（Seiun Award）创立。同年，小松左京在日本组织了第一届国际科幻小说研讨会。

20世纪50—70年代创作科幻小说的主要作家被称为日本科幻的第一代和第二代作家，其创作受到西方的影响。代表性作家包括：安部公房，主要作为主流作家的他著有《第四冰河期》（1959）、《他人的脸》（1964）、《箱男》（1973）等

1　这一名字是参照成立于1947年的“日本推理作家协会”而设定的。该团体至今仍在活动，2017年成为一般法人社团，改英文名为Nihon SF Sakka Club，简称SFWJ。

科幻类小说；矢野徹，著有《纸折飞船的传说》（1978）；星新一，著有大量科幻短篇小说；小松左京，著有《日本阿巴奇族》（1964）、《日本沉没》（1973）等；山田正纪，著有《神狩》（1974）、《地球·精神分析记录》（1978）等。

80年代，日本科幻达到了发展高峰。许多出版社出版翻译和原创小说，印数动辄在3万左右。科幻杂志更为繁荣，每年出版的杂志数量超过400种，不少杂志发行量达到1—5万册。科幻与漫画、电影等偏重视觉元素的艺术紧密结合，吸引了更多的读者。不过到了90年代，由于经济的衰退和市场兴趣的变化，科幻小说风光不再，绝大多数科幻杂志停刊，唯有《宇宙尘》和《SF杂志》屹立不倒。

在80年代声名鹊起的第三代日本科幻小说家包括新井素子、神林长平、大原真理子等。他们多因获得小说奖而出名，长篇作品则主要由出版科幻小说多年的早川书屋发行。新井素子1981、1982年连续以《绿色安魂曲》《海王星》两篇作品获得星云赏短篇小说奖。其第一人称女性视角叙事十分风格化，有时运用元小说技巧，写作特色突出。神林长平早年受到菲利普·迪克的影响，其略带怪异的文风结合了硬科幻特质，在星云赏获奖作品《敌人是海盗·海盗版》（1983）和《战斗妖精》（1984）中体现明显。在几次日本最佳科幻小说家的评选调查中，神林长平都位列前三。大原真理子的作品风格多样，无论长篇、短篇，传统类型化科幻、赛博朋克故事，都有佳作。长篇小说《混血孩子》获得1991年星云赏；《演绎战争的众神》获得1994年日本SF大赏。

90年代之后，日本科幻向更加多元化的方向发展，在整体上则越来越具备独特风格。这之后成长起来的日本科幻作家不像他们的先驱者那样依赖科幻杂志、出版社、奖项和科幻迷群体，其背景更加多元，职业发展也未必遵循此前职业小说家的路径。以中井纪夫、柾悟郎、松尾由美、濑名秀明等为代表的第四代科幻作家涉足后现代主义写作，对赛博格、女性主义、耽美等主题展开探索。

（本章撰写：杨琼）

课后思考：

1. 你认为科幻杂志和相应的文学生产方式对于各国科幻文学的发展有怎样的影响？

2. 分析你喜欢的一部中国科幻作品，总结其主题、科学观、写作手法与文学史上重要作品的相关性。

第五章 文化自觉与前沿探索

二战结束之后，随着世界现实政治、科技水平与科幻文化的多维发展，人类逐渐意识到，漫长的现代化发展历程正在带来远超人们心理预期的重大变化。人类此前所默认的基本伦理、哲学和文化，以及它们的底层逻辑，都在世界级的战争、牺牲和对立当中，遭遇了全方位的挑战。在这样的变动世界当中，科幻进一步发掘了自身的先锋性和普适性。源自欧洲的前沿现代意识，走向并塑造了本土主流话语的美国科幻文化，以及弥散在世界各个角落的科幻文化元素，在人类文化的最前沿进行了自觉的思考和探索——“新浪潮”来了，但很快又将遭遇困境。

第一节 欧洲新浪潮

要精准定义科幻新浪潮运动是相当困难的，因为这似乎与它自由反建制的精神内核背道而驰，甚至有人说，它从来都不是一场正式的文学运动，而是一种心态（state of mind）的变化。“新浪潮”（New Wave）一词译自法语“nouvelle vague”，原本是20世纪50年代末到60年代初法国电影批评界使用的术语。在让·吕克·戈达尔等影人的推动下，新浪潮电影运动旨在打破传统电影的表现形式，主动参与社会和政治议题的讨论，钟情于表达存在主义等哲思。这种艺术创作的转向，与当时欧洲社会政治文化环境的变化有着密不可分的关系。

二战后的欧洲可谓满目疮痍。经历了百废待兴的40、50年代，60年代无论在政治和文化层面都有一种与旧世界决裂的野心。革命与战争的界限暧昧不明，迷幻药和性解放大行其道，女性主义和环保主义开始兴起，来自东方的哲学和神秘主义吸引了大量拥趸，人们在追求个体自由和精神解放的道路上狂奔。而这期间，人类文明的科技树也在飞速抽枝散叶。在1960到1969这十年中，每年都有重大科技成果问世，例如激光（1960）、通信卫星（1962）、第一例心脏移植（1967）以及载人登月的壮举（1969）等。新技术的突飞猛进，不仅左右着世界政治格局，也渗透进普通人的日常生活，促使后者在世界观和本体论两个维度反思科技与自身的关系。也正是此时，一个物理学概念悄然普及起来，那就是“熵”（entropy）——在热力学中，它指能量普遍地、不可逆转地衰退为无序状态。这个有点禅宗意味的物理学概念，似乎是那个在秩序和失序间狂飙突进而又茫然四顾的年代的写照，在即将到来的科幻新浪潮运动中成为某种隐秘的精神图腾。

在这样的社会氛围催化下，新浪潮运动应时而起，代表着科幻文类由内而外寻求突破的自我革新。上一章提到，20世纪50年代的美国是一个扩张的国家，而科幻“黄金时代”的到来正是这种扩张心态在文学领域的投射。但到1960年代中期，传统科幻流派的饱和发展在美国和英国都达到了一个临界点，太多的作家反复创作几个传统的科幻主题：太空探险，星际战争，异形生物……无论是风格和内容都乏善可陈。也许是纸浆杂志已经固化了作者和读者的思维和审美，尽管大家普遍认为科幻应该强调变化和新意，但在创作实践上却日趋保守，批量生产的故事题材重复、缺乏新意，有的甚至粗制滥造。许多进入这一领域的年轻作家虽然满怀雄心壮志，却都有捉襟见肘之感，这让他们意识到，坎贝尔式的科幻已经成为一种束缚。

而另一方面，主流文学对科幻的偏见和漠视，也促使一些有野心的评论家和作家，积极寻求建立自身的话语权。与美国的情况相反，战后的英国从曾经的日不落帝国退居欧洲边缘，其科幻小说也日益趋向一种内省性的审美。60年代整个欧洲文化的转向，加上向内探索的惯性驱使，科幻新浪潮始于英国，也属意料之中。最早将“新浪潮”一词应用到科幻领域的是美国科幻评论家P.斯凯勒·米勒。《类比》杂志于1961年发表了一篇米勒的评论，他肯定了约翰·卡内尔执掌英国《新世界》杂志所做的贡献，挖掘了诸如约翰·温德姆和阿瑟·克拉克在内的一批实力作者，并预言随着布赖恩·奥尔迪斯、肯尼斯·布尔默等新人崭露头角，一波“新浪潮”即将到来。

事实证明，米勒是有前瞻性的。1964年，迈克尔·穆考克接棒卡内尔成为《新世界》主编后，这里就成了英国新浪潮的主要阵地。《新世界》的前身是创刊于1936年的同人杂志《新大陆》。[1]1939年卡内尔担任《新大陆》主编，并将其更名为“新世界”，此后该杂志一直是英国最重要的科幻杂志。穆考克执掌《新世界》后，打破了故步自封的文类传统，为科幻创作带来了一场革命，正所谓“银河战争结束了；毒品进来了；与外星人的接触越来越少，更多的是在卧室里”。[2]身兼编辑和作者双重身份的穆考克，提倡积极改造传统科幻小说的主题、风格和人物呈现，鼓励引入主流文学元素，同时也支持在科幻小说之外发展新的流行文学类型。穆考克对“熵”的迷恋，也使得这本杂志中弥散着无政府主

1　1930年代，受到《惊奇故事》和其他美国科幻杂志的影响和启发，英国开始出现粉丝组织和同人杂志。1936年，科幻迷莫里斯·K.汉森对标坎贝尔主编的《惊异科幻》创办了《新大陆》这本地方性同人杂志（“Novae Terrae”在拉丁文中是“新大陆”或“新世界”的意思）。在汉森移居伦敦后，这本杂志便成为1937年成立的科幻协会（Science Fiction Association）的官方出版物。

2　Brian Wilson Aldiss, *The Detached Retina: Aspects of Science Fiction and Fantasy*, Liverpool: Liverpool University Press, 1995, p.27.

义，并与60年代其他文化实验形成互文。总而言之，穆考克推崇的是一种更有野心、更灵活的想象性叙事，将科幻小说视为现代小说危机的回应。《新世界》不再继续遵循美国纸浆杂志的叙事惯例，这无疑是对后者话语权的挑战，因此引起了坎贝尔在内一批科幻耄宿的不满，也就不足为奇了。在穆考克的带领下，原本奄奄一息的《新世界》起死回生，一批勇于创新的作者大放异彩，包括M.约翰·哈里森、D.M.托马斯、兰登·琼斯等等，而其中最为耀眼的，当属布赖恩·奥尔迪斯和J.G.巴拉德。两人同为新浪潮旗手，虽风格迥异，却都深刻影响了科幻文学的走向。

《新世界》1970年3月刊以未来性爱为主题

布赖恩·奥尔迪斯被誉为“英国科幻小说教父”。他于1925年出生于一个工人家庭，二战期间参与了英国在东南亚的军事行动，深入香港、缅甸和印度腹地。受丛林中出生入死经历以及H.G.威尔斯的影响，奥尔迪斯成为最早关注生态环境议题的科幻作家之一，对宗教、阶级与政治也有深刻反思。身为科幻作家的奥尔迪斯也是诗人、剧作家、评论家和编辑，一生极为高产，写作、汇编百余部作品，代表作有《丛林温室》《海利科尼亚》以及科幻研究著作《亿万年大狂欢》等。他的长篇小说《赤脚在头》（1969）被视为毒品文化尤其是迷幻药影响新浪潮的例证，短篇小说《整个夏季的超级玩具》被导演斯蒂芬·斯皮尔伯格改编成了著名的科幻电影《人工智能》（2001）。奥尔迪斯获得过雨果奖、星云奖在内的几乎所有科幻奖项，并入选了科幻与奇幻名人堂，2005年因为在文学方面的卓著贡献被授予帝国爵士勋章。奥尔迪斯一生热爱中国，曾受到邓小平的接见，他也是90年代助力中国科幻走向世界的重要国际友人。

J.G.巴拉德也与中国渊源颇深。巴拉德1930年出生在上海租界，父亲是英国曼彻斯特的兆祥洋行驻上海子公司的经理。珍珠港事变后，巴拉德全家被日军羁押在龙华集中营，直到1946年他才第一次回到英国，其后在剑桥大学学习医学，又因写作弃医从文，还加入了英国空军。早年的战争经历，扎实的理工背景，加上心理分析和超现实主义绘画的影响，使得巴拉德热衷于在作品里探讨人类心理、技术、性和大众传媒之间的关系，反复书写反乌托邦式的现代性和对未来末世的恐惧，诸如荒凉的人造景观，梦境般的废墟。基于自己的创作，巴拉德提出了科幻小说的“内层空间”（inner space）理论，将之描述为内心世界和外部现实世界的相会之处，认为黄金时代的作品没有充分利用科幻小说的潜能，科幻应该探索心灵撞击外部世界的领域，而不局限于乐观的科技幻想。巴拉德一生总共出版长篇小说20余部，代表作有《撞车》《摩天楼》《太阳帝国》等。巴拉德是公认的当代英国最杰出的作家之一，其影响早已超出科幻文学领域，甚至在英国摇滚音乐史中都能看到他的身影。

第二节 美国科幻的主流化

《新世界》是英国新浪潮运动的出版温度计，该杂志的鼓舞作用从大量青年作家的涌现可见一斑。而在当时，有不少活跃的美国科幻作家居住在伦敦，如塞缪尔·R.德拉尼、托马斯·M.迪斯克和约翰·斯莱德克等，他们都对《新世界》有重要贡献。英美原本就同气连枝，这些作者的参与很快引起了一批美国本土作家的呼应，于是大西洋两岸共同掀起了新浪潮运动的高潮。尤其到了20世纪60年代后期，《新世界》因入不敷出陷入危机，科幻新浪潮的接力棒就交给了大洋彼岸的美国人。

当然，在1960年代之前，美国科幻作家偶尔也会开展形式和内容上的实验。菲利普·何塞·法默的《恋人》（1953）因对性行为的大胆描写震惊业界，阿尔弗雷德·贝斯特1956年的杰作《群星，我的归宿》中，反英雄主角和心理分析的运用，预示了科幻中后现代主体的引入。此外，西奥多·斯特金、雷·布拉德伯里等作家也是尝试将科幻与主流文学结合的典型。因此，新浪潮在美国激起的波澜并非“无源之水”，有贝斯特、布拉德伯里这样的先驱探路，加上《奇幻与科幻杂志》和《银河》等杂志对新作家和写作方法越来越开放，在50和60年代开始写作生涯的那一代作者无疑能走得更远。

《危险幻象》封面

《新世界》为英国的科幻叛逆者提供了一个中央舞台，而美国的新浪潮则并没有一个固定阵地，虽然相对而言凝聚力较低，但战线也因此更为广泛。在美国，这一趋势带来了强烈的争议：它既是异端，也是一场令人心动的革命。科幻的守旧派被迫在一系列不断变化和重叠的前线上与这些反叛者斗争。美国科幻作家哈伦·埃里森1967年编辑的《危险幻象》被视为“打响了美国新浪潮运动的第一枪”。[1]该书收录了33部中短篇小说，除了奥尔迪斯、巴拉德等英国新浪潮旗手

1 Gardner Dozois, “Beyond the Golden Age-Part II: The New Wave Years,” *Thrust - Science Fiction in Review* 19 (1983), p.13.

外，作者基本来自美国本土，包括弗雷德里克·波尔，菲利普·K.迪克，罗杰·泽拉兹尼，拉里·尼文等，可谓名家新秀的一次集体亮相。正如埃里森在导言中所说的："新千年就在眼前。正在发生的一切成就了我们。"这本囊括了二十位雨果奖、星云奖得主的选集被认为几乎单枪匹马改变了读者对科幻小说的看法。英美作者关注的议题各有侧重，相较于《新世界》风格的实验性，埃里森的这本选集更推崇主题的越界性，不少篇目都探索了色情、暴力和无神论等有争议性的话题。

收录其中的菲利普·K.迪克作品《父辈的信仰》（1967）就可谓"要素齐全"，而这篇关于无神论、共产主义阴谋、迷幻药的小说也为他赢得了雨果奖提名。迪克是美国新浪潮最具代表性的作家之一，刘慈欣对他的评价切中肯綮：科幻作家有很多，菲利普·迪克只有一个。独树一帜的后现代风格和思考维度，使得迪克的作品成为科幻文学史上一座无法逾越的高峰，而他的人生也同样传奇。经历胞妹夭折，五次婚姻，精神疾病与药物成瘾，迪克一生都在用文学追问现实的本质，游走于形而上的迷宫，在历史和未来、梦境和真实里寻找人的存在，写小人物的悲欢，美国梦的破碎。他短暂的一生创作了44本小说和121个中短篇，渴望获得主流文学接纳，然而大多数作品都卖给了版税很低的廉价小说出版社，直到晚年才收获世界的认可，甚至成了好莱坞的宠儿——《高堡奇人》《少数派报告》等脍炙人口的名作在迪克逝世后陆续被改编成影视作品。科幻电影史上公认的最伟大的作品之一《银翼杀手》亦是改编自迪克的小说《仿生人会梦见电子羊吗?》，后世也有无数作者视迪克为精神偶像。

如果迪克把心理学引入了科幻，那么他的"高中同学"厄休拉·K.勒古因则在科幻中开拓了人类学和性别研究的疆域。[1]勒古因出生于知识分子家庭，父亲是人类学家，母亲是心理学家及作家。在家庭氛围的熏陶下，她很早就开始写作。1960年代中期，席卷全球的第二波女权主义运动也在科幻中找到了乌托邦和批判性的表达，勒古因适逢其会。1969年，《黑暗的左手》横空出世，被誉为"划时代的伟大作品"。在这部作品中，勒古因想象了一个雌雄同体的异星文明，通过一位星际联盟使者的民族志式叙述，探讨了性别、环境与社会的相互形塑。"优雅、庄严、精致……"这些与早期科幻小说的粗糙冒险故事毫不相干的形容词，都被评论家用来赞誉这部作品。勒古因一生出版了30余部小说及短篇小说集，另有诗集、评论集和译作多部，是少数几

厄休拉·K.勒古因

1　迪克和勒古因曾同校同期就读于北加州的伯克利高中，但两人当时并不相识，是为科幻界的笑谈。

位以科幻和奇幻文学体裁跻身于美国经典文学殿堂的作家，于2014年被授予美国文学杰出贡献奖。在她眼中，科幻和奇幻只是文学的一种表现形式，与其他无异，都是对人类生存状态的深层比喻。

除迪克和勒古因外，美国新浪潮的旗手还有罗杰·泽拉兹尼和弗兰克·赫伯特。泽拉兹尼开创性地将宗教和神话体系引入科幻领域，其最富盛名的长篇小说《光明王》(1967)正是刘慈欣所言"古典神性与技术神性"的华丽对接，以诗意的文字、恢弘的设定和精妙的故事，在反乌托邦的未来语境下重新诠释了印度教和佛教的内核。许多新浪潮作者都在探索宗教和超验经历：迪克一生痴迷《易经》，勒古因深谙道家思想，还翻译了老子的《道德经》，赫伯特则将宗教和政治题融入了小说《沙丘》(1965)。这部作品虚构了一个寸草不生的荒漠星球，将外星世界、灵能等传统科幻元素与生态议题结合，被誉为世界上"第一部大型行星生态小说"，在全球范围内收获了无数粉丝。

到20世纪70年代中期，"新浪潮"这场战争已接近尾声，一些作家退出了战场，另一些则被主流文学"收编"：巴拉德跃升为超现实主义作家，穆考克也成为一位小说家，而美国新浪潮的主要作者如德拉尼、勒古因，都受到了学术评论界的青睐。这场由科幻作家主动出击，向主流文学靠拢的一次"革命"，最终收获了后者某种程度的认可。科幻小说脱离通俗小说的范畴，开始进入主流文学的话语场域，这对提高科幻文学地位、拓展写作题材等方面起到了巨大的推动作用。新浪潮作家群的母题——梦和无意识、本体论的不安全感、科技的异化、媒体的隐藏敌对维度，"熵"……把这个时代书写的聚焦点，从外太空转向了人类内心：客观性分解为主观性的"内层空间"，令人憧憬的"未来"被危机四伏的多重"可能性"取代，社会学、心理学和人类学等视角的介入，都提升了科幻推想的广度和深度。而从另一方面来看，这或许也是新浪潮运动很快退潮的原因。抛弃传统科幻小说的套路，晦涩难懂的主题，过于个性化的表达手法，以及对科技高光的刻意回避，使得这些作品无论是内容还是形式上，都偏离了普罗大众的阅读旨趣。

因此，必须注意的一点是新浪潮与黄金时代的关系。虽然新浪潮在60年代末到70年代初主导了数年，但并不意味着传统科幻小说就偃旗息鼓。事实上，黄金时代那种冒险扩张的精神从未逝去，这种风格的作品依然大量可见。拉里·尼文的《环形世界》(1970)一举获得星云奖、雨果奖和轨迹奖三座奖杯就是最好的证明。即使在新浪潮运动的鼎盛时期，商业通俗科幻故事仍占据着可观的市场份额。所以，新浪潮并未"取代"黄金时代，而是与前者并驾齐驱。而从出版市场的角度看，新浪潮的出现恰逢科幻小说的生产发行机制开启重大转变。当时通俗杂志正在被图书市场所取代，从这个意义上讲，新浪潮也是通俗杂志应对其自身市场危机的一种反应。

到了70年代中期，阿西莫夫、海因莱因和克拉克等科幻耄宿步入职业生涯晚期的畅销书写作，而80年代成长起来的新作者则更愿意追随商业规则，主动迎合读者和市场的口味，科学奇幻（science fantasy）[1]的兴起就是一个典型例子。80年代之后，整个西方的文化思潮都逐渐衰退。在此后很长一段时间里，欧美每年出版的几千本科幻小说中，绝大多数在精神上更接近于传统的通俗模式，而不是新浪潮那种对“内部空间”的探索。尽管新浪潮运动最终只剩下余音，但它留给科幻和文学的影响却是深刻而持久的。

第三节 弥散的科幻元素

当新浪潮把科幻小说推向主流文学领域，越来越多的主流小说家也开始认识到技术变革的重要性，纷纷借鉴科幻小说的写作手法，并用更为文学性的语言去诠释那些曾经被认为是科幻专属的概念和主题。可以说，科幻以一种更为弥散的方式渗透进了文学创作，许多作家都受其影响，包括约翰·赫西、安东尼·伯吉斯、约翰·巴斯、托马斯·品钦和库尔特·冯内古特等等。再往后，这个名单还可以加上玛格丽特·阿特伍德、多丽丝·莱辛，以及像安部公房、豪尔赫·路易斯·博尔赫斯、伊塔洛·卡尔维诺、加布里埃尔·加西亚·马尔克斯等用英语以外的语言写作的作家。

其中，冯内古特的《五号屠场》（1969）和品钦的《万有引力之虹》（1973）是不容忽视的作品。《五号屠场》是基于冯内古特在二战期间的真实经历所作，用黑色幽默的笔法重新定义了“时间旅行”。故事中的主人公被外星人绑架后拥有了时空穿越的能力，然而却不受自身控制。他被反复抛掷于过去和未来，在支离破碎的时间线上一次又一次体验战争的暴行，目睹自己的出生和死亡。小说控诉了战争的残酷和荒诞，揭示了暴力和仇恨给人带来的心理创伤，被誉为有史以来最伟大的反战小说。《万有引力之虹》是后现代小说的集大成之作。故事同样发生在二战期间，以调查德军的火箭基地为主线，讲述了“反英雄”主人公的荒诞命运，揭露了西方社会的病态和疯狂，性与宗教都无法带来救赎。“万有引力之虹”是火箭发射后形成的抛物弧线，而火箭所到之处就是毁灭，品钦将之视为死亡和科技的二重象征。与新浪潮作者一样，品钦十分痴迷“熵”的概念，他在小说中引入了“热寂说”，借此隐喻科学技术造就的现代世界终将走向灭亡。

当科幻剥离文类属性而成为一种思想实验的工具，在其推想的更广阔的世界中，性别和政治问题继续深化。女性作者借鉴科幻元素，持续思考与乌托邦、性别和性相关的议题，代表作家有加拿大作家玛格丽特·阿特伍德和英国作家多丽丝·莱辛等。1985年，阿特伍德的小说《使女的故事》甫一问世就引起舆论轰动。故事发生在不远的未来，极权主义基督教统治了美国，女性沦为奴仆，为数不多仍具备生育能力的则被选为“使女”，成为权贵阶级的生育机器。大胆的反乌托邦想象和悬疑的意识流叙事，在极端状况下放大了

1 科学奇幻是一种兼具奇幻和科幻特征的文类，太空船等高科技的事物和魔法等超自然的要素共存。

《使女的故事》电视剧剧照

女性所处的结构性困境。莱辛于2007年获得诺贝尔文学奖，颁奖词称其为“描写女性经历的史诗作家”，以“怀疑主义、激情和远见卓识，审视了一个分裂的文明”。她于同年推出的新作《裂缝》将背景放在远古时代，女人自称“裂缝族”，是一群定居在海岸崖壁之间的单性繁殖的母兽，而她们生下的那些长“管子”的怪物则被称为“喷射族”，也就是最初的男人，人类的历史就在这两群人的吸引和对抗间写就。该书因对生理决定论的强调而颇受争议。

当然，这些作家中并非所有人都愿意承认自己受到科幻的影响。阿特伍德认为自己的作品属于主流文学，否认写的是科幻小说。冯内古特甚至坚持将“科幻”的字眼从自己的书中移除，断绝了自己早年与科幻小说的联系。归根到底，主流作家对科幻的暧昧甚至俯视态度都与后者的“通俗小说”出身脱不了干系——仿佛是科幻的“原罪”，即便有主流文学的光环加持，也无法洗脱。这从一个侧面反映了文学话语权争夺的胶着：一方面是主流文学对自身边界的捍卫，另一方面则是不断被类型文学打开的缺口。

与此同时，并不是所有的科幻人都以被主流文学认可为傲，他们选择另辟疆场，1960年代开始兴起的科幻批评就是最好的“反击战”。这一战场的开拓，以英国小说家兼学者金斯利·埃米斯1960年在普林斯顿大学关于科幻小说的讲座《地狱新地图》引发的壮观骚动开始，以70年代加拿大学者苏恩文结合了形式主义和马克思主义的著作《科幻小说变形记》的问世而初具体系。《科幻研究》《基地》等学术期刊也在这一时期创立，各类批评文章更是在英国、美国、澳大利亚、德国等地涌现。

如果要用一句话总结新浪潮，那也许就是：这是一群科幻世界的“叛逆者”们挺身而出，把“现代科幻之父”坎贝尔赶下王座的勇敢尝试。[1]它引入了形式、风格和美学的创新，涉及更实验性的语言使用和更高的文学抱负，在内容上结合有争议的话题，淡化了对科学或技术主题的强调，转向对人类内在的探索。而“新浪潮”这个从电影批评中走出的词汇，经过科幻文学的淬炼，也反馈到了影视作品本身。被誉为“第一部新浪潮科幻电影”的《2001：太空漫游》（1968），以及《星际迷航》前三季（1966—1969），都或多或少受到了这波科幻文学运动的影响。在更广阔的文化光谱上，新浪潮运动也影响了后来包

1　艾渴echo：《在游戏中寻找“科幻新浪潮运动”的遗产》，2020年4月10日，https://www.toutiao.com/article/6813773626953695757/?source=seo_tt_juhe，2023年4月17日访问。

括电子游戏在内的一大批科幻相关作品的主题和表现形式。

阿西莫夫认为新浪潮“有趣的副作用”之一，就是让科幻这一类型成为一种国际现象。“全球60年代”（The Global Sixties）已成为时下的热门研究议题，新浪潮兴起于在披头士时代的英国和嬉皮士时代的美国，这绝非偶然，两者都发生在文化创新和代际更替的时代。这些科幻作品，也为那个时代的社会变迁下了一个强有力的注脚。同样是在60年代，苏联及其卫星国——尤其是波兰的斯坦尼斯拉夫·莱姆，以及斯特鲁伽茨基兄弟等俄罗斯作者——也做出了重要贡献。过往的一些观点断言这些冷战铁幕另一边的大师级作家对科幻的主要轨迹几乎没有影响，而事实上，他们与英文新浪潮之间是否有交错与重叠，值得深入探究。此外，“浪潮”这一概念也早已从英语世界突围，介入不同地区的科幻文学场域，例如被用来形容艾哈迈德·哈勒德·陶菲克[1]等阿拉伯科幻作家，等等。对这一概念的挪用及推演，也有待更多考察和商榷。

（本章撰写：范铁伦）

课后思考：

1. “新浪潮”与“黄金年代”的科幻作品有什么不同？

2. 如何看待科幻文学和主流文学之间的关系？

1　埃及作家和医生，用埃及阿拉伯语和古典阿拉伯语撰写了200多本书，是阿拉伯语世界第一位当代恐怖小说和科幻小说作家。其代表作《乌托邦》被认为是阿拉伯科幻“新浪潮”的典型。

第六章　未来之后

在“新浪潮”之后，北美青年科幻作家们在1980年代发起了迄今为止最有野心，但同时也是最后一次具有广泛影响和思想深度的科幻文学运动，这就是“赛博朋克”（cyberpunk）。人们从此悲哀地意识到，在长期标志着“未来”的21世纪即将到来之际，人们却似乎失去了幻想更遥远之“未来”的能力。

这种幻想能力的失去，源自对过去几个世纪间人类现代化发展历程的深刻怀疑。科幻文学由此开始将视野全方位地转向过去的历史和美西方之外的文明区域。在这样的背景下，以“蒸汽朋克”为代表的多种“复古未来主义”日渐成为作家们青睐的题材，而当它们发展到极端时，此前长期处于潜藏状态的“克苏鲁”等非理性题材得到了充分的发展空间。另一方面，尚处于现代化探索和尝试阶段的中国、东南亚、非洲等地区开始成为科幻发展的全新话语资源库，而这些地域也在全球化的语境下逐步确立自身科幻文化的本土特征。

这种全球语境和人类视角下的交互，是多向度和多维度的。其中既有“中心–边缘”二维模式的延续，也有全新的多圈层、多边主义交融。随着建立在计算机和网络技术之上的信息时代迅速从实验室走向全世界的每个角落，人类也开始面临一系列全新且全面的挑战。

第一节　赛博朋克：现代高峰之后的绝望

赛博朋克是欧美科幻传统当中，最近也是最后一个具有可辨识的“家族相似性”，并在全世界范围内引发呼应的文类潮流。“赛博朋克”一词来自于“赛博格”（cyborg），而赛博格则更进一步源自“控制论”（cybernetics）和“器官”（organism）。美国航空和航天局（NASA）的两位科学家曼弗雷德・克莱因斯和内森・克兰在1960年分别抽取这两个单词的前三个字母进行拼凑，最初指的是通过技术手段对空间旅行人员的身体性能进行增强，也即改造人体以适应外层空间的严酷环境。

与这些源自六十年代的改造人故事相比，“赛博朋克”最具代表性的特征，是作家们尝试书写对人类大脑的改造。1984年，威廉·吉布森在《神经漫游者》中首次极为成功地书写了这种改造——不仅仅是用电子芯片嵌入和模拟人的记忆、思维和情绪，而且将不同人类个体的大脑空间彼此联结，从而形成一个充满信息的“赛博空间”（cyberspace）。小说题目Neuromancer是作者生造，看上去是简单地将neuro-（神经学的）和-mancer（流浪巫师）两个词根进行拼合，最终却与死灵法师（necromancer）仅相差一个字母：小说书写的，确实是一个在蔓生都市、赛博空间当中御使人类身体和灵魂的传奇故事。

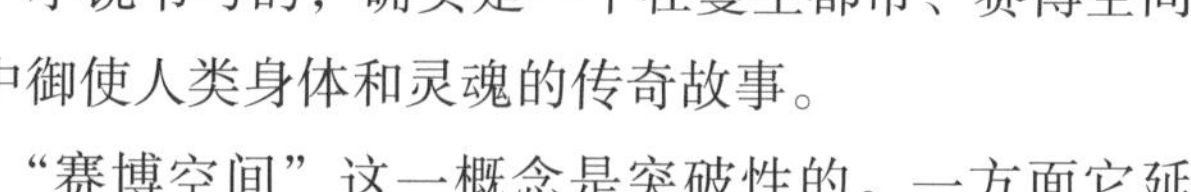

神经漫游者初版封面

“赛博空间”这一概念是突破性的。一方面它延续了此前“新浪潮”运动所号召，但并未完成的“内部空间”（与太空等“外部空间”相对）转向；另一方面，它在现实中呼应了正在急速发展的计算机与互联网行业。从《神经浪游者》开始，一系列或传统或新鲜的题材成为一个集群，不少作品同时涉及它们：肢体改造、赛博空间、人工智能、电脑病毒。这些故事往往发生在一些反乌托邦的世界里：企业取代政府，城市取代自然，人造霓虹灯取代自然光。

1986年布鲁斯·斯特林主编的短篇集《镜膜》，收集了书写类似主题的一系列作品，可以视为“赛博朋克”运动的集体亮相。其中的作家们表现出了强烈的社会责任感和创作自觉：他们认为，赛博朋克是“唯一一种处理我们当下最重要的政治、哲学和道德问题的艺术系统……这些问题过于重大、烦扰、极端碎片化，主流作家无法面对”。[1]

现代世界发展的逻辑正在固化，资本、企业垄断了人类科技的发展和人格的完善，而处在信息技术最前沿的科学家、计算机行业从业者们最真切地体察到了这种无力感。因此在赛博朋克作品中，主人公总是呈现出清晰的“高科技，低生活”（high tech，low life）倾向——他们掌握着高超的技术，但无力改变自己的生活，同时又不愿意与糟糕的世界同流合污，因此“朋克”就成为最后展现其微弱反抗姿态的文化态度。此时的社会状态往往被指认为发展至极限的资本主义状态，包括暴力机器在内的政府各个部门，都被相关企业、跨国集团所垄断，企业与企业之间的关系与此前的国家之间的竞争、联合与攻击相似。主人公往往抗拒陷入企业的权力结构和晋升逻辑当中，但为了生存却又仍旧不得不以“自由职业者”的身份受雇于这些企业的临时外包项目，以此获得无法通过自己亲力亲为

1 Larry McCaffery, “The Desert of Real: The Cyberpunk Controversy,” *Mississippi Review*, 16.213(1988):9.

（DIY）获得的生活资源。这种反英雄的人物形象在此前的科幻作品当中较为罕见，在赛博朋克当中则成为常见主角。

由于此类作品在题材、风格和人物形象上高度相似，因此在短暂的辉煌之后，到1990年代初，作为一场文学运动的“赛博朋克”就迅速落潮。1990年，吉布森和斯特林合著《差分机》，尝试开创新的流派“蒸汽朋克”，但这一方向的后续发展完全偏离了这二位作者的设想。而“赛博朋克”则借由《电子世界争霸战》《银翼杀手》《攻壳机动队》等作品走向了影视动漫领域，进而在互联网时代到来之后，成为全球科幻文化的常见组成部分。

在更新的媒体形式当中，赛博朋克与方兴未艾的后现代主义产生了密切的呼应。“后现代”往往意味着“不现代”，而在以香港九龙城寨等为代表的地区，恰恰构成了对美国式未来想象的抗拒。在二十世纪八九十年代现代化与全球化背景下，日本、中国等非西方社会的发展，呈现为本土文化、政府权力机构以及海外技术资本的错综汇聚。当这些区域以多种形式出现在科幻影视动漫画面中时，原本单一的西方式现代化和人类未来的想象图景就受到了挑战。这种人类现实世界正在面对的挑战，与科幻小说长期关注的人的界限、智慧的定义等模糊议题彼此交错，在更为大众化和市场化的科幻文化领域，提供了更为丰富的拓展空间。

在日本接纳赛博朋克题材之初，动画、漫画领域都迅速涌现出一大批具有重要社会影响的作品，最著名的如大友克洋的《阿基拉》、士郎正宗的《攻壳机动队》、木城雪户的《铳梦》等，此外也还有更具实验性的《玲音》《回忆三部曲》，更倾向日常的《机动警察》等。由于日本在计算机和家用游戏机等领域也发展迅速，此后不少作品也积极主动地挪用相关元素。

欧美赛博朋克题材的影视作品则在哲学、特效、形式等领域上有进一步的发展，1999年的《异次元骇客》《黑客帝国》等作品逐步将小说提出的话题与宗教、哲学故事相结合。更重要的形式创新则体现在包括《黑镜》《副本》等系列剧集，《爱，死亡和机器人》等动画和《赛博朋克2077》等游戏当中。

中国赛博朋克题材的小说相对后起，也更具有本土和时代特征，其代表性作家杨平、星河等的创作与中国互联网行业的铺开几乎同时。进入21世纪之后，迟卉、夏笳、陈楸帆等在本土文化与赛博朋克世界设定相互结合方面进行了多层次的探索，其中陈楸帆的《荒潮》以现实中的潮汕地区“贵屿”作为蓝本，影响较大。中国赛博空间中的文学创作则成为另一个前所未见的科幻创作形态，如“废土”“穿越”等科幻元素被迅速挪用和充分开发，形成了各具模式的子类别。

赛博朋克创作在今天仍在继续，但已经从前沿探索性的先锋文学类型，转向更为宽泛的大众文化消费品；其中有着明确指向的社会批判和文化反思精神也让位于更加标签化的视觉风格。于是“只赛博，不朋克”逐渐成为一种能够同时适用于全球绝大多数相关创作的描述。实际上，二十世纪九十年代之后的写作者们更倾向于将赛博朋克作为某种正在被经典化的常见文类套路，不加辨析地接受下来：这反而提供了文化新创的可能。

第二节　复古未来主义：回到仍有未来的过去

在赛博朋克昭示人类所面临的共同困境之时，吉布森和斯特林以一种惊人的敏感性，发起了又一场科幻文学运动。与赛博朋克相比，它更易于传播，视觉风格更加具有辨识度，受众的DIY倾向更加明显，也更迅速地形成了一整套亚文化风格，这就是蒸汽朋克（steampunk）。在文类惯例方面，蒸汽朋克延续了赛博朋克以一系列核心技术为标志的世界风格；在时间设定方面，又是对菲利普·迪克所开创的“拟换历史”模式的模仿，但蒸汽朋克对二者的微妙幽深之处都作了提炼，最终落实到“另一种可能的现实/未来”当中。

这种思想和创作的结构为科幻作家提供了全新的题材空间。从“蒸汽朋克”开始，生态朋克、柴油朋克、橡皮筋朋克、丝绸朋克、太阳朋克等不同流派成为后生作家们确认自我身份的标签。这些流派的共同特征，是幻想、推演的对象不再指向与当下现实紧密联系的“未来”，而是专注于回到过去，回到一个“尚且能够想象未来”的过去。因此它们整体被命名为“复古未来主义”。

这些作品所选取的历史截面，往往是某一项曾被视为“革命性”的技术诞生之初。这些技术或者是在实际的人类历史实践中常常因为种种偶然或必然原因，在其真正推广开来并影响人类社会文化面貌之前，就丧失了它们的生命力；或者是作为特定时代的代表性技术，随着科技的进步已经被其他技术所取代，例如蒸汽朋克中为内燃机所取代的蒸汽机，真空管朋克中为晶体管所取代的真空管等。科幻作家意识到了其中同时存在的科技感和文化异质感，“另一种科技树、另一个时间线、另一种文化”成为此类作品的基本框架。

蒸汽朋克的重要作家作品，除前述由两位科幻作家合作的《差分机》之外，还包括柴纳·米耶维尔、克里斯·伍迪、伊恩·麦克劳德等。这个流派的创作很快模糊了科幻与奇幻的边界，像保罗·迪菲利波的《蒸汽朋克三部曲》等奇幻作品也被纳入其中，并迅速影响了动画、漫画、游戏和电影等领域。画家雷斯·爱德华兹给这些作品提供了早期视觉风格：维多利亚式的衣着打扮、粗笨且极具装饰性的早期工业产品等。随着相应亚文化群体和周边产业的快速成熟，一系列更具有辨识度的衣着符号被固定下来：男性的长风衣和礼帽，女性的皮质紧身胸衣，以及风镜、齿轮和黄铜佩饰等。

由于蒸汽朋克风格极具视觉辨识度，它迅速受到了漫画和动画领域的青睐。1999年，艾伦·摩尔和凯文·奥尼尔共同创作了《非凡绅士联盟》（后被改编为电影《天降奇

哈尔的移动城堡

兵》)。其他重要作品还有2004年的《天空上尉与明日世界》《掠食城市》等。

以宫崎骏为代表的日本动画则开创了另一种蒸汽朋克的思想和画面来源。从70年代起，吉卜力公司就在《风之谷》等一系列漫画和动画作品中进行了自觉融汇蒸汽机、工业化与少年少女故事的尝试。1986年的《天空之城》塑造了日系蒸汽朋克的视觉典范。后来的《千与千寻》《哈尔的移动城堡》以及庵野秀明的《蓝宝石之谜》、大友克洋的《大炮之街》《蒸汽男孩》等，共同将蒸汽朋克相关元素扩散到多种题材的日本动画当中。

真空管朋克所还原的，是第二次工业革命发生约半个世纪之后的二十世纪中期。此时，一系列与电气相关的工业产品进入西方中产阶级家庭的日常生活，并催生出一系列标志性的文化符号。除了标志性的真空管之外，还包括外露的电气管线，冲压成型而棱角突出的交通工具，因镀铬而亮闪闪的器物表面，玻璃外壳与造型灯丝、灯管的繁复组合，低分辨率的电视机等，有的作品还会涉及正在被制作出的电子计算机——人类历史上的第一台计算机的主要构成器件就是真空管。《辐射》系列游戏是真空管朋克最具代表性的作品，由于该作对核元素特别是核危机的强调，一定程度上也反向塑造了此类别的文化表现形态。

原子朋克的大致时期与真空管朋克相近，但在美学上更倾向于苏联早期的构成主义和斯大林主义风格，由核动力驱动的重工业显然是其中最具标志性的科技元素，而同一时代的航空航天技术如喷气机、巨型火箭等，也具有较高的辨识度。与其他强调混乱无序或“被用旧了的科技”不同，原子朋克更倾向于展现能源得到充分保证之后的有序、高效和开拓进取的社会。此类型的创作相对较少，其视觉风格往往直接学习和继承社会主义苏联的海报和建筑。近期引发热议的游戏《原子之心》较好地呈现了原子朋克的美学特征。

《原子之心》游戏场景

丝绸朋克是近年来值得关注的新兴流派之一。与前述明确强调动力科技或关键领域技术的复古未来主义不同，丝绸朋克选取的切入视角是以丝绸作为符号的东亚古代技术，以及竹子、贝壳、珊瑚、纸张等材料。华裔美籍科幻作家刘宇昆是此类别的重要推手，他的《蒲公英王朝》等构建起一系列以羽毛、木炭等为基本特征的视觉风格，而《狩猎愉快》则可视为丝绸朋克与现代机械相互碰撞交融之时的过渡作品。

进入21世纪之后，还有太阳朋克、生态朋克、医疗朋克等多种尝试，这些流派共同组成了传统科幻题材之外的亚文化进路，也逐步消解了“朋克”一词原有的文化指向。

第三节 克苏鲁的回潮

在二十世纪二三十年代，美国科幻作家霍华德·菲利普·洛夫克拉夫特有感于当时过分泛滥的理性主义和人类中心主义科幻创作，开始着手书写一系列以“理性无用”“人类渺小”“宇宙不可描述、不可认知”等为特征的作品。洛夫克拉夫特本人将这些与当时的时代精神和科幻创作的主流风貌差异极大的理念归纳为“宇宙主义”，即“人类的存在对于这个冷漠的宇宙来说毫无意义”。

洛夫克拉夫特生前仅对相关世界设定和生物构想给出了基础性的描述。在他去世之后，奥古斯特·威廉·德雷斯对该体系进行了整理，将各种不可名状、人类仅仅是观察就会在理智上遭受永久损害的“旧日支配者”等融合在一起，并提出了“克苏鲁神话”这一称谓。以洛夫克拉夫特为中心，同样尝试过克苏鲁题材创作的，还有奥古斯特·威廉·德雷斯、罗伯特·布洛克、弗兰克·贝克纳普·朗等。

“克苏鲁神话”的基本理念与当时美国科幻的整体氛围格格不入，因而在30年代集中发表于科幻杂志时并不受太多欢迎；后续其他作家的类似创作也时常并不遵循洛夫克拉夫特的基本理念，而是采取挪用其中某些生物设定或时代背景的方式。在20世纪的大多数时候，“克苏鲁神话”都仅是少数读者和作者偶然涉足的题材。但在进入80年代之后，以美国混沌元素出版社的TRPG游戏《克苏鲁的呼唤》（1981）为代表，更具大众化倾向的游戏、电影和电视剧开始系统回顾和拓展“克苏鲁神话”，此后甚至中国的网络文学和粉丝文化也对其进行了一定借鉴。可以认为，从20世纪末开始，“克苏鲁”作为一种来自世纪初的文化潮流，又重新回到了大众视野当中。

无可名状的克苏鲁

影视作品中的克苏鲁最初主要作为恐怖片中的相关元素存在，该体系对非理性和无法认知之物的强调，以及诸多怪物设定，给《怪形》《战栗黑洞》等提供了许多情节和设定的灵感。这些作品超出了此前恐怖片对恐怖和诡异形象的描述，而是专注于呈现主人公的理智世界逐渐走向崩塌的过程。影片基本还原了洛夫克拉夫特常见的写作套路，从调查员引入神秘事件，到最后陷于疯狂当中无法自拔。在故事最后，当虚幻与真实的界限逐渐被打破，理性的失去就成为必然结局。此类作品还包括《迷雾》《异魔禁区》《活跳尸》《活魔人》等。

进一步赋予克苏鲁神话以大众文化地位的，主要是一系列游戏，《魔兽世界》是其中翘楚。在该游戏的世界设定中，制作方以“上古之神”的名义，融合一系列相似的设定，例如像克苏恩（Cthun）与克苏鲁（Cthulhu），犹格·萨隆（Yogg-Saron）与犹格·索托斯（Yog-Sothoth）等。其他以类似方式进行融合改编的还有《沙耶之歌》、Fate系列等。

进入21世纪之后，许多科幻电影逐渐厌倦了哲学话题的研讨和影视形式、镜头手法等方面的实验，转而重新捡拾起以克苏鲁为代表，强调世界设定与视觉奇观的内容。克苏鲁神话也是在这样的背景下得到关注的：其故事背景使得导演和影片的制作者得以从严苛的世界设定和理性的情节推进当中解放出来，转而集中精力去展示超越性和令人目眩的特效本身。《星之彩》《湮灭》等作品是典型代表，相类似的还有《林中小屋》等。在借由这些作品形成的诸多克苏鲁符号当中，柔软而强力的章鱼触手是其中最具代表性的形象。

《水形物语》可视为克苏鲁神话题材的一次突破。导演吉尔莫·德尔·托罗深受克苏鲁神话的影响，同时将其与时代性的社会议题结合。该片于2018年获得奥斯卡最佳影片、最佳导演等奖项。但在其他相似的跨界尝试中，看似严肃的主题研讨往往让位于对视觉和情节刺激的追求本身，例如《人兽杂交》《潘神的迷宫》等。

克苏鲁题材的后期创作，已经从对其基本理念的效仿转向相似美学风格的挪用。更大范围的传播出现在以SCP基金会、规则式怪谈和以《诡秘之主》等为代表的中国网络科幻小说当中。这些在读者中引发巨大后续创作风潮的亚文化作品门槛较低，但又较好地运用文字形成疏离感和神秘感，一定程度上也能体现利用非理性对现实经验的颠覆，因此时常被视为一种可供小圈子人群彼此辨认身份的粉丝文化。

第四节　拟换的现代与未来：非洲未来主义与中华未来主义

当诸种关于未来的叙事走向困境之时，在欧美之外的现代化边缘地带，拉美、非洲、东亚以及东南亚等地区开始以各自的方式走向未来叙事的中心。位于这些区域的国家往往是殖民主义和早期现代化历程的受害者、被动方，它们本身就提供了关于人类现代化历程的别样经验。特别是中国、日本、巴西、阿根廷等国家，自19世纪末开始，就曾经结合自身本土文化，表达对未来的理想追求，因而也从事实上塑造了“第三世界”科幻的现实面貌。而在诸多来自现代化后进者们的尝试中，“非洲未来主义”和“中华未来主义”成为颇具辨识度的两种科幻风潮——当然，它们远非非洲和中国科幻的全貌，更无法囊括广阔的人类科幻叙事。

“非洲未来主义”主要是指以非洲、非裔文化作为立场或出发点，书写非裔侨民的故事。在这些故事的早期尝试中，往往采取与拉美魔幻现实主义相似的现实观念，在行文中将非洲神话传说、源自非洲的音乐、非裔侨民的现实生活，以及各类科技幻想故事掺杂在一起。进入九十年代之后，相关的作家创作更加自觉，采用的体裁也不限于科幻、奇幻等类型。

“非洲未来主义”一词的定名，源自1993年马克·戴里对塞缪尔·德拉尼等人的采访《黑到未来》[1]，而奥克塔维娅·E.巴特勒和塞缪尔·德拉尼的一系列科幻小说也被视为此类别的代表作。进入21世纪之后，雪莉·R.托马斯编纂的两部小说集《暗物质：海外非洲移民推想小说世纪选集》（2000）及其续集《暗物质：识骨寻踪》（2004）构成了非洲未来主义的代表性文本。漫威的电影《黑豹》系列则将这一概念推向全球大众。

萨缪尔·德拉尼的《达尔格伦》（1975）对遭遇灾难的贝罗纳城（Bellona，即罗马神话中的战争女神）的描写，是有史以来最复杂最超现实的描述之一。故事主人公如同初入城市的非洲土著，在不知不觉中陷入城市中的帮派、性别冲突以及繁复的生存困境，但直到故事结尾，他也始终没有对城市的布局产生任何整体性的印象。德拉尼同时也是一位极具开创性的科幻理论家。

巴特勒的“模式者”系列小说和“世代”三部曲（1987—1989）也卓有成就。白人作家如迈克尔·雷斯尼克等，亦曾尝试书写此类作品，代表作为《基里尼亚加》。

“非洲未来主义”在渐次推广的过程中，也遭遇了反思和批评。例如尼狄·奥考拉夫就更倾向于用“非裔未来主义”（Africanfurutism），以此提醒当我们试图将非洲放置在叙述和想象中心时，仍旧不免以西方为观察视角并据此书写非洲经验和非洲想象。

中华未来主义（Sinofuturism）则更具有文化实验和艺术探索的意味。这个概念首先出现在21世纪初的一系列跨媒介音乐和实验性视频当中，命名和创作方面有模仿非洲未来主义的意味。与此同时，源自罗杰·泽拉兹尼1967年的科幻小说《光明王》，后在90年代被尼克·兰德等充分论述和深化的加速主义（Accelerationism），也以中国和亚洲挑战欧美现代化范式，从技术角度切入东方主义的“另一种可能”。

随着以《三体》为代表的一系列中国科幻作品，开始成为世界科幻文化脉络中无法被忽视的一种现实存在，“中华未来主义”也得到了更丰富的诠释和更严厉的批评。支持者尝试凸显其中对民族文化特别是现代本土科技经验的强调，并且试图用这一概念来概括当下中国科幻的整体发展状况；批评者则意识到这一提法本身就内蕴着对“未来主义”不加

1　原文为Black to the Future，戏仿“回到未来”（Back to the Future）。

反思的追求。

与作为流派提法的“中华未来主义”相比，现实中的21世纪中国科幻呈现出截然不同的雄健面目。以刘慈欣及《三体》为代表，中国科幻正在展现欧美科幻在百余年前所经历过的大众流行与文化新创。我们可以从中直观后发现代化国家所拥有的独特现代性经验与想象，也能感受到世界各地科幻文化脉络的汇聚与影响。

刘慈欣的《三体》是最具诠释空间的当代巨著，它所勾连起的中国本土历史、人类重大事件，以及冷酷的宇宙法则、玄奇的时空幻想，是百余年来中国科幻发展的标志性成就，也是世界科幻文脉的重要节点。韩松的丰富作品则构成另一个耀眼的本土科幻浪潮，其中对西方现代发展逻辑之正当性的怀疑，对人类未来命运之晦暗可能的揭示，都极具症候性。这一时期的其他代表性中国科幻作家还包括何夕、陈楸帆、夏笳、飞氘、宝树、七月、江波、张冉、郝景芳等。

我们应当意识到，作为诞生于“现代”到来之际的特殊文类，科幻在不同文化中扮演着千差万别的角色。而当世界各地的国家与民族都越来越处于现代科技的影响之下，人类开始普遍地遭遇关于“未来”的失语和焦虑，从19世纪末20世纪初开始广泛出现于世界尤其是后发国家的种种并不“标准”、从而被西方中心的科幻史叙述所无视的科幻想象，就将成为人类面对未来的全新语料库。

（本章撰写：姜振宇）

课后思考：

1. “现代”发展到高峰之后，人类面临哪些来自自身的困境和灾难？

2. “中国式现代化”与中国本土的科幻有着怎样的联系？

推荐阅读：

1. [美]詹姆斯・冈恩：《科幻之路》，郭建中译，福州：福建少年儿童出版社，1997—1999年。

2. [英]亚当・罗伯茨：《科幻小说史》，马小悟译，北京：北京大学出版社，2010年。

3. [英]布莱恩・阿尔迪斯、[英]戴维・温格罗夫：《亿万年大狂欢：西方科幻小说史》，舒伟、孙法理、孙丹丁译，合肥：安徽文艺出版社，2011年。

4. [美]詹姆斯・冈恩：《交错的世界：世界科幻图史》，姜倩译，上海：上海人民出版社，2020年。

5. 吴岩主编：《20世纪中国科幻小说史》，北京：北京大学出版社，2022年。

6. [日]长山靖生：《日本科幻小说史话——从幕府末期到战后》，王宝田译，南京：南京大学出版社，2012年。

7. Anindita Banerjee, *We Modern People: Science Fiction and the Making of Russian Modernity*, Middletown: Wesleyan University Press, 2012.

8. Colin Greenland, *Entropy Exhibition: Michael Moorcock and the British "New Wave" in Science Fiction*, Oxfordshire: Taylor and Francis, 2013.

9. Eric Carl Link and Gerry Canavan eds., *The Cambridge Companion to American Science Fiction*, Cambridge: Cambridge University Press, 2015.

10. Gerry Canavan and Eric Carl Link eds., *The Cambridge History of Science Fiction*, Cambridge: Cambridge University Press, 2019.

第二编　理论/批评

第一章　乌托邦

从柏拉图在《理想国》中开始设计理想社会的组织形态开始，到莫尔首次用文学虚构的方式详细描述一个理想社会制度的方方面面，并带来乌托邦文学的第一次高峰，到20世纪由于悲观主义和犬儒主义弥漫而产生对乌托邦的普遍怀疑，再到世纪末直至新世纪由女性主义、生态主义和后人类主义带来的新的乌托邦愿景，围绕乌托邦的思考与讨论贯穿了人类思想史。本章旨在梳理乌托邦思想在科幻文学中的演变：定义乌托邦相关的概念群，界定乌托邦与科幻的亲缘关系，分析乌托邦和反乌托邦类型科幻特征，并展望后人类/后人类世乌托邦的新发展。

第一节　乌托邦概念群、乌托邦与科幻

《乌托邦》初版本插图

众所周知，“乌托邦”（utopia）一词源于托马斯·莫尔发表于1516年的著作。该词由两个希腊语词根构成：一是“乐土”（eu-topia），即好地方，一是“乌有之乡”（ou-topia），即不存在的地方。莫尔在《乌托邦》中描述了一个位于新大陆的不为人知的岛国上所建立的完美社会，这一社会秩序以公有制为基础，消灭了私有制和剥削。因而从政治思想上，该作被认为是空想社会主义的起点。在文学形式上，它确立了经典乌托邦小说的固有模式：由旅行者引领读者进入理想之地。“游记体”的流行侧面说明了乌托邦主义的第一次高峰与16世纪欧洲地理大发现的密切关系。有趣的是，小说结尾处，莫尔指出：

“乌托邦社会中有许多事情固然也是我们希望能够在我们各邦实现的，但是我们并不能期待。”[1]呼应了“乌托邦”一词在构造上的悖论属性：乌托邦因过于理想而难以实现。这一悖论可以说为后来乌托邦向反乌托邦的转变埋下伏笔：如果完美本身不可实现，那么，对不可实现的完美蓝图的坚持则会带来灾难。也正因为乌托邦概念的自反属性，那么，由此衍生的与乌托邦相关的诸多概念，尽管有的彼此相对，其实都以认同乌托邦愿景的必要性为前提。

莱曼·陶尔·萨金特将乌托邦相关的概念群总结如下：

名　词	解　释
乌托邦主义（Utopianism）	社会梦想。
乌托邦（Utopia）	一个不存在的社会，它被描述得十分细致，通常设定在一定的时空中。
乌托邦（Eutopia）或积极乌托邦（positive utopia）	一个不存在的社会，它被描述得十分细致，通常设定在一定的时空中。作者意图让同时代的读者认为比自己所处的社会好得多的社会。
恶托邦（Dystopia）或消极乌托邦（negative utopia）	一个不存在的社会，它被描述得十分细致，通常设定在一定的时空中。作者意图让同时代的读者看到的一个比自己所处的社会糟糕得多的社会。
乌托邦讽刺（Utopian satire）	一个不存在的社会，它被描述得十分细致，通常设定在一定的时空中。作者意图让同时代的读者将其视为对该当代社会的批评。
反乌托邦（Anti-utopia）	一个不存在的社会，它被描述得十分细致，通常设定在一定的时空中。作者意图让同时代的读者看到对乌托邦主义和一些特定乌托邦的批判。
批判性乌托邦（Critical utopia）	一个不存在的社会，它被描述得十分细致，通常设定于一定的时空中。作者意图让同时代的读者认为它比当代社会更好，但仍存在该假想社会可能解决或可能无法解决的难题。并对乌托邦类型持批判观点。
批判性反乌托邦（Critical dystopia）[2]	一个不存在的社会，它被描述得十分细致，通常设定于一定的时空中。作者意图让同时代的读者认为它比当代社会更糟糕，但通常包括至少一个乌托邦飞地，或者抱有希望可以克服反乌托邦并用乌托邦取而代之。

1 Thomas More, George M. Logan and Robert Martin Adam, *More: Utopia*, Cambridge: Cambridge University Press, 2002, p.107.

2 如列表所示，反乌托邦（anti-utopia）与恶托邦（dystopia）文学在社会批判的目标上相似，但在具体警告方向上，两者则有所分别。后者所警示的黑暗未来却并不必然与乌托邦想象本身有关，而前者则集中于对一种乌托邦想象或实践的批判。但是，因为20世纪乌托邦主义已经被反复和深入质疑，恶托邦文学中也普遍包含对乌托邦的反思，因此，反乌托邦和恶托邦这两个概念在讨论中则常常被合并使用，比如莫伊兰对critical dystopia的讨论就是如此。本章界定概念时，对anti-utopia和dystopia采用不同译法，而在介绍20世纪后半叶的科幻潮流时，则采用“反乌托邦”来统称anti-utopia和dystopia。

从以上列表可见，无论是相信有更完善的社会形态，还是警示更恶劣的社会形态，正面和反面乌托邦文学首先是对现实的批判和拒绝。就这一点而言，我们或许确实可以说，即使经历了二十世纪理想主义的失落，但“乌托邦并没有消失；它只是在科幻领域发生了变异，变成了与古典乌托邦截然不同的东西”。[1]

要了解乌托邦在科幻领域的变异，我们先要了解乌托邦与科幻的关系。苏恩文认为科幻小说和乌托邦是一脉相承的。他定义科幻文学为——“认知陌生化的虚构文学”，强调科幻用认知逻辑创造新奇事物，对现实经验进行陌生化的再现并加以审视。而乌托邦则“是对一种特定的近似人类社会的状况的语言文字建构。在那里，社会政治机制、规范和个人关系是按照一种比作者的社会中更加完美的法则来组织的。这种构建是以一种从拟换性（alternative）的历史假设中产生的陌生化为基础的”。[2]

对现实的认知陌生化构成了科幻小说和乌托邦的共同思想基础：它们都试图用拟换性的历史假设来替换不甚满意的经验现实。由此，苏恩文断言科幻与乌托邦的亲缘关系：乌托邦是科幻小说的社会政治性的亚类型。就题材而言，科幻小说比乌托邦更加宽泛；而就视野而言，科幻小说又是间接地从乌托邦衍生而来。只有当科幻小说进入现代阶段，而追溯其前身，将乌托邦纳入其中时，我们才发现，不管科幻文学如何奇思妙想，“它最终也只能在乌托邦和反乌托邦的视野之间进行创作”。[3]

第二节　从古典乌托邦到技术乌托邦

乌托邦虽乌有，但关于乌托邦的想象是否是完全不切实际的自由发挥？詹姆逊发现乌托邦文学总是发生在革命暴风雨之前的平静期，比如，莫尔的《乌托邦》出现在宗教改革之前，接下来的重要乌托邦——托马索·康帕内拉的《太阳城》（1623）、弗朗西斯·培根的《新大西岛》（1627），罗伯特·伯顿的《忧郁的解剖》（1621—1638），约翰·凡·安德里亚的《基督城》（1619）——出现在英国内战爆发、宗教战争和17世纪那不勒斯起义之前的时期，等等。詹姆逊认为乌托邦想象并非自由驰骋：“政治思考和智慧聚焦于非常明确的问题上，具有具体的内容，这种情境要求我们关注其作为历史形态的所有独特性；而政治思辨的广泛漂移和离题将让位于实际的计划（即使后者是无法实现的，带有贬义的

1　Edward James, “Utopia and Anti-Utopia,” in Edward James & Farah Mendlesohn eds., *The Cambridge Companion to Science Fiction*, Cambridge: Cambridge University Press, 2006, p.219.

2　达科·苏恩文：《科幻小说变形记》，丁素萍、李靖民、李静滢译，合肥：安徽文艺出版社，2011年，第55页。

3　达科·苏恩文：《科幻小说变形记》，第68页。

‘乌托邦式的’）。”[1]换句话说，乌托邦从来都是以具体的计划密切回应尖锐的现实议题。

尽管按照苏恩文的定义，我们可以把所有乌托邦小说、大部分“海上历险记”等文类均认作早期“科幻小说”。但古典乌托邦多期待一个与世隔绝、基本静止的社会。18世纪到19世纪甚至一度出现反科学浪漫主义的乌托邦作品，如塞缪尔·巴特勒《埃瑞璜》（1872），威廉·亨利·哈德森《水晶时代》（1887），理查德·杰佛瑞斯《后伦敦谈》（1885），它们赞扬高贵的野蛮生活，表达对田园的怀旧。

然而，伴随着科技的发展，技术对日常世界甚至价值观的影响日益深远，古典乌托邦的单一社会政治制度描述已不能满足科幻作家对于新奇的不断追求。他们更感兴趣的是科学和技术给社会带来的进步可能性。首先出现的是代表工业革命时代冒险探索的新需要的儒勒·凡尔纳的“科学传奇小说”。凡尔纳被视为现代科幻小说奠基人,科学与异域的发现在他的作品中第一次交汇。他不仅在作品中，汇集各种科学文献，而且塑造了集多种身份（如旅行家、科学家和探险者）于一身的尼莫船长形象，一个蒸汽朋克式的人物。凡尔纳的作品代表着工业革命时代的乐观主义。征服自然、创造发明、扩张文明、想象异域直至预言未来，这一切对于新奇的兴奋感都与对科学的渴求融合在一起。苏恩文称之为乌托邦自由主义（utopian liberalism）。

鹦鹉螺号上的尼莫船长

对于技术的兴致勃勃，在19世纪美国作家的科幻作品中体现得更为强烈，他们喜欢将他们新兴的国家视为进步的真正家园。19世纪后半叶到20世纪第一次世界大战爆发前是“技术乌托邦”（technological utopia）的黄金时代。技术乌托邦主义源于对技术的信念，技术不仅仅被视作是工具和机器，也被认为是不久将来实现“完美”社会的手段。在大量的乌托邦作品中，最有影响力的莫过于爱德华·贝拉米的《回顾：2000—1887》（以下简称《回顾》）（1888）。《回顾》讲述了一个“沉睡者醒来”的故事。主人公在1887年昏迷后醒来，发现自己来到了2000年的波士顿。未来的波士顿完成了社会主义公有制和机械化，消除了社会阶层和贫富差距，实现了真正的平等和自由。除了社会主义制度，贝拉米的理想城市生活是通过技术更新和工业发展而实现。通过到达每家每户的广播、人工光源、从大型商店购物的信用卡，甚至还有一种简陋的互联网，他的美国社会主义就像“一

1 Frederic Jameson, “The Politics of Utopia,” Jan/Feb 2004, https://newleftreview.org/issues/ii25/articles/fredric-jameson-the-politics-of-utopia, accessed 6 Apr 2023.

架组装完美的机器，由于各个齿轮的密切配合，这架机器能够以最小的摩擦力为所有人提供最大的财富和闲暇。”[1]贝拉米对乌托邦科幻的发展有着深远影响：他成功预言了一个技术和社会主义制度相互支撑而形成的乌托邦世界。这部小说一方面成为19世纪末美国社会主义运动的重要文献，另一方面启发了大量技术乌托邦作品。

贝拉米激发了很多人的社会主义畅想，但这些社会主义方案也有分歧。比如，英国作家威廉·莫里斯的《乌有乡消息》（1890）是对贝拉米的批判式回应。尽管同样幻想消灭资本主义私有制，鼓吹人人平等，莫里斯反对《回顾》中的国家主义乌托邦，而主张以“自下而上”的革命争取共产主义。而与工程化的未来波士顿不同，莫里斯的伦敦更像是从工业社会抽离出来回归中世纪的图景。这种挽歌式的乌有乡，按詹姆逊的话说，“所提供的只不过是一个喘息的空间，只是从无所不在的晚期资本主义得到暂时的解脱”，看上去田园诗般、挽歌般甜美，色调柔和，却又是可悲的退缩。[2]

《回顾：2000—1887》初版本封面

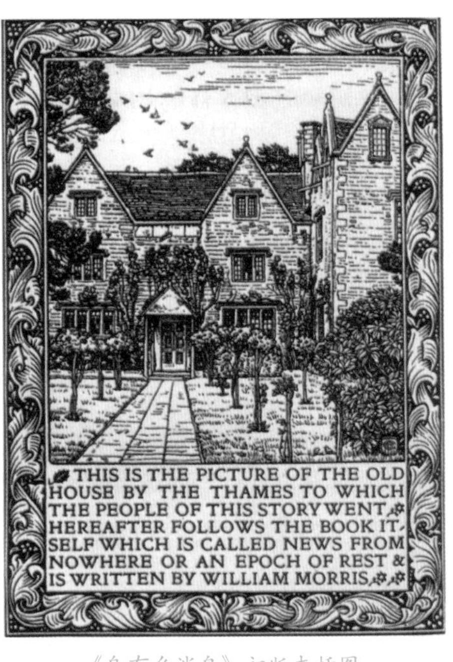

《乌有乡消息》初版本插图

世纪末的氛围是在一片技术乐观主义中初露端倪的。赫伯特·乔治·威尔斯既是科幻小说写作传统的转折点，也可以说是乌托邦书写的转折点。他为20世纪开创了多种科幻小说子类型，如时间旅行、太空歌剧、反乌托邦等。威尔斯相信人类有可能从根本上改善生活，但怀疑他们是否会有这样做的意志力。他早期科幻作品如《时间机器》（1895）、《莫罗博士岛》（1896）、《隐身人》（1897）、《当睡者醒来时》（1899）尽管类型迥异，但叩

1 Hal Draper, “The Two Souls of Socialism,” *Independent Socialist Committee: A Center for Socialist Education*, 1966, p.19.

2 Fredric Jameson, “World Reduction in Le Guin: The Emergence of Utopian Narrative,” *Science Fiction Studies* 2.3 (Nov. 1975), p.229.

问相似的问题：劳资矛盾和世界政府的可行性。《时间机器》是威尔斯最早也是最成功的小说之一，它描述是在遥远的未来，资产阶级和无产阶级的后代仍处于激烈冲突之中。借助“时间旅行”，威尔斯预言的是人类社会的退化图式。该作启发了之后的社会学式反乌托邦书写。

1905年，威尔斯发表《现代乌托邦》，号称要解决他之前的乌托邦系列未能解决的问题。这是一个虚构故事与哲学讨论的混合体，以对话体的形式来致敬柏拉图《理想国》。他描绘了一群被称为武士的男人和女人按照严格的行为准则共享相同的语言、货币、习俗和法律，在世界政府的主导下创造并维持了威尔斯认为可能实现的更好的社会。由于机器的帮助，人类几乎完全摆脱了对体力劳动的需求。与古典乌托邦主义者不同，威尔斯反对强制行为，而主张个人自由。威尔斯试图在世界政府和个体自由之间寻找平衡，体现了他尝试描述一个“不是乌托邦的乌托邦”的意图。他在《未来事物的形态》（1933）中进一步发展了其乌托邦愿景，讲述世界大战后，旧民族国家秩序衰落，以航空专家为代表的技术掌握者们夺取世界权力，重建技术文明的故事。尽管深受柏拉图影响，威尔斯已将理想国的治理者由“哲人王”变成了技术专家或科学家。无论他们的角色是负面的还是正面的，他们掌握的科技都具有决定性力量，由此充分可见19世纪末和20世纪初科技大跃进对技术乌托邦主义的促进。而这种技术专家治理世界的模式，在30年代前的左翼社会构想中颇为主流。威尔斯在反乌托邦预言和乌托邦愿景之间的摇摆，成为对20世纪症候的一个预告。

《未来事物的形态》（1979）

第三节 从反乌托邦到批判反乌托邦

对乌托邦主义的反思和批判是二十世纪思想界最重要的议题之一。库玛曾问道：“在纳粹主义、斯大林主义、种族屠杀、大规模失业和第二次世界大战之后，乌托邦还怎么立得住脚？”[1]两次世界大战之间所出现的反乌托邦小说高潮中，最为经典的就是“反乌托邦三部曲”：扎米亚京《我们》（1924）、阿道司·赫胥黎《美丽新世界》（1932）和乔治·奥

1 Krishan Kumar, *Utopia and Anti-utopia in Modern Times,* Oxford and New York: Blackwell, 1991, p.381.

威尔的《一九八四》(1949)。这三部作品都预言了一个强大集权政府，国家权力通过现代技术精心控制政治和社会生活的各个方面，以信息和思想控制来管理集体历史和个人记忆；以全方位安排和/或禁止个人生活——控制人们的情绪、情感和性来形塑人际关系，并使个体完全依赖它来实现物质和精神需求。

扎米亚京的《我们》描绘了千年之后的一个乌托邦社会大一统王国。这个王国由大恩主以数字化的方式进行管理。所有公民用编号区分，没有姓名，没有个体性，生活在由玻璃制造的城里，以统一的时间表作息，在指定的时间，按照配给进行性生活。大一统王国里人人都是幸福的，但凡有人愚蠢地要求自由，就施以"大手术"进行改造，令他重新享受到幸福。

赫胥黎《美丽新世界》是对威尔斯的《现代乌托邦》以及《如神一般的人》(1923)的戏仿，采用了科学未来主义的视角来刻画极致技术与国家极致结合的场景。"美丽新世界"的政府十分"仁慈"，其治理方法是心理调节和使用改变情绪的药物，而不是酷刑和持续监视。国家对公民的安排在出生之前就开始了：胎儿在出生时已按基因控制分为不同种姓，且每个人都对自己的社会地位感到满意。小说的美丽新世界在伦敦，但其实是以美国为原型。以"福特制"为基础进行社会生产与管理的美国模式，是赫胥黎对美国化未来的一种想象。尽管这部作品在奥威尔的《一九八四》之前推出，但《美丽新世界》的噩梦则可视作《一九八四》噩梦的升级。赫胥黎相信统治者会发现，技术提高了集权效率，"作为政府的工具，婴儿调教和麻醉催眠比棍棒和监狱更有效，而且通过暗示人们爱上他们被奴役的状态，和通过鞭打和踢打他们使他们服从一样，可以完全满足权力的欲望。"[1]

关于赫胥黎与《美丽新世界》的纪录片（2020）

奥威尔的《一九八四》是最贴近现实，也是最黑暗的。它为反乌托邦文学留下了一系列"奥威尔式"词汇，如老大哥、思想罪、双重思想、电幕、新话、2+2=5等等。《一九八四》中，大洋国以英国社会主义（IngSoc）为主导意识形态，统治者是无法确知是否真实存在的"老大哥"，抽象但却是绝对权力的象征。奥威尔对大洋国的描述虽然具有一般反乌托邦社会的特征，但尤其突出国家机器对于思想的改造。通过控制语言，不断修改历史；通过控制历史书写，来控制记忆、控制人与人的关系，以及主体，以便造就没

1 Aldous Huxley, "Letter to George Orwell" ,1949, https://cognitive-liberty.online/orwell-versus-huxley/ , accessed 11 Mar 2023.

有情感、没有思想、只会驯服听命并衷心热爱“老大哥”的人。尽管《一九八四》不少设定或有现实指涉，但小说更重要的价值是向所有社会发出警告：集权主义，可以在任何地方取得胜利，如果不加阻止的话。

《一九八四》(1956) 电影场景

《美丽新世界》在1946年重版时加入别尔嘉耶夫的话作为前言，道出了反乌托邦小说的共同忧虑：“乌托邦似乎比我们过去所想象的更容易达到了。而事实上，我们发现自己正面临另一个痛苦的问题：如何去避免它的最终实现?” 扎米亚京、赫胥黎和奥威尔在20世纪初大众文化中已预感到这种令人不安的趋势，警告乌托邦实践的危险。

在第二次世界大战之后的数十年，反乌托邦在科幻小说中占据主流位置。安东尼·伯吉斯、雷·布拉德伯里、弗雷德里克·波尔、西里尔·科恩布卢斯、茜蒂丝·梅里尔、范·沃格特、约翰·布鲁纳、J.G.巴拉德、菲利普·迪克、托马斯·M.迪什、小詹姆斯·提普奇等作家共同描绘了一幅幅“地狱新图”。[1]在他们所写的反乌托邦作品中，有一些作品与三大反乌托邦经典相似，是关于令人压抑的强大国家组织，更多的则是晚期资本主义的新主题：不断扩张和掠夺的跨国公司，无处不在的身心控制新技术，失控的机器人、基因工程和赛博空间，环境和生态灾难等等。在探讨这些新主题时，反乌托邦类型有所发展，出现了新的乌托邦形态以及新的美学及政治欲求——60和70年代的批判性乌托邦，80和90年代的批判性反乌托邦。

与经典反乌托邦一样，批判性乌托邦和批判性反乌托邦都提出警告以防止出现反乌托邦式的未来，但反乌托邦作品就此结束——正如赫胥黎和奥威尔等人作品中展现的绝望，但后两者则试图从文本内外展现乌托邦的期盼。汤姆·莫伊伦如此定义批判性乌托邦：“它的核心观念是意识到乌托邦传统自身存在的局限，因此批判性乌托邦作品拒绝乌托邦

1 Raffaella Baccolini and Tom Moylan, “Introduction: Dystopia and Histories,” in *Dark Horizons: Science Fiction and the Dystopian Imagination*, New York: Routledge, 2003, p.1.

蓝图但是保留乌托邦梦想。”[1] 他强调批判性反乌托邦对于反乌托邦冲动的克服：（批判性反托邦）“以一种开放的、好战的、乌托邦的立场与一般反乌托邦的必要悲观主义进行协商，不仅突破了文本中替代世界的霸权封闭，且自我反思地拒绝了像潜伏的病毒一样徘徊在每一个反乌托邦叙述中的反乌托邦诱惑。”[2]70年代批判性乌托邦的复兴主要是由60年代后期女性主义浪潮所带来的，也受到其他民权运动、生态运动、反战和同志运动等的影响。其中，以厄休拉·勒古因的《一无所有》（1974），乔安娜·拉斯的《女身男人》（1975），塞缪尔·德拉尼《海卫一之祸》（1976）和玛吉·皮尔斯的《时间边缘的女人》（1976）为代表。这四部作品除了均有女性主义视角之外，还都呈现了对话性、多元性、杂糅性的乌托邦想象，是对讲究整体性、统一性的标准乌托邦的超越，正如《一无所有》和《海卫一之祸》的副标题“一个含混的乌托邦”和“一个含混的异托邦”所示。

然而，80年代为了应对新的时代议题：气候变化、环境危机、人类主体危机等，批判性反乌托邦又恢复了传统反乌托邦策略——描绘问题、警告危机和留有希望，而“希望”是指对更美好世界的诱人的然而又不确定的建议。金·斯坦利·罗宾逊的《黄金海岸》（1988），玛吉·皮尔斯的《他、她和它》（1991），奥克塔维娅·巴特勒的《播种者寓言》（1993）被莫伊兰列为批判性反乌托邦的范例。在赛博朋克的虚无感，赛博格与人类的情感纠缠，气候变化和生态危机中，它们不仅仅对20世纪末的资本主义症候做了总结，也开启了新世纪科幻最核心的两大主题：后人类与人类世。

第四节　多元文化与后人类/后人类世乌托邦

正在来临的后人类（posthuman）和后人类世（post-Anthropocene）时代，将会是乌托邦还是反乌托邦？大家反应两极化。悲观者视其为威胁，认为后人类之生即意味着人之死；而乐观者则试图证明人类主体将会在后人类身上延续，且正应该通过后人类来反思人类中心主义，寻求自我超越。但无论怎样，我们不得不首先反思以人类为中心的乌托邦思想：既然人类对环境的系统破坏，才是地球噩梦的源头，那么没有人类的世界是否可被视为乌托邦？后人类的出现是否意味着人类终有机会克服自恋的信念？赛博格和生态恶托邦揭示的性别、种族和物种等种种不平等，促使我们惊醒：长期以来，我们引以为傲的人性其实不过是“西方白人男性霸权的意志”的垄断品。[3]

甚至，关于乌托邦的思考，也常被认为是西方独有的。库玛就曾断言：“乌托邦不是

1　Tom Moylan, *Demand the Impossible: Science Fiction and the Utopian Imagination*, London: Methuen, 1986, p.10.

2　Tom Moylan, *Scraps of the Untainted Sky: Science Fiction, Utopia, Dystopia*, Boulder: Westview Press, 2000, p.195.

3　Stephen Metcalf, "Autogeddon," in J. B. Dixon and E. J. Cassidy eds., *Virtual Futures: Cyberotics, Technology and Post-human Pragmatism*, London: Routledge, 1998, p.114.

普世的。它只出现在具有古典和基督教传统的社会中，也就是说，只出现在西方。别的社会可能有相对丰富的有关乐园的传说，有关于公正平等的黄金时代的原始神话，有关于遍地酒肉的欢庆，甚至有千年纪的信仰；但它们都没有乌托邦。”[1]他承认中国儒家的“大同”理念、道家的“太平”理念是最接近某种乌托邦的概念，但仍然没有如西方一般形成真正的乌托邦。萨金特则认为通过人类努力带来乌托邦的思想确实存在于中国、印度以及各种佛教和伊斯兰文化中，但也指出乌托邦主义与西方殖民主义的密切关系，最初的乌有之乡实际上投射了殖民者对于定居殖民地（settler colonies）的想象——在遥远的新大陆，得到饱腹、体面的住所和衣服，以及他们自己和孩子更美好的未来。

那么，乌托邦是西方独有的吗？如果我们以“社会梦想”来定义乌托邦，那么对于一个更好世界的渴望和愿景又怎可能不是普适的呢？几乎所有非西方文化都葆有丰富的乌托邦梦想，比如，拜火教中的迪尔蒙，印度的罗摩之治，犹太教–基督教信仰中的伊甸园，儒家思想中的大同，道教思想中的“太平”，澳大利亚原住民世界观中的“梦想”，伊斯兰思想中的麦地那政权，古印度佛教中的涅槃、永恒幸福的净土等等。在科幻中，乌托邦想象有其各自的历史语境，反映了各个文化和民族不断变化的时代命题，但人类对于更好世界的期盼是相似和相通的。当我们比较阅读不同文化中的乌托邦/反乌托邦思想时，与其执着于去寻找本质上的差异或论证谁更正统，不如面向未来思考：如何让世界各地的理想主义互相借鉴？既然，后人类/后人类世主义本身就是从批判西方自由人本主义开始，那么，后人类和后人类世的乌托邦想象可以从非西方文化思想资源中汲取什么？

立足生态乌托邦和后人类世的理论家们和创作者们已经向原住民和非西方思想资源寻找活力，如席娃的全球南方立足点，普卢姆伍德的“有灵物质论”（animist materalism），勒古因对道家思想的应用等等。后人类女性主义者唐娜·哈拉维在倡导“克苏鲁世”（Chthulucene）取代人类世时，以“生成正义”（generative justice）为例，提出方法论上联结和学习各种文化在地实践的重要性：“这一方法的重点不是混合原生和西方知识实践并加以搅拌，而是要在不否认漫长的暴力历史的情况下，去探索生成性接触区（generative contact zones）的复杂可能性。”[2]用相互联结的知识去思考人类与非人类、与后人类的联结及共生的可能，大概是属于我们时代的乌托邦愿景。

（本章撰写：郁旭映）

1 Krishan Kumar, *Utopia and Anti-Utopia in Modern Times*, p.19.

2 Donna Haraway, *Staying with the Trouble: Making Kin in the Chthulucene*, Durham: Duke University Press, 2016, p.202.

课后思考：

1. 百年中国科幻产生了哪些乌托邦和反乌托邦作品？

2. 试举一例具有多元文化杂糅特质的当代科幻乌托邦或反乌托邦作品。

推荐阅读：

1. [英]托马斯·莫尔：《乌托邦》，戴镏龄译，北京：商务出版社，1982年。

2. [古希腊]柏拉图：《理想国》，郭斌和、张竹明译，北京：商务出版社，1986年。

3. [美]爱德华·贝拉米：《回顾：公元2000—1887年》，林天斗、张自谋译，北京：商务出版社，1997年。

4. [英]赫伯特·乔治·威尔斯：《时间机器》，顾忆青译，天津：天津人民出版社，1994年。

5. [俄]尤金·扎米亚金：《我们》，殷杲译，南京，江苏人民出版社，2005年。

6. [英]阿道司·赫胥黎：《美丽新世界》，王波译，重庆：重庆出版社，2005年。

7. [英]乔治·欧威尔：《一九八四》，刘绍铭译，香港：香港中文大学出版社，2019年。

8. 颜健富：《晚清小说的新概念地图》，北京：北京联合出版公司，2018年。

9. 李广益主编：《中国科幻文学大系·晚清卷》（创作一集/二集/三集），重庆：重庆大学出版社，2020年。

第二章　性别

作为一种独特的讲故事的文类，科幻小说可以藉由情节、背景、人物和主题等方面的“新奇”和“陌生”，启发我们审视既有的世界形态，突破对于自然和文化的传统认知，想象更加均衡、平等和正义的未来世界。如对社会和个体的构成方式进行重新编码，询问增加或替换某一变量会发生什么？如若遵循另类的逻辑和秩序，这世界会怎样？这些新变量可能是物理定律和新的技术发明，也可能是人与自然的关系、社会习俗、身份认同或思维方式。在科幻小说可展开的诸多思想实验中，对性别不平等的反思成为一条特殊的线索，因为科幻中的夸张变形以及“陌生化”“乌托邦”“恶托邦”等艺术手法和形式非常有助于探究不同性别群体所面临的与技术相关的复杂问题，讨论“没有性别歧视的世界”和“超越性别的世界”这些大胆的议题，或者对“性别”概念本身提出质问。

第一节　科幻与性别

何为“性别”，为什么它也是我们认识、考察和再现这个世界的一个重要变量呢？对“性别”进行批判性的梳理并将其作为一个重要的分析范畴和概念工具，其实是从20世纪后半叶开始的几次女性主义社会运动的成果。

从第二波女性主义运动开始，很多思想家开始区分“生理性别”（sex）和“社会性别”(gender)，论证生物和社会属于不同的领域，基于男女两性的社会不平等不是“自然的”，反驳男女之间的权力不平等基于生理差异的观点。“社会性别”被概念化为对于性差异的社会、文化和心理解释，如盖尔·鲁宾将“社会性别”定义为“社会强加的两性之间的区分”和“性存在（sexuality）的社会关系的产物”。[1]这为分析和挑战两性不平等的社会结构开启了空间。经过更多女性主义思想家的讨论，“社会性别”的内在复杂性和多义

1　Rubin Gayle, “Traffic in Women: Notes on the Political Economy of Sex,” in R. Reiter ed., *Toward an Anthropology of Women*, New York and London: Monthly Review Press, 1975, pp. 157-210, p.179.

性被更多揭示出来。桑德拉·哈丁提出，性别有三个密切相关的要素：性别是赋予社会实践以意义的一个范畴，是帮助组织社会关系的一种模式，也是个人身份中的一个结构。[1]琼·斯科特将性别视为基于感知的两性差异的社会关系的构成要素，并涉及四个相互关联的要素，即“象征性方面、规范性方面、制度性方面和主观性方面”。她还指出“性别是表征权力关系的一种主要方式”[2]，强调了性别概念的复杂性、性别建构中包含的政治以及将性别作为社会分析范畴的必要性。

R.W.康奈尔指出，性别作为一种规约社会实践的结构，与其他社会结构相互作用，如种族、阶级、国族或在世界秩序中的地位。为了理解性别，我们必须不断超越性别，因为“性别关系是整个社会结构的一个主要组成部分”。[3]在文化研究中，很多研究者也提醒我们要摒弃单一的“性别认同”概念，而代之以多元复杂的被建构的社会认同概念，将性别视为一个相关的链，同时兼顾阶级、种族、族裔、年龄和性取向。因此，我们要在文化批评的同时注重对社会结构的考察，从性别、阶级和族裔等多重视角对文学或文化文本进行历史性和交叉性的研究。[4]科幻对性别问题的书写往往可以指向更大的、互相交织的社会结构性问题。很多思想实验不仅打破了性别不平等，还有地域、阶层、物种和技术不平等，从而想象一个更公正和自由的未来，探讨社会结构和关系的更新和发展。

第二节　科幻作品中的性别再现

跟其他的文类相比，科幻往往被视为拥有更多的男性作者和男性读者，而在各国女性科幻作家的崛起都比男性作家晚。有评论家表示：“一位伟大的早期社会主义者说，女性在一个社会中的地位是该社会文明程度的一个相当可靠的指标。如果这是真的，那么科幻小说中女性地位的低下应该让我们思考科幻小说是否文明。”[5]回顾西方科幻创作史，20世纪初之前，创作科幻小说的女性作家非常少。不过，被很多人视为科幻开山之作的《弗兰肯斯坦》（1818）却是女作家玛丽·雪莱的作品，以哥特式的叙述模式表达了对科学发展的反思。这部小说描绘了借助现代科学实验并通过无性繁殖而诞生的新生命，被认为是

1　Harding Sandra, “Why has the sex/gender system become visible only now?” in Harding Sandra and M. B. Hintikka eds., *Discovering Reality: Feminist Perspectives on Epistemology, Metaphysics, Methodology and Philosophy of Science*, Dordrecht: Kluwer Academic Publishers, 1983, pp. 311-324.

2　Scott Joan W., “Gender: A Useful Category of Historical Analysis,” *The American Historical Review* 91.5 (1986), pp.1067-1069.

3　Connell R. W., *Masculinities*, Cambridge: Polity Press, 1995, p. 76.

4　刘希：《“再现”研究：女性主义的视角》，《“话语”内外：百年中国文学中的性别再现和主体塑造》，南京：南京大学出版社，2021年，第12页。

5　DeRose Maria, “Redefining Women’s Power Through Feminist Science Fiction,” *Extrapolation* 46.1 (Spring 2005), pp. 66-89.

“对圣经中亚当和夏娃故事的改写”[1]，内涵丰富，适宜女性主义解读。

《弗兰肯斯坦》的初版封面

与西方第一波女性主义运动同时，很多女性作家参与了19世纪末和20世纪初乌托邦文学的写作，她们在作品中想象一个可以超越性别歧视问题的另类世界，如《米佐拉：预言》（1881），描述了一个只有女性的世界，想象了诸如单性生殖和可视电话等新技术。非裔美国女作家弗朗西丝・哈珀的《艾拉・勒罗伊》（1892），同时表达了对种族平等和性别平等的向往。夏洛特・珀金斯・吉尔曼创作了一部非常著名的早期女性主义乌托邦小说《她乡》（1915），这部作品创造了一个推崇理性、反对暴力和集权的单一性别世界，挑战了对男性和女性的传统期待。“乌托邦”这个描绘理想社会的体裁后来成为女性主义科幻小说中的一种常见且有效的写作形式。在这些小说中，乌托邦直指当下社会的不足和缺陷，它的实现则取决于能否克服种种障碍对现状进行改进。

20世纪20—30年代，许多流行科幻杂志将其受众群体定位为青少年尤其是男孩，因此包含很多歧视性的性别形象，偶尔刊发从女性视角撰写的科幻小说。二战后，很多女性作家借助科幻体裁审视快速变化的社会、文化和科技。50—60年代，很多眼界开放的科幻杂志发表了探讨科技发展如何影响女性及家庭的作品。从这一时期开始，越来越多的女性作家转向书写科幻小说，因为这一文类既有助于参与社会，又富有审美创新，受众也越来越多。

《黑暗的左手》初版封面

20世纪60年代开始，越来越多科幻作家借助颠覆、新奇的形式传达对当下社会的政治和技术批判，英美掀起了科幻“新浪潮”。随着第二波女性主义运动的展开，传统女性角色在这一体裁中遭到极大的挑战。大家发现，科幻小说可以成为女性主义的天然盟友，也是连接女性主义思想和实践的重要桥梁。通过科幻的思想实验，可以

1　B. W. Aldiss, *The Detached Retina: Aspects of SF and Fantasy*, New York: Syracuse University Press, 1996, p.78.

大胆想象性别关系、意识以及身份认同的变化，并且看到性别弱势群体对于世界做出的巨大贡献，而女性主义科幻是“女性主义想象项目的有力工具，是进行文化和社会变革的必要的第一步。”[1]这一时期最为著名的作品包括厄休拉·勒古因的《黑暗的左手》(1969)、玛吉·皮尔斯的《时间边缘的女人》(1976)和乔安娜·拉斯的《女身男人》(1975)。这三部作品通过想象或然性别世界，揭示了刻板性别角色的社会建构属性。有的设计单一性别或自由性别世界，打造一个没有父权制压迫和性别不平等的乌托邦，如《黑暗的左手》构建了一个雌雄同体的文明及其全新的性别关系和社会关系，《时间边缘的女人》想象了一个男女共同养育孩子的，低科技水平的平等主义社会，人们的身份是由能力而非性别决定的。这一时期其他的重要作品还有如苏西·麦基·查纳斯的《走向世界尽头》(1974)，其中描绘了一个极端的“恶托邦”社会，将女性物化到极致并造就了一种动物般的奴隶制，而“恶托邦”正是女性主义科幻常常运用、以夸张的手段进行性别透视和批判的重要手法。

70年代末，女性主义科幻小说家奥克塔维娅·巴特勒的《善良》(1979)讲述了一位非裔美国女性穿越到内战前南方的故事，涉及关于性、性别、种族和历史的复杂议题。她在《播种者寓言》(1993)中也使用了“乌托邦”和“恶托邦”的手法。小说中的女主人公试图打破自己所在的无政府主义恶托邦社会，建立自己名为“地球种子”的乌托邦宗教。这个乌托邦被设想为一个不是强加给人的，具有共同愿景的社区，与现实世界并非完全分离。

20世纪80年代之后亦有诸多女性主义科幻名作问世，如玛格丽特·阿特伍德的小说《使女的故事》(1985)讲述了一个神权统治的恶托邦社会，系统地剥夺了女性的所有自由，将其贬为使女和生育机器。这是一部典型的女性主义恶托邦小说，即想象女性生活在

《使女的故事》封面及电视剧剧照

1 Hollinger Veronica, “Feminist theory and science fiction,” In Farah Mendlesohn(ed.), *The Cambridge Companion to Science Fiction*, Cambridge: Cambridge University Press, 2003, p.128.

一个被迫牺牲权利和福祉的男权社会中。当代作家路易丝·奥尼尔的小说《专属于你》（2014）也用了这个手法。在小说的世界中，女性不再被自然生育出来，而是在出生前就被基因设计成符合男性身体欲望的美女，然后被教导不要思考，只专注于外表。小说通过一个恶托邦的场景设定反思了当今社会中女性被物化的现实。

回顾中国，早在1905年，海天独啸子就创作了一部奇特的女性主义技术乌托邦作品《女娲石》，想象新的科学技术助力个体和社会的共同解放。20世纪90年代以前的中国科幻创作在想象未来社会和书写人或非人（外星人、机器人或其他生命）时，往往延续着较为传统的性别和家庭观念，较少打破性别刻板印象。90年代之后，中国科幻小说因其众多获奖作品而享誉世界，这些科学幻想作品以极富想象力的方式预测和探讨科技发展与人类未来的关系，也表达了对不同社会文化议题的思考和追问，并提供想象性的解决方案。从性别再现的视角来看先后获得雨果奖的刘慈欣的《三体》（2006—2010）和郝景芳的《北京折叠》（2012），会有很多有趣的发现。《三体》中的叶文洁和程心这两个颇具争议的女性人物，“或许是中国科幻文学史上最为复杂立体的女性角色”。[1]因此，有研究者认为，《三体》不是“束缚于善恶分明、黑白截然、男女对峙的二项性文本”[2]，刘慈欣通过这些内涵丰富的女性角色有效地传达了浪漫主义和人文主义观念。郝景芳的《北京折叠》在阶层分化之外，也涉及性别议题。阶层固化在这部作品里被空间隔离的情节所隐喻，同时也通过不平等的性别关系和传统的性别想象得以表征。性别规约、阶层壁垒跟折叠的三层空间一样难以被打破，共同表征了城市化过程中的社会不平等。

韩松是刘慈欣的同代人，被认为是最具“幽暗意识”[3]的新生代科幻作家，创作了很多大胆讨论性、性别和权力等话题的作品。与《使女的故事》和《专属于你》相似，他有两部作品也以“恶托邦”的形式讨论性别暴力和生物技术问题，“将人际关系中的竞争、冲突和暴力描绘成基于性别划分”。[4]《暗室》（2009）讲述了一场未出生胎儿世界和成年人世界之间的权力斗争。前者崇尚和平、沉思、联系和反思，试图与代表着极权、暴力的后者作斗争，但这场斗争的双方都是男性，而女性（母亲）在这些男性的权力斗争中一直处于从属地位。无论哪一方胜利，女性（母亲）都成为被操纵和牺牲的受害者，而生育控制的生物技术被用作男性统治的有效工具。小说中的恶托邦世界成为现实世界中被性别化了的权力斗争的一个有力象征。在《美女狩猎指南》（2014）中，生物克隆技术同样被用于延续男性霸权，女性继续成为权力追逐的对象。小说中，美丽的克隆女性被创造出来放在一个岛上，供男性狩猎以恢复其阳刚之气。但这个恶托邦故事又包含着一个女性解放的

1 陈楸帆：《科幻中的女性主义书写》，《光明日报》2018年9月26日，第14版。

2 宋明炜：《科幻的性别问题——超越二项性的诗学想象》，《上海文学》2022年第5期，第126-136页。

3 王德威：《鲁迅、韩松与未完的文学革命——“悬想”与“神思”》，《探索与争鸣》（上海）2019年第5期，第48-51页。

4 Liu Xi, “Stories on Sexual Violence as ‘Thought Experiments’: Contemporary Chinese Science Fiction as an Example”, *SFRA Review*, vol. 52, no.3 (2022), p.122.

乌托邦情节：克隆女性在这里组成了一个去除了性别规约的，享有自主权的自由社区。最后，来到岛上寻求刺激的男主角因为这个“女性世界”的多样性和复杂性而无所适从，阉割了自己，拥抱一种性别中立的身份。故事的结尾试图解构性别等级和二分，打造一个另类世界。

当代中国科幻作家，特别是年轻一代的更新代作家，积极挑战规范性和等级制的性别规约，表达更平等和自由的性别认同。例如，陈楸帆的《太空大葱》（2019）和廖舒波的《地图师》（2012）讲的都是女孩打破束缚，追寻自由，最终成为太空农业专家和星际旅行者的故事，挑战了传统性别期待、刻板印象和与之相关的权力关系。陈楸帆的《荒潮》（2013）里出现了中国科幻历史上第一个女性“赛博格”形象，“这是当代中国科幻中非常重要的第三世界底层女性形象，承担了延续人文精神的重要的文本功能。”[1]该书探讨了如何打破机器和有机体之间的边界，以及如何同时实现社会平等和生态公正。

当代中国的女性科幻作家们更是贡献了诸多性别视角深刻的佳作，“力图通过科幻与奇幻小说营造一个更大的空间，来囊括所有被边缘化的性别群体”。[2]赵海虹的《伊俄卡斯达》（1999）讨论了关怀、共情、联系这些价值与科学探索的关系，在性别议题上打破了情感／理性、关怀／超然这些被等级化、又被性别化了的价值体系。她的《桦树的眼睛》（1997）想象人与植物的平等和共情如何帮助实现正义的目标，对人的暴力和压迫与对植物的暴力和压迫是否同构。迟卉的《虫巢》（2008）打破了人类中心主义的束缚，设计了一个没有父权制的外星世界，基于性别平等想象和谐共生的物种关系。这几部都是具有生态女性主义视角的重要作品。其他重要的女作家还有夏笳、郝景芳、程婧波、钱莉芳、陈茜、双翅目、糖匪、顾适、彭思萌、王侃瑜、吴霜、范轶伦、慕明、段子期、廖舒波、昼温、王诺诺等。[3]

第三节　科幻研究中的后人类女性主义视角

性别主题科幻中受到欢迎的“乌托邦”体裁与女性主义技术乌托邦（feminist techno-utopia）密切相关。在一些科幻作家想象可以通过科学技术来改变人类本身，从而克服异化和性别不平等的时候，舒拉米斯·费尔斯通在上世纪70年代发表了20世纪第一部女性主义技术乌托邦著作——《性的辩证法》（1970）。费尔斯通继承了马克思主义关于创造技术上得到加强并摆脱自然需求的新人类的观念，并将妇女解放计划加入其中。她认为新的

1　刘希：《当代中国科幻中的科技、性别和“赛博格”——以〈荒潮〉为例》，《文学评论》2019年第3期，第220页。

2　石静远：《代后记：性别建构与中国科幻的未来》，微像文化编：《春天来临的方式》，上海：上海文艺出版社，2022年，第373页。

3　近年来国内也编著了三种专门展示女性科幻作家成就的作品集：《她科幻》四卷（陈楸帆主编）、《她：中国女性科幻作家经典作品集》两卷（程婧波主编）、和《春天来临的方式》（于晨、王侃瑜主编）。

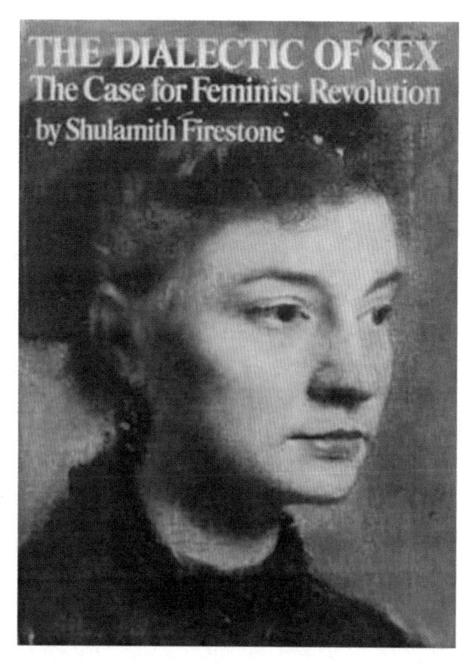

《性的辩证法》初版封面

生殖技术是消除性别差异的关键，并积极呼吁通过生殖技术介入打破资产阶级核心家庭，将男性和女性解放出来，以投入更高的建立社会主义制度的目标，创立一个无阶级、性别平等和反种族主义的社会。科幻作家玛吉·皮尔斯对一个平等的两性社会的想象，正是借鉴了费尔斯通关于科技解放妇女的观点。费尔斯通预测技术在未来世界的发展时非常有前瞻性，而在思考种族主义和性别歧视问题时，她也很早就结合了生态主义和环境保护的视角，因此，费尔斯通被认为是后人类女性主义思想的发起人之一。

可以说，科幻创作中的性别再现问题与女性主义思想的发展特别是后人类女性主义的蓬勃兴起密切相关。20世纪80年代，后人类主义理论先驱唐娜·哈拉维出版了两部重要著作：《赛博格宣言》（1985）和《灵长类视觉》（1990）。这两部作品提供了后人类女性主义的两个重要维度：以发达的信息学（informatics）和电信（telecommunications）为标志的高科技世界和多物种共存的非人类中心的世界。首先，《赛博格宣言》是20世纪第一部后人类女性主义理论。哈拉维认为通讯技术与生物科学的发展可以模糊机器与有机体之间的界限，人和机器可以形成相互依赖、相互融合的关系。她提出的最著名的“赛博格”（cyborg）概念故意模糊了很多类别区分（有机体/机器、自然/文化、男性/女性等），是打破了各种二元论、等级制的，杂糅的和去本质化的政治身份。“赛博格”理论也成为女性主义技术乌托邦和科技研究的重要理论之一。哈拉维认为，“赛博格”是科幻小说中的一个重要形象，“充斥着女性主义科幻小说的赛博格，将男性 / 女性、人类、人工制品、种族、个人身份或身体都问题化了”，[1]以重新想象世界的可能性。她在著作中解读了乔安娜·罗斯、奥克塔维娅·巴特勒和其他女性主义科幻作家的作品，而科幻作家们包括玛吉·皮尔斯的小说《他，她和它》（1991）也受到了哈拉维“赛博格”理论的影响。

后人类女性主义打破了自然/文化和人/非人等二元对立概念，为建立一种去等级的、物种之间更平等的关系奠定了基础。哈拉维曾反对将女性和自然做一种天然化的连接，提出过“自然-文化连续体”（nature-culture continuum）的概念。她也提出过“同伴物种”和“制造亲缘”等概念，探讨关于界线的协商、跨越和重建，以及从中必然发生的异质联结。在生态女性主义的新的自然和动物观的基础上，另一位重要的后人类女性主义学者罗

1　Haraway Donna, “A Manifesto for Cyborgs”, in Elizabeth Weed(ed.), *Coming to Terms*, New York: Routledge, 1989, p. 201.

西・布拉伊多蒂明确提出去人类中心主义思想，认为我们需要的是嵌入的，具身性的，关系性和情感性的新的关系，应该在重组人性想象的基础上追求一种所有生命共同构成世界的方式。她因此提出了“若伊”（zoe，生命）这个非人类形式的生产性的和内在的生命概念，期望实现新的横向社区和联盟：“女性主义者也许不得不拥抱这个谦卑的起始点，承认一种并非是我们而是若伊主导的地球中心的生命形式。”[1]

可以说，以上这些后人类女性主义对性别问题的探讨其实是在推动我们对一系列非此即彼、二元对立的思维模式本身进行反思：性别的差异和等级与阶层、种族、地域、能力、物种的差异和等级是一样的，被看作价值更低的除了女人、穷人、少数族裔、残障人士，可能还有非人类的生命体或无机体，如动物、植物、自然、技术。这种反对二元对立思维的视角对于科幻创作和批评非常有启发。

借助以上这些理论，中国很多研究者关注当代中西方文艺作品特别是科幻题材作品中新出现的“技术主体”或者“后人类”形象，注意到后人类想象在性别塑造上与传统的异同，探讨性别再现上的突破、创新和局限。在后人类女性主义理论的启发下，研究者们发现当代文艺作品特别是在性别形象的刻画上逐渐从“人文主义”过渡到“后人类主义”，这表现在新的智能/技术女性形象的出现，在性别气质上逐渐变得中性甚至双性同体，有脱离性别二元论，乃至突破“二项性”或二元对立思维模式的倾向。有研究者开始关注当代中国科幻对“二项性”或二元对立思维模式的突破。持技术乐观主义立场的研究者认为对“后人类”主体的建构已经开始，哈拉维意义上的“赛博格”形象已经出现，并以一些中外女性主义科幻为例，说明后人类女性主义所追求的反人文主义和去人类中心主义的理念得到了呈现。但是更多的研究者并不乐观，他们深入反思新的技术女性形象的具体性别书写和刻画手法，发现很多性别化的后人类形象并不具备哈拉维意义上的“后性别世界”的乌托邦性质，它们要么难以超越传统的人文主义的影响特别是“拟人化”特征，要么难以真正破解性别二元论或者克服性别本质主义的书写模式。因此，真正从后人类女性主义立场上建构新的去二元论、去本质化、去他者化的多元互动的“后人类主义”主体，还是当代科幻文艺作品尚未完成的任务和有待追寻的目标。

面对以西方理论资源为主要构成的后人类女性主义理论，我们需要注意不要落入自由人文主义和西方中心主义等话语的窠臼，不断思考后人类女性主义如何回应与思考全球南方所面临的挑战？如何真正从一定的社会物质和语境中出发去形成“情境性知识”（situated knowledge）？这需要厘清后人类女性主义理论的语境和谱系，结合中国的具体语境进行批判性的应用和发展，并进一步思考：我们自身的中国经验和本土叙事可以贡献怎样的声音？

（本章撰写：刘希）

1 Braidotti Rosi, “Four Theses on Posthuman Feminism,” in Richard Grusin(ed.), *Anthropocene Feminism*, Minneapolis: University of Minnesota Press, 2017, p.34.

课后思考：

1. 怎样理解性别是认识世界的一个重要变量，也是科幻小说的一个有效分析范畴？

2. 为什么“乌托邦”和“恶托邦”是女性主义科幻小说常用的写作手法？以中外代表性科幻作品为例说明。

3. 借助后人类女性主义理论，选取中外科幻作品中的一个性别形象进行分析。

推荐阅读：

1. [美]厄休拉·勒古因：《黑暗的左手》，陶雪蕾译，成都：四川科学技术出版社，2009年。

2. [加]玛格丽特·阿特伍德：《使女的故事》，陈小慰译，南京：译林出版社, 2001年。

3. 韩松：《美女狩猎指南》，《宇宙墓碑》，上海：上海人民出版社，2014年，第275-373页。

4. 赵海虹：《伊俄卡斯达》，《科幻世界》1999年第3期，第16-29页。

5. 迟卉：《虫巢》，《科幻世界》2008年第12期，第54-63页。

6. Joan W. Scott, “Gender: A Useful Category of Historical Analysis,” *American Historical Review* 91.5 (1986), pp.1053-1075.

7. Helford Elyce Rae, “Feminism,” in Gary Westfahl ed., *The Greenwood Encyclopedia of Science Fiction and Fantasy: Themes, Works and Wonders*, Connecticut: Greenwood Press, 2005, pp.289-291.

8. Merrick Helen, “Gender in Science Fiction,” in Farah Mendlesohn ed., *The Cambridge Companion to Science Fiction*, Cambridge: Cambridge University Press, 2003, pp.241-252.

9. Hollinger Veronica, “Feminist Theory and Science Fiction,” in Farah Mendlesohn ed., *The Cambridge Companion to Science Fiction*, Cambridge: Cambridge University Press, 2003, pp.125-136.

10. Liu Xi, “Stories on Sexual Violence as ‘Thought Experiments’: Contemporary Chinese Science Fiction as an Example,” *SFRA Review 52.3* (2022), pp.118-128.

第三章　后人类

后人类（posthuman）既是科幻作品长于塑造的形象，也是科幻作品乐于思考的主题。顾名思义，所谓后人类乃“之后的人类”。那么，究竟何为“人类”，又是在何时之后“人类”成为“后人类”呢？这两个问题其实并非看上去那么清晰明了。

从最为朴素的思路来说，与旧时和今时大有不同之“人”便可称其为“后”。H.G.威尔斯曾在《时间机器》中想象和描述了八十万年后的埃洛伊人与莫洛克人。二者皆由人类演化而来，其形态、习性、社会结构等与作者所处时代的人类相比，都有天壤之别。故事的叙述者经由时间旅行，从19世纪来到公元802701年。在他眼中，八十万年的演化历程是隐而不显的，时间旅途两端迥异的人类形象，形成了巨大的断裂感。因此对于叙述者，埃洛伊人与莫洛克人无疑可被视作两支后人类，进而引发关于人类朝何处去的深刻思考，这也正是作品中斯芬克斯意象所蕴之意。

当然，科幻语境中所探讨的后人类，一般来说并非自然演化而成，倒是更加强调科学与技术打断自然演化进程，促发人类形态与属性产生激变。激变前后的差异巨大，深及人之为人的本质，从而使得“人”的概念偏离了通常的内涵和外延，“人”与“非人”的界线也渐趋模糊。

第一节　非原生的人

不断加速发展的科学技术，不仅融入了人的日常生活，而且嵌入了人的原生躯体。

科幻作品中很早便有人与机械相接合的赛博格式后人类形象。19世纪30年代，爱伦·坡在幽默讽刺故事《被用光的人》（1839）中塑造了约翰·A.B.C.史密斯这样一位赛博格人物。故事的叙述者起先对史密斯完美无暇的身体称赞不已，继而受好奇心驱使，意欲一探此人究竟。后来当亲眼得见史密斯一件件“穿戴”上他躯体的各个部分，叙述者惊异万状，避之唯恐不及。故事中功能精妙、以假乱真的人造假体，使人成为大不同前的

“后”人，而叙述者的态度则显示出对这种异质杂合的拒斥。

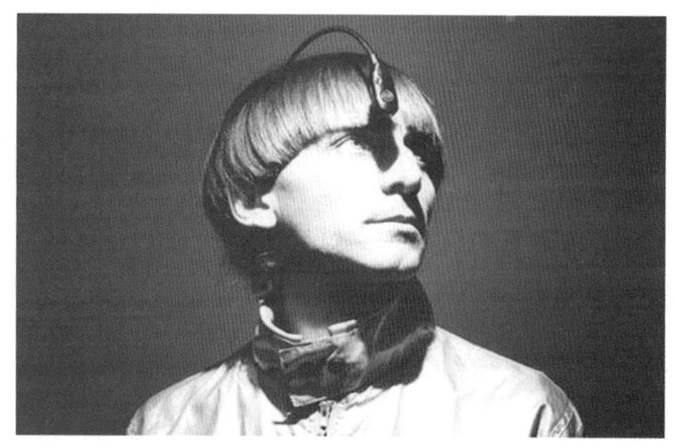
赛博格尼尔·哈比森与他的植入天线

20世纪以来的科幻想象，更是充满各式各样的赛博格形象。及至1960年，克莱因斯和克兰两位科学家结合“控制论”与“有机体”二词造出了赛博格这个概念。70年代，洛维科的非虚构作品《当人变成机器：赛博格的进化》（1971）令赛博格概念进一步为人所知。而对赛博格最具开创性的理论分析无疑当属唐娜·哈拉维80年代的《赛博格宣言》（1985、1991）一文。

对于哈拉维来说，赛博格既是可能的现实，也是想象的叙事，更是隐喻的政治策略。与《被用光的人》中叙述者的态度全然不同，哈拉维对赛博格式的边界消解、异质重组、身份混杂等，抱有相当积极的态度，甚至认为这是超越当前性别、种族、阶级等社会困境的可行路径。她在《赛博格宣言》中提到了三个边界的消解，一是人与动物的边界，二是有机体与机器的边界，三是实体与非实体的边界。不论在类比意义上，还是在现实意义上，这些边界的消解都与当代科学话语和技术实践密切相关。控制论和生物工程的发展，使人能够以非自然方式对自身进行改造。异种器官移植、基因编辑、电子设备植入等，在技术上已经成为现实。因此，人与自身的关系以及人与他者的关系，都发生了既微妙而又深刻的变化。哈拉维所强调的正是身体越界和重组后的身份困惑，而这困惑同时也是契机。由于打破了“原生”或“完整”之人的执念，“人”的身份不再单纯、固定、整齐划一，而是愈发杂糅、流动、蕴含无限差异。这种非本质化的身份，克服了西方形而上学传统中等级二元对立的思维模式，也正是后现代思想带来的启示。于是在赛博格时代，恰当的策略不再是驱逐或收编异己以寻求统一身份，而是在不可化约的异质主体间构建广泛联结。面对这种不同以往的新型关系和陌生境况，科幻当然最为敏感，也最善表述。哈拉维的《赛博格宣言》本就始于对科幻作品的思考。

从科幻审美的角度来看，赛博格作为非“原生”的人，或曰杂合的怪物，以典型的形象呈现了小奇切里-罗内在《科幻七美》（2008）中所谓“科幻怪诞”（science-fictional grotesque）。哈拉维认为，赛博格式的精神气质正是无畏怪诞，不惧怕与动物和机器的亲缘关系，甚至“可以从与动物和机器的融合中得知如何不成为人”。[1]

人的形象和定义，其实本非天然固有或恒久不变，不论达·芬奇“维特鲁威人”式标准形体，还是笛卡尔“我思”式标准心智，都是西方逻各斯的化身。所谓的“标准”之下

1　唐娜·哈拉维：《赛博格的宣言：20世纪晚期的科学、技术和社会主义-女权主义》，《类人猿、赛博格和女人——自然的重塑》，陈静译，郑州：河南大学出版社，2016年，第326、367页。

暗藏诸多偏见和盲点，因而不断被揭示、质疑、挑战。20世纪中叶以降，种种反人文主义思潮风起云涌。例如，福柯在《词与物》（1966）中称："人只是一个近来的发明，一个尚未具有二百年的人物，一个人类知识中的简单褶痕，想到一旦人类知识发现一种新的形式，人就会消失，这是令人鼓舞的"。[1]又如，哈桑在《作为表现者的普罗米修斯》（1976）中称："人类的形式——包括人类的欲望及其所有外在表现——可能正在发生根本性的变化，因此，必须重新审视。我们需要认识到，五百年的人类主义可能即将终结"。[2]在诸多反人文主义反思中，"人"这一概念早已蜕去本质主义的光环，分化成若干相互抵牾的身份。

倘若"人"并无本质，那么也就无所谓"原生"与否。哈拉维强调，赛博格寻求的不是同一而是联结，因此改写了有机生命的繁衍模式，而与此同时被改写的还有关于起源的神话。人的各种分身与动物、机器以近乎无穷的组合方式相互联结，绝无单纯的身份，也非经由繁殖而来。赛博格本身就是新的神话，是面向未来而不纠结于起源的后人类。

第二节　非齐整的后

非"原生"的后人类，没有起源的历史，或者说其起源正是历史的断裂。科幻作品往往会在富于想象的叙事中夸大这种断裂，以技术奇点（technological singularity）来阻绝对后人类状况的描述。

弗诺·文奇在《技术奇点将至：如何生存于后人类时代》（1993）一文中，将技术奇点的概念推广开来。文奇认为之前冯·诺伊曼所说的奇点仍是指常规的技术进步，而文奇本人则更强调奇点的断裂性。他在文中提出了四条可能达至奇点的技术路径：超级计算机觉醒、联结着众多使用者的计算机网络觉醒、高效交互的人机界面、高度发达的生命科学。不论通过哪条路径，都可预见在近未来的某个时间点，加速发展的技术将促成远超人类的智慧生命，"人类的时代即将结束"。[3]既然奇点意味着智慧的断裂式提升，那么人类的传统叙事便无法描述奇点之后的世界。科幻作品经常采取迂回策略，通过旁敲侧击的曲笔让人类管窥后人类世界之一斑。例如，特德·姜的《人类科学之演变》（2000）以仿科学报告的形式评述了后人类[4]在科学前沿所做的探索，及其对人类科学的影响。这篇小说并未直接描述后人类的样态和存在形式，而是通过对照、类比等手法间接透露了后人类的

1　米歇尔·福柯：《词与物——人文科学考古学》，莫伟民译，上海：上海三联书店，2001年，第13页。

2　伊哈布·哈桑：《作为表现者的普罗米修斯：走向一种后人类主义文化?》，张桂丹、王坤宇译，《广州大学学报》（社会科学版）2021年第4期，第33页。

3　Vernor Vinge, "The Coming Technological Singularity: How to Survive in the Post-Human Era", 1993, https://edoras.sdsu.edu/~vinge/misc/singularity.html , accessed 7 Apr 2023.

4　作者使用的是 metahuman 一词。

精神高度。按照作品中的设定，由于后人类的智能大大超出了人类的理解力，人类必须经由“数字神经传输”获取后人类的最新研究成果，将其转译成人类语言后发表于人类的学术期刊。但转译后的成果仍是人类顶尖科学家难以解读的。整篇“科学报告”的评述，也只是望洋兴叹地呈现了人类与后人类并存时二者不可逾越的鸿沟。

至于如何从人类走向超越性的后人类，科幻作品与科学著述中有诸多不同的方式。人工智能学家汉斯·莫拉维克在1988年的专著《心智儿童》（1988）中曾提出全然超越肉身的神经替代论，设想将人脑神经的所有细节都以电子模拟形式替代，那么人的意识、思维和整个人格便可以脱离生物肉身的束缚，而被完整转移到电子计算机中。莫拉维克把人的本质视作特定的“模式–身份”（pattern-identity）而非“身体–身份”（body-identity）[1]，因而主张“人”可以被提取、剥离、转移、重新注入他处，从而超越必然会衰朽的生物躯体。这种重视信息模式而轻视物质载体的控制论观点，无疑是笛卡尔身心二元论的变体，显露出一种强化版的人类中心主义。[2]

当然，如技术奇点这般激进的断裂，只是后人类叙事的一个向度。如果说技术物（technical artefact）的介入使人成为后人，那么人类其实早已在不知不觉中进入了后人类时代。心脏起搏器、人造视网膜、电子耳蜗等设备，已经逐渐成为常规的医疗手段，嵌入人体以辅助实现缺失机能。而与人发生关联的技术物当然不局限于现代电子产品。例如，眼镜可以追溯到古希腊时期，义齿、假肢则有更为久远的历史。何时之后方为“后”，实难定论，这其实是个“忒修斯之船”的悖论。虽然上述手段都是对人体的“补全”，但人本就是难以界定其本质的生物，所谓“补全”与“增强”并无坚实的界线。不论虚拟现实与增强现实设备、植入式生物芯片、电脑、手机，抑或前现代已然为人所熟悉的各种用具，乃至语言、文字与印刷术，无不是延伸了人类认知、思考、行动能力的增补之物。简而言之，一切工具都是技术与人伴生的标志，也是人类生存与文明累积不可或缺的参与者。那么，在人类演化的漫长历史进程中，伴生的技术甚至可以无限倒推至人类本身的起源。阿瑟·克拉克在《2001：太空漫游》（1968）中颇富戏剧性地描述了三百万年前（斯坦利·库布里克所导演的电影版本中设定为四百万年前）猿人如何开始使用石头、骨棒、牙锯、角锥等最初的工具，从而变成一个新的物种——人，进而走出非洲，日趋繁盛。既然工具造就了人类，那么人类在诞生的一刻，便已经是与技术相伴而生的后人类。在这个意义上，人类即后人类。

有趣的是，文奇恰恰是将后人类崛起比作人类崛起。其实不论前与后激进断裂还是纠缠重叠，后人类意味着技术与人的关联。倘若摒除主、客体对立的形而上学偏见，与其说技术伴人类而生，毋宁说人类与技术共生。用布鲁诺·拉图尔的概念来讲，人类与作为非

1 Hans Moravec, *Mind Children: The Future of Robot and Human Intelligence*, Cambridge: Harvard University Press, 1988, pp.116-117.

2 莫拉维克式的后人类构想有时可被称为超人类主义（transhumanism）。

人类的技术要素，皆为对等的行动者（actor/actant），彼此联结，相互依存，共同构成行动者网络（actor-network）。此中不存在传统意义上的主、客体关系，而是充盈着复杂多变的主体间性，明显呈现出反人类中心主义的特质。既然人类与其他行动者的共生关系促成了一种后人类状态，那么是否具有全然超越性的形态或能力就并非界定后人类的唯一标准。

第三节 非超然的神

凯瑟琳·海尔斯在《我们何以成为后人类》（1999）一书中，态度鲜明地反对莫拉维克的神经替代论。为了厘清这种离身性（disembodiment）后人类观的源流，海尔斯总结了四条控制论意义上的后人类假设。其一，轻视承载信息的具体物质，而更看重信息模式本身，于是身体之于生命便是偶然的和可替代的；其二，人类意识只是生物演化的附带产物，并非如西方传统所认定的人之身份所在；其三，身体是每个人出生后需要学会操控的原始假体，那么学习控制扩展的非原生假体便成了一个自然而然的延续过程；其四，实质的肉身与计算机模拟之间没有本质区别，界线消弭，人得以与智能机器无缝衔接。这些典型的控制论观点，当然在很大程度上为后人类的可能性扫清了障碍。然而，通过详尽考察控制论的发展历史和学理逻辑，海尔斯认为控制论视角下的后人类观最大的问题在于：将信息抽离具体语境。

控制论认为信息是无形的实体，可以抽离出来并转移他处，从而能够在人、机之间流通，突破单一载体的束缚。这条控制论思路顺理成章地导向了莫拉维克所设想的神经替代论。其实此类设想在科幻作品中早有展现。例如，威廉·吉布森的《神经漫游者》（1984）中塑造了一个绰号“平线”的人物，他生前的意识被复制到名为思想盒的只读硬件里。思想盒成为了具有“平线”完整人格、所有技能以及全部记忆的“主体”，与主人公凯斯的搭档，执行黑客任务。那么，思想盒中的“平线”和生前的“平线”是同一个“人”吗？如果不是同一个“人”的话，哪一个才是真正的“平线”，二者之间是什么关系，有必要或有可能区分原本与副本吗？如果是同一个“人”的话，拥有肉身时的“平线”和处于思想盒中的“平线”是连续的吗，又有何差异？“平线”果真在网络世界中超然如神，

《神经漫游者》封面（江苏文艺出版社，2013 年）

获得了永生吗？无肉身的“生存”究竟面对更大的自由还是更多的束缚？莫拉维克在《心智儿童》中认定被提取并载入机器或新躯体的意识仍是原来肉身所承载的那个意识。而值得玩味的是，小说中不论主人公凯斯还是思想盒“自己”，都认为这种数据化存续相当诡异。思想盒甚至要求凯斯在完成任务后将人格数据彻底删除。虽然在小说结尾，“平线”那不是笑声的笑声依然回荡于网络世界，但荒腔走板的怪笑似乎很难被当作离身性的“永生”。

在海尔斯看来，人类生存环境日益恶化的今时今日，设想将人的物理形式于计算机网络中重建为信息模式，无疑是种安慰，当然也仅仅是种安慰。海尔斯反对离身性后人类的设想。她坚持认为，任何形制的载体都是信息的具体语境，不论这载体是人脑还是硅基芯片。按照当代语言学对语境和语义二者关系的看法，信息的意义从根本上依赖于具体语境，而语境乃开放之物，总在持续生产新的意义，“每一种阐释都不可能将意义最终框定”，在具体的语境下意义永远处于流变之中。[1]因此，物质载体中的信息无法真正完整地被抽象和抽离出来，这也是为何海尔斯要再三强调信息的具身性（embodiment）。信息的载体实存而具体，“对于这个星球和对于个体的生命形式都是一样的”，信息并非虚空缥缈超然世外，而是一刻也离不开“物质世界的脆弱性”。[2]科幻叙事与科学话语中设想的种种后人类或许必定具有某些方面的超越性，但海尔斯并不认可一种纯然不依赖物质的后人类，她所主张的是具身性的后人类。

不论在梅洛-庞蒂知觉现象学的意义上，还是在莱考夫与约翰逊认知语言学的意义上，具身性都是体验和认知的物质基础，对于人、后人抑或非人皆然。而且进一步来说，具体之“身”只能是杂糅而非纯粹的。海尔斯明确指出，“问题不在于是否抛弃身体，而在于以非常具体的、本土的、物质的方式扩张具身化的觉悟”。[3]正如哈拉维亦在《赛博格宣言》篇末宣言道：“我还是宁愿做一个赛博格，而不是一位女神。”[4]

第四节 非中心的后人类

海尔斯心目中的后人类范式是异质杂糅的分布式认知系统，即认知主体不再是单一的，也不再局限于人，而是多元、异质和互动的。为阐明此意，她谈到了约翰·塞尔的中文屋（Chinese room）思想实验。

1 郭伟：《解构批评探秘》，北京：中国社会科学出版社，2019年，第146、164页。

2 凯瑟琳·海勒：《我们何以成为后人类：文学、信息科学和控制论中的虚拟身体》，刘宇清译，北京：北京大学出版社，2017年，第65页。

3 凯瑟琳·海勒：《我们何以成为后人类：文学、信息科学和控制论中的虚拟身体》，第393页。

4 唐娜·哈拉维：《赛博格的宣言：20世纪晚期的科学、技术和社会主义-女权主义》，第386页。

> 在中文屋思想实验中，一个懂英文但完全不懂中文的人身处一间小屋，只要此人借助一本用英文写的中文符号处理规则手册，来“回应”屋外传进来的中文符号，那么屋外的人就会以为屋内的人懂中文。

塞尔本意是要以此思想实验驳斥强人工智能论，而海尔斯恰恰抓住了中文屋这个意象，使之成为分布式认知系统的典型例证。海尔斯“整个屋子懂中文”的论断，当然与塞尔原本的观点大相径庭，倒是与拉图尔的行动者网络有几分异曲同工。海尔斯之所以对中文屋作如此阐释，盖因她深刻认识到，现代人类正如同身处塞尔的中文屋内，“每天都参与到各种系统中，而系统的总体认知能力总是超过我们的个人知识”。[1]这样一来，现代人类的认知水平和行动能力都大幅提升，甚至在某些方面具有了人类本来似乎不可企及的超越性，但此中隐含的前提是：放弃人类中心主义的执念，谦卑地融入含纳各种非人类他者的分布式认知系统。科幻作品对这种不局限于人类主体的智识形式亦多有刻画，如双翅目《空间围棋》中接入外部计算资源提升棋力的棋手马丁，《来自莫罗博士岛的奇迹》中思维相互连通的人与动物们。在双翅目的众多科幻故事中，人与非人这两极之间存在着形形色色的智识类型，相互交织缠绕，构成难解难分的复杂纹样，自我与他者以及人与非人的二元对立消解殆尽，呈现出和而不同的反人类中心主义图景。

其实不论海尔斯的分布式认知系统、拉图尔的行动者网络还是哈拉维的赛博格，都是去人类中心化的努力。这些殊途同归的理论建构在某种意义上呼应着德勒兹等学者的后现代哲学思考。而德勒兹意义上的生成（becoming）、游牧学（nomadology）等理论也在一定程度上影响了布拉伊多蒂的后人类研究。

布拉伊多蒂主张，后人类主体乃游牧主体（nomadic subject），即不再是传统人文主义所抱持的那个大写之“人”。游牧主体处于持续不断的生成状态，无法被纳入确定的界域之内，而是动态联结着众多非人类他者。在这个游牧式互联的网络中，不仅有动物、植物、微生物，还有技术物，甚至也包括了整个星球的环境与生态。一方面，后人类游牧主体与前述哈拉维、拉图尔、海尔斯等学者的去人类中心化思考，有着相似的理论脉络。另一方面，布拉伊多蒂也由此提出了面向后人类状态的后人类批评理论，以更新传统人文研究中自大而狭隘的人类视角，用活力唯物论破除物种等级论以及人类例外论，从而导向一系列积极的理论效用、政治实践和社会行动。更为开放包容的后人类姿态，将具身的人与具身的非人共同嵌入复杂网络，使之不断向对方生成，从而产生变动不居的新型主体。在这种后人类游牧主体中，人与非人不再是主与从或使用者与工具的对立关系。与此同时，消解等级二元对立并不意味着通过拟人、类比、移情等方式抹平差异，以人收编非人。并

1 凯瑟琳·海勒：《我们何以成为后人类：文学、信息科学和控制论中的虚拟身体》，第391页。

无先于游牧而存在的本质，也无游牧所朝向的目的，游牧者不可能被界定为某种特定模式，生成永远朝向无限可能。而具身性保证了动态生成中，各组分并不失却自身的特质与个性。正因如此，新的后人类主体方能在拒绝抽象简化，肯定他异性的基础上，形成新的看待地球和宇宙的方式。在这样的世界观中，意识与认知不再是人类特有的能力或权利。正如科学哲学家汉弗莱斯在《延长的万物之尺》（2004）一书结尾所言“当普罗塔哥拉在公元前五世纪提出人是万物的尺度的时候，他名言中的狭隘性尚且有情可原。而现在，可以以这种独有的特权地位自诩的也许只剩下唯我论者了。哥白尼革命第一次把人类从物理宇宙中心的地位上驱逐出去，而现在，科学又把人类驱离了认识论宇宙的中心。这不是我们要哀悼的，而是我们要庆贺的。”[1]

或许只有这样，“我们”才能以更宏阔的视野看清人类世在漫长地质时代中的位置，从而更从容地面向未来。

（本章撰写：郭伟）

课后思考：

1. 你主张后人类超越性的一面，还是与他者共生的一面？这两面在你所知的科幻作品中是如何展现的，在现实世界中又当作何展望？

2. 请尝试描述和分析陈楸帆《荒潮》中的赛博格形象，并阐释其中的多重反思。

推荐阅读：

1. [美]唐娜·哈拉维：《类人猿、赛博格和女人——自然的重塑》，陈静译，郑州：河南大学出版社，2016年。

2. [美]凯瑟琳·海勒：《我们何以成为后人类：文学、信息科学和控制论中的虚拟身体》，刘宇清译，北京：北京大学出版社，2017年。

3. [意]罗西·布拉伊多蒂：《后人类》，宋根成译，郑州：河南大学出版社，2016年。

4. Rosi Braidotti and Maria Hlavajova eds., *Posthuman Glossary*, London: Bloomsbury Academic, 2018.

5. [美]威廉·吉布森：《神经漫游者》，Denovo译，南京：江苏文艺出版社，2013年。

6. [美]格雷格·贝尔：《血音乐》，严伟译，成都：四川科学技术出版社，2014年。

7. 陈楸帆：《荒潮》，上海：上海文艺出版社，2019年。

8. 双翅目：《猞猁学派》，北京：作家出版社，2020年。

9. 押井守导演电影《攻壳机动队》（1995）。

1　保罗·汉弗莱斯：《延长的万物之尺：计算科学、经验主义与科学方法》，苏湛译，北京：人民出版社，2017年，第149-150页。

第四章 人类世

21世纪，一个专业的地质学概念成为世界性的热议话题——“人类世”（Anthropocene）。尽管它尚未（也可能永远不会）成为一个正式的地层单位，但它对人类自身的生态处境提出的警告振聋发聩，已经激荡起科学界、思想界、政界和公众的强烈兴趣和讨论。

2000年，化学家、诺贝尔奖得主保罗·克鲁岑和生态学家尤金·斯托默在IGBP科学通讯上发表了一份简短的说明，首次在公共出版物中提出这个概念。在这篇简短的文章中，克鲁岑和斯托默提醒公众和科学界，“全新世”（Holocene）或已结束，地球已进入一个人类主导的地质时代。他们将这一时代命名为“人类世”，以突出人类活动作为塑造地质年代的最强因素。诚然，自人类诞生以来，人类活动就以各种方式影响和改造着地球，但如果从化石燃料燃烧产生的二氧化碳排放量来看，这种改变在18世纪末工业革命开始全面加速。在世纪之交，人类工业化的现代文明进程已经给地球环境造成了前所未有的、不可磨灭的影响。2002年，克鲁岑在《自然》杂志进一步阐述“人类世”，并将这一地质年代的开端锚定在詹姆斯·瓦特发明蒸汽机的1784年。随后这个概念逐渐被学术界接受，开始成为科学界和媒体中的常见词。2009年，国际地层委员会（International Commission of Stratigraphy）专门设立了“人类世工作小组（The Anthropocene Working Group，简称AWG）”，旨在确定人类活动引起的变化是否满足正式开创一个新的地质时代的标准。2016年，国际地质大会（IGC）在南非开普敦召开，AWG正式建议地质学接纳“人类世”的概念。2019年5月21日，AWG内部举行投票，33位参加投票的委员以29：4的比例通过了两项决议，一是认可了“人类世”的存在，二是确定其开始的时间为20世纪中期。不过迄今为止，权威的国际地层委员会尚未正式批准接纳“人类世”。虽然争议仍然存在，但“人类世”的提出和流行，标志着“人类作为改变自然最强大的力量”这一世纪问题，日益深入人心。

第一节 第二次“哥白尼革命”

从史前到当下，在人类创造的卷帙浩繁的史学和文学著作中，人类在自然界中的角色——作为后裔、伙伴、管家、园丁或破坏者——不断地被书写、定义和重新定义。这些叙述中最核心的是关于人类起源和地位的故事。几千年来，西方世界流传甚广的起源故事，其主轴与核心理念来自于亚伯拉罕宗教传统。在这一创世神话中，宇宙以基督教上帝创造地球开始，而人类在这一神性创造中具有毋庸置疑的特权地位，并且最初的堕落后被赋予在土地上辛勤劳作的使命。这一漫长的“地心说”和“人类中心说”宗教叙事首先被哥白尼打破。在科学革命的浪潮中，他根据科学证据建立了新的叙述，将人类变成了一种普通动物，这种动物生活在一颗围绕普通恒星运行的普通行星之上。当代科学的起源故事，通过重新定义人类、地球和宇宙的角色和关系，挑战了以亚伯拉罕宗教为主的一系列最根深蒂固的传统信仰。在全新的宇宙图景中，没有全能的上帝或任何其他神秘力量的角色，人类在宇宙中亦不扮演核心角色。

毫不意外地，将地球和人类从宇宙中心的神坛上拉下的努力遭到了激烈的抵制。哥白尼革命花了一个多世纪的时间，最终在数代学者，包括第谷·布拉赫、约翰内斯·开普勒、伽利略·伽利莱和最终的艾萨克·牛顿的努力下才终获成功。到了17世纪晚期，至少在西方科学知识分子中，地球不再是宇宙的中心。与此同时，对地球和宇宙的新起源故事的需求变得愈发迫切。

于是，贯穿18世纪至19世纪的主要是由地质学家和生物学家们做出的努力，他们汲汲寻求的是对人类和地球起源的科学解释。1830—1833年，查尔斯·莱尔出版了《地质学原理》，将前人确定的主要地层串联成前后接续的时间段，并将这些时间段视为地质均匀连续变化的结果。查尔斯·莱尔开创的现代地质学奠定了测定地质年代的科学基础，即通过观察裸露岩石和沉积物中物质和生物化石构成的独特形态，并将其组织成一个层层累计的“地层”系统，以此推算地质年代。1867年，他整理既有数据，对地球的年龄做出了最早的科学估计，即2.4亿年。他的同时代人包括开尔文勋爵亦做出了近似的估算。至此，《圣经》中年轻的地球观念开始遭到颠覆，宇宙、地球和人类的全新起源故事浮出水面。

当地质学家们为地球测算寿命时，生物学家们则在寻求生命及人类起源和演变的答案。对于达尔文开创的现代生物学而言，除了外在的压力和自然选择因素，生物进化论最重要的是时间维度，因为只有在漫长的时间长度上，生物进化才可能发生，而地质学的成熟为达尔文提供了这个基础。实际上，达尔文与莱尔私交甚笃，在学术上亦深受地质学的影响。正如赫胥黎所言，“生物学的时间来自于地质学”。随着地质学家将地球的寿命不断延长——最终为数十亿年，达尔文理论的基础愈发坚实。1871年，他迈出了决定性的一步，在《人类起源》中断言，人类的起源与其他动物没有什么不同，我们的祖先不过是在漫长的地质演化中起源于其他猿类的“裸猿（Naked Ape）”。

天文学、地质学和生物学这三把利刃，刺破了创世纪神话中上帝造人的观念。人类从宇宙中心的神坛上彻底跌落，科学时间取代了神学时间，自然选择取代了神创论，在这样的现代科学图景中，人类并没有中心的地位。也正是在这个哥白尼革命的思想传统中，我们才能理解“人类世”带来的震撼，因为它再一次修正了当代科学世界观中的经典起源故事。在“人类世”中，人类重新成为地球的核心角色，成为行星的塑造者。因此，“人类世”既是一种关于人类与自然的新叙事，也是一种大胆的新科学范式——“第二次哥白尼革命”，它有可能从根本上再次改变我们对人类的看法。

需要注意，“人类世”的相关观念并非克鲁岑首创，即便在科学革命的高峰，关于人类独特破坏性的警告也不绝于耳。如果人类不过是一种普通的“裸猿”，那么如何解释尤其是工业革命以后加速的环境恶化？

在工业革命的高峰时期，乔治·帕金斯·马什的著作《人与自然》（1864；1874年修订为《因人类活动而改变的地球》）讲述了一个关于人类与自然之间关系的不同故事。古代地中海的人类社会就开始在这一地区砍伐森林，开垦土地用于农业，极大地改变了大片地区的植被、土壤甚至气候，使“地球的表面变得几乎和月球一样荒凉”。1873年，名不见经传的地质学家安东尼奥·斯托帕尼更进一步根据这些变化定义了一个新的时间区间，并将其命名为“人类纪元”（Anthropozoic era）。1895年，斯万特·阿列纽斯证明了地球大气中的二氧化碳和水蒸气在“温室效应”中捕获的热能，足以使地球表面变暖到维持星球表面的液态水状态。他甚至提出大气中二氧化碳和其他“温室气体”的变化足以解释包括冰河期在内的地球温度的其他长期变化，以及煤的燃烧可能会进一步加剧地球的“温室效应”。在他之后半个多世纪，有证据证实，来自化石燃料的二氧化碳确实充满了地球大气层，并导致气温上升。1965年，科学家在给美国总统林登·约翰逊的一份报告中警告了人为全球变暖的危险。

二十世纪后半叶，随着证据的愈发清晰和坚实，科学界采取了更实质的行动。1988年，成立了一个新的科学机构——政府间气候变化专门委员会（IPCC）——来评估人为全球变暖的风险。1989年，记者比尔·麦吉本出版了第一本关于气候变化的畅销书《自然的终结》。麦吉本宣告，人类对自然环境的破坏已经达到了顶峰。现代社会已经比以往任何时候程度更深地改变、驯化和控制着世界，不仅带来水、土壤、空气的污染，还改造着生命本身的性质。由于人类活动，未被人类触及的自然现在已经消失了。自20世纪80年代以来，尤金·斯托默一直在与学生和同事非正式地使用“人类世”一词。《纽约时报》

作家安迪·雷夫金在1992年关于气候变化的书中使用了“人世”（Anthrocene）一词。

在“第二次哥白尼革命”中有两点值得注意，首先，应该将“人类世”的提出视为一个漫长争论的顶峰：一边是科学革命以来对人类作为地球生态系统普通成员的坚持，一边是对人类独特和强大破坏力的警告（参见小框）。克鲁岑和斯托默的提议让早期的许多线索最终汇集在一起，标志着人类作为“伟大的自然力量”的出现。第二，在当下，这样的争论纠缠着哥伦布大交换以来世界政治经济格局的不平等，以更为复杂的面目出现。摆在我们面前的问题包括：没有其他任何物种拥有以自己命名的地质年代区间，为什么在所有物种中，只有人类获得了改造整个地球的能力，或被认为如此？这种能力是什么时候出现的——通过什么机制？所有人类都是这一重大转变的始作俑者吗？回答这样的问题需要什么证据？更广泛的问题还有，当我们身处这一改变全球的进程中时，作为人类意味着什么？另一方面，在人类世，自然究竟意味着什么？

第二节　谁的人类世？何时开始？

延续前辈的主张，克鲁岑和斯托默将气候变化视为“人类世”的核心议题，他们将“人类”世的起点定位在工业革命和化石燃料的使用。几乎与这一提议同步出现的反对意见是将人类世向历史深处延伸的主张。主要的反对意见来自一些考古学家，他们警告，以蒸汽机的使用作为“人类世”的开端，淡化了前工业化活动对地质景观的影响。他们认为，在距今1万年前，人类已经在几个大陆上造成了巨型动物的大规模灭绝，驯化了多种植物和动物，并开始发展定居农业形式，这已经从根本上改变了生态关系。这些学者进而提出，“人类世”在新石器时代革命前后就已经开始，而较晚的“人类世”开端造成如下暗示，即在欧洲帝国主义完成世界扩张之前，一切都是“自然的”。相关后果包括，首先，错误地将前工业化时代的人们想象成与自然和谐相处的原始人。第二，生态修复基准时间因此可能被定位得过于接近当下，从而低估生态修复的迫切性和艰巨性。

然而，将人类世定位在久远过去的做法，虽然否认了欧洲作为世界历史的首要推动者，但它掩盖了世界的差异和不平等，也将我们当下的处境书写成为一个全人类普世的愚蠢故事，在这个故事中，人类这一物种的所有成员都必须背负摧毁我们星球的罪责。出于如是考虑，另外两种定位“人类世”的方式提议，应该更直接地将行星变化与欧洲殖民统治活动联系起来。这包括：（1）作为葡萄牙和西班牙帝国主义产物的十五世纪到十六世纪的哥伦布交换；（2）作为美帝国主义及其带来的消费资本主义产物的二十世纪五十年代的“大加速”。

2015年，生态学家和地理学家西蒙·刘易斯和马克·马斯林在《自然》杂志上也提出了他们认定的“人类世”标志——“奥比斯钉子”（the Orbis spike）。Orbis是拉丁语的

“世界”之意，两位学者认为，“人类世”是由哥伦布大交换（Columbian Exchange）引发的，其中“新旧世界的碰撞”标志着人类不仅成为一个全球物种，而且成为一个全球系统和一种全球力量。将“人类世”的开端定位在哥伦布大交换的年代，这既源于土壤层或气候趋势的分析，更是来自历史学家和社会科学家的研究成果。环境历史学家阿尔弗雷德·克罗斯比的跨学科研究成果已经表明，“哥伦布大交换”对环境和人类世界具有重大意义，因为在哥伦布首次航行后的勘探和开发浪潮中，动物、植物和病原体开始加速在各大洲之间大规模流动。这一“新旧”世界物种和细菌之间的接触和重组，其深入、迅速、持续、彻底的程度在地球的任何地质学年代都前所未有。换言之，这是一种从远古的泛大陆解体以来从未发生过的物种交换。新的粮食作物——例如玉米和土豆——被带到欧洲，而小麦、驯养动物和一些人类疾病则被传播到美洲。这产生了前所未有的地质后果，包括地球生物群的全球交换和均质化。

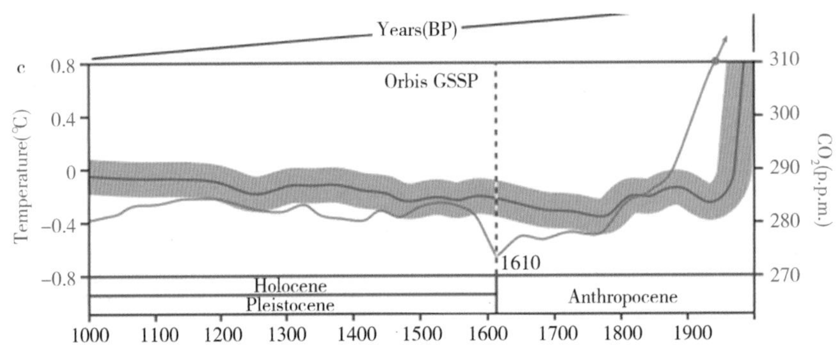

刘易斯和马斯林在“哥伦布大交换”顶峰的1610年发现的“奥比斯钉子”，这一年大气二氧化碳数量骤减

“奥比斯钉子”这一术语借用的是国际地质学术语“金钉子”(golden spike)，即“全球界线层型剖面和点位”(Global Boundary Stratotype Section and Point，GSSP)的俗称，是为了在全球范围内有效探索地球历史上同步发生的各种地质事件而寻找的一些特别的地层剖面和地质点，以此作为划分全球各时代地层的统一标准。“金钉子”一旦钉下，这个地点就成为国际地质学某一地质时代分界点的唯一标准。因此它的确立是地层学研究的一项极高科学荣誉，对于了解地球历史、探求地球生物演化奥秘等具有重要意义，历来是世界地质学家研究的热点和激烈竞争的领域。很长一段时间人类世研究焦点集中在人类世的起始时间和确定人类世的“金钉子”。刘易斯和马斯林提出，“哥伦布大交换”其中一项重要的结果是美洲乃至世界人口的骤减以及与之伴随的农业和用火的急剧下降，这同时意味着森林和热带草原的大面积恢复。其剧烈程度，可以从大气中二氧化碳数量的骤减加以证明，他们的研究在南极的冰芯记录中发现了在1610年大气二氧化碳浓度的显著下降，提出“奥比斯钉子”可以用作人类世的金钉子。

根据刘易斯和马斯林的说法，这种人类引起的物种迁移，甚至留下了符合地质标准的地层特征：人们可以在整个欧洲的湖泊和海洋沉积物中检测到玉米花粉的痕迹，以及监测到由于美洲人口的大量死亡而导致的全球二氧化碳浓度下降，因为人口的大量死亡会导致农业面积的突然减少、森林面积的扩张，以及大气中碳的吸收。他们进一步提出，公元1610年二氧化碳浓度在持续下降后达到触底水平，是宣称“人类世”开端的最佳正式标识。同时，在社会学家沃勒斯坦（1974）和历史学家彭慕兰（2000）的研究基础上，刘易斯和马斯林断言这一日期不仅在地质学上有意义，而且在历史和政治上也有意义，因为它标志着欧洲开发其他大陆土地的开始。欧洲人在美洲掀起的规模空前的社会变革、资源开采和土地的商业化，最终推动了工业社会的发展，并成为资本主义积累和全球不平等形成的必要前奏。世界体系理论家摩尔更是将“人类世”视为某种工业革命的拜物教式叙事的延续。摩尔认为，我们与其将英国工业化视为“现代性的大爆炸”（the Big Bang of modernity），不如遵循经济史的劝诫，即关注始于十六世纪的“资本主义世界生态”（capitalist world-ecologies）及其绵延过程。

克鲁岑将“人类世”与18世纪晚期和工业革命联系在一起的基础是，化石燃料的燃烧最初导致大气中的二氧化碳浓度上升，以至超过了全新世的标志水平。威尔·斯特芬在这一早期提议的基础上，提出20世纪中期是“人类世”开端的看法，其标志是人类活动在这一时期的“大加速”。斯特芬的团队收集了从1750年开始的人类活动和环境变化的记录，并绘制了到2000年的动态曲线。虽然数据清楚地证实了人类对地球系统的改造，但他们的发现却多少出乎人们意料。他们于2004年发表的《全球变化与地球系统：一颗重压之下的行星》揭示，地球的持续变化并不始于英国工业革命及其在世界各地的蔓延，相反，数据显示直到二十世纪中叶，人类和环境变化的速度才急剧上升。在他们所研究的几乎所有人类活动和地球系统变化指数中，1950年前后均出现了显著拐点，在此之后，变化的速率曲线变得更加陡峭，在某些情况下几乎是指数级的。

斯特芬及其团队的数据证明，“人类世”开始于二十世纪中叶。虽然这不否认人类对地球的改变始于很早的年代，但“大加速”的断代方式强调，二十世纪之前人类对环境的改变，虽然在某些地区很显著，但在全球范围内仍然完全在环境自然变化的范围内。也就是说，即便工业革命也从未产生与大自然的巨大力量相抗衡或同等程度、同等范围的人为环境变化规模及强度。所以，“人类世”不是随着农业甚至工业革命的兴起而开始的，而是随着1945年后大规模消费社会的兴起及其加速改变地球环境的空前能力而开始的。2005年，借用卡尔·波兰尼《大转型》的提法，斯特芬及其团队开始使用“大加速”（The Great Acceleration）一词，用来描述二十世纪中叶人类导致的全球环境的巨大跃迁式变化，并将其与地球的“人类世时代”紧密联系。

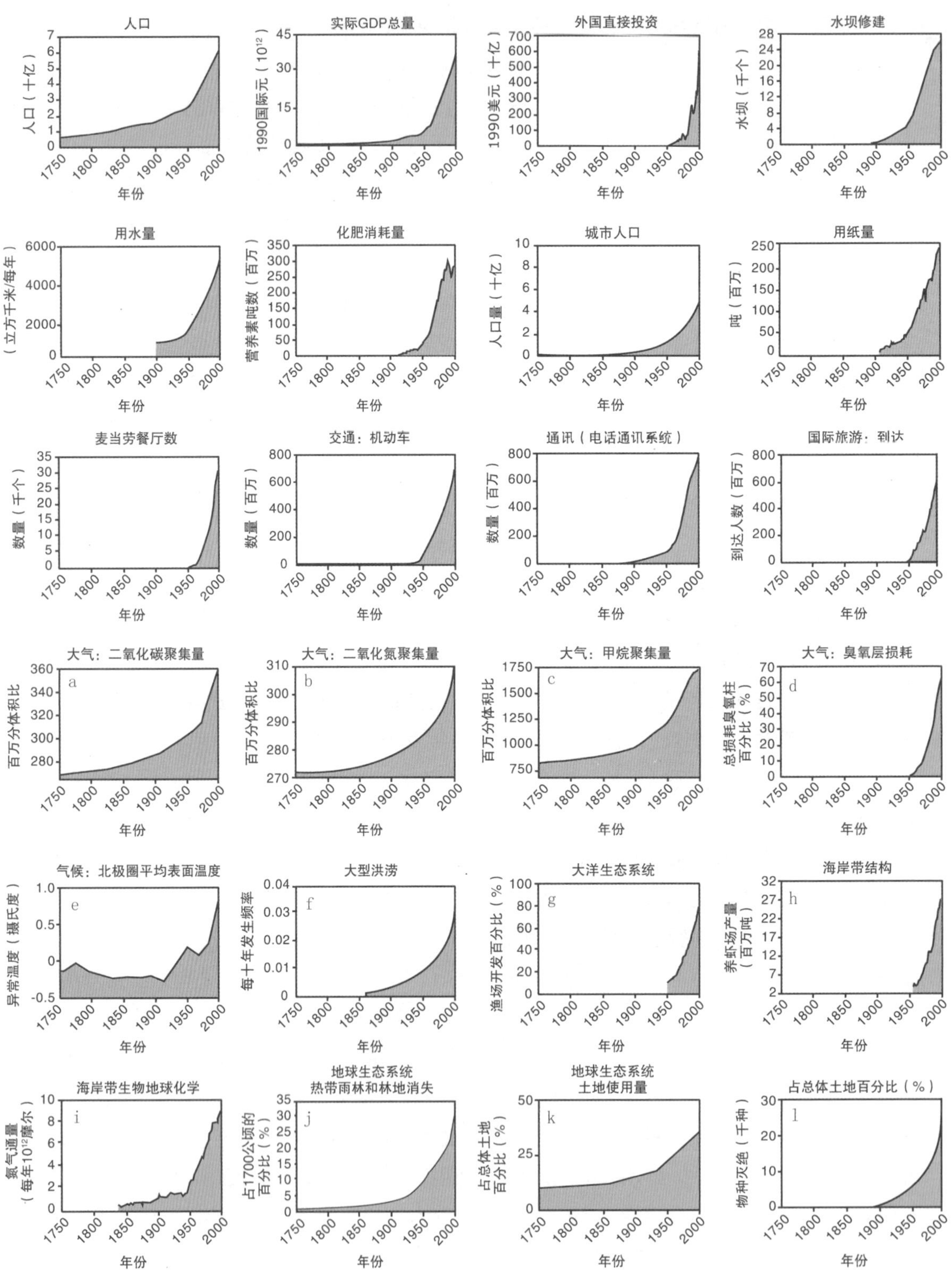

威尔·斯特芬团队于2004年发现的数据显示，直到1950年左右，人类和环境变化的速度才出现了显著拐点

但是需要注意到，在地球科学界引起震动的“大加速”的发现，其实在环境史学界早就是老生常谈。在约翰·麦克尼尔2000年出版的颇具先见之明的著作《太阳底下的新鲜事》，即记录了二十世纪空前的社会和环境变化规模和强度，以及1950年后的加速。斯特芬、克鲁岑和麦克尼尔后来联合起来，进一步将“大加速”确立为地球系统向“人类世”过渡的主流叙述。在这一叙述中，1950年之后，人类崛起为“自然界的伟大力量”。

2016年《科学》杂志上的一篇论文中，“人类世工作组”认可“大加速”是解释地球向“人类世”过渡的主要科学叙述。至此，关于“人类世”断代的争论暂告一个段落，这一术语及显示这些变化的图表很快就成为“人类世”的象征，在科学界内外广泛传播。随即，工作组将重点转向寻找能够证明“大加速”的地层特征和指标。在众多的选项中，呼声最高的是从1945年的“三位一体”试验（Trinity Test of 1945）开始扩散的，由核武器试验产生的放射性沉降物（钚和碳-14），因为从实用的、地层学的角度来看，此项标准最能够明白无误地证明全球同步的地层学变化。众多数据显示，该沉积物始于1945年，并在1963年至1964年达到顶峰。另外的选项还包括塑料沉积物和化石燃料不完全燃烧产生的黑碳。

2016年1月8日，《科学》杂志发表由英国、美国、法国等13国科学家联合研究的成果《人类世在功能与地层方面有别于全新世》，指出众多证据表明，人类对地球的影响已经形成了人类自身独特的地质时代——人类世，文章确定了人类世开始的7个主要标志：

（1）核武器；

（2）化石燃料；

（3）新材料；

（4）地层改变；

（5）肥料；

（6）全球变暖；

（7）生物灭绝。

第三节 “人类世”批判

当地质学家、环境史和经济史学家还在争论“人类世”的起始日期和划定标准时，另一些人文和社会科学的研究者开始质疑“人类世”这一概念和叙事本身的非历史性和非政治性。其实国际地层委员会前主席斯坦·芬尼就曾敏锐地观察到，“人类世”与其说是一项科学成果，不如说是一种政治声明，因为它牵涉的议题远远超过科学界的范畴，包括不平等的政治、环境伦理以及在灾难性的全球变化中负责任地采取行动的可能性等等。的确，“人类世”将我们正在经历的地球改变视作一部“人类”作为整体的“物种”的历史，这一看法将地球上的每个人都归属为单一的无差别群体，而这与二十世纪六十年代以来人文学科的持续努力方向恰恰相反。应该看到，没有单一的“一种人类”改造地球的方式，不同的人以不同的方式使用和改造环境，产生不同的后果，不同的人对这些后果的体验也不同。即使是现在，当人类社会从未如此紧密地联系在一起时，社会对资源的使用也存在着显著的差异。国家内部的分歧也同样明显，例如，富裕的城市居民人均排放量是农村贫困人口的十倍甚至更多。

延续这一看法，人类生态学家安德烈亚斯·玛尔姆和人类学家阿尔夫·霍恩伯格认为，“人类世”的概念根本是错误的，原因在于它将“全人类”和所谓普同的“人性”作为环境恶化原因的替罪羊，从而淡化了人们对真正罪魁祸首的关注。通过“人类世”的叙述，现代世界中由战争和暴力导致的权力不平等和异化关系被掩盖，激进政治的可能性亦被阻挠。这些学者认为，人类所处的全新地质时代真正的转折点或始作俑者不是工业化，而是资本主义的诞生，不是抽象的“人性”，而是帝国资本主义的扩张。当克鲁岑等人将“人类世”的开端定位在十八世纪的蒸汽动力年代时，他们忽视了对蒸汽动力的欲求本身，源于对一部分人而言全新的财富空间：一个人口骤减的新大陆、非洲奴隶贸易、英国厂矿中被剥削的劳动力，以及全球范围内对廉价棉织品的渴望。换言之，从蒸汽动力到化石燃料的使用，不是源于普同的内在人性，而毋宁说，现代化石燃料技术及相关更为先进的技术存在前提条件，是资本主义产生的大规模权力不平等，及其伴随的人口之间的工资和价值的分配不均，让某种技术或燃料以特定的方式和劳动力组织匹配，并将某一部分的人群及其健康“合理地”视为化石燃料的必然牺牲品。

所以，这些学者提议以“资本世”（Capitalocene）作为“人类世”的替代性概念，将文化、科学论述和权力的纠缠置于叙事中心，以更为恰当地概括我们的时代特征——以不平等的方式进行的攫取和积累。与之相关，在一个隐晦但重要的角度来看，在“人类世”的表述中，全人类面对环境危害的“觉醒”，催生了一个由精英控制的、技术官僚式的全球环境治理制度。这样的叙事不仅粉饰了霸权资本主义精英的环境恶行，而且其本身就是一种政治策略。而“资本世”通过拒绝这种技术治理角度的“物种叙事”，有利于以更富有政治参与意识的姿态面对全球环境挑战。

动物学家和哲学家唐娜·哈拉维和她的同事则用人类学家的方式进行了批判与重建。2014年10月，在丹麦奥胡斯大学召开的一次学术会议上，哈拉维发表了题为“人类世，资本世，克苏鲁世”的演讲，后来根据与会者的讨论，增加了“种植园世”（Plantationocene）的概念。如果说，资本的增殖驱动力是“人类世”的根源，那么，种植园则是“人类世”的具象化。人类学者罗安清在《末日松茸》一书中对16—17世纪的巴西甘蔗种植园进行了精练的描述：“消灭当地的人和植被，准备好闲置的无人认领的土地，并引进外来、孤立的劳工和农作物进行生产。”无论是甘蔗，还是人类劳动，都被从原生的家园里连根拔起，集中移植到一片被夷平的土地上，具有了资本主义的规模化特征。同时，种植园也是矿场和大工厂的前身，资本在尽可能广的范围内尽可能快地增殖，要求包括人类在内的生物屈从于其逻辑，改变地景，也改变地质深层。为寻找新的全球图景，哈拉维借用了克苏鲁（Cthulhu）神话故事中的触手邪神之名，创造了“克苏鲁世”（Chthulucene）一说，将全球各地的自然主义女性神灵集合在一起，将超人类、外人类、非人类和终将一死的人类集合在一起，探寻一种生态上和诗学上共存的可能，而地球成为共同家园。她提出的口号是“制造亲缘！”（making kin）。在其数十年来的研究著作中，她逐渐建立起一个包括类人灵长类、有色人种女性、作为伴侣物种的狗、赛博格、克苏鲁等共同生活的亲缘家庭。这一取向的批判，很大程度上超越了关于“人类世”的现有争论，而从认识论和本体论层面对“何为人类”“何为地球”发出了振聋发聩的质问，迫使我们重新从共生的角度去重新理解基督教–犹太教视野下作为不可分实体（individual）集合的人类，也不断提示着我们，没有物种是一座孤岛，没有任何物种能在地球上独存。

“人类世”的概念与其说是对人类强大力量的一曲赞歌，不如说是展现了人类在短期内对地球造成的不可磨灭的损害，由此引发了持续性、跨学科的反思。在地质学界尚存在争议的“人类世”提法，对人文领域的思考来说，已经成为了一个具有刺激性和穿透力的概念。这一概念并不依赖地质学的原教旨主义阐释，而是迅速被借用乃至挪用，成为象征、意象、隐喻和图景，成为思想迸发的种子或导火索。围绕“人类世”的诸多争论说明，拒绝任何意义上的“中心主义”，转而拥抱亲缘、网络、生态、整体、流动……或许正成为二十一世纪人文科学的重要特征。

作为一种丰富的思想资源，关于“人类世”的思考也启发了科幻文学的创作，并不断拓展科幻研究的边界。“人类世”的提出，对于科幻创作的重大影响首先是改变了人们对环境问题的看法，并引入了新的批评维度。进入21世纪以后，书写气候变化的作品开始在西方文学界大量涌现。2007年，参照科幻小说（Sci-Fi），有学者提出“Cli-Fi”（climate change fiction）以概括这一文学类型，与此相关的批评研究也应时而生。相关研究从生态批评、国家政治、世界伦理等视角对气候变化小说进行了富有深度的探讨。

（本章撰写：余昕）

课后思考：

1. 比较几种划分“人类世”的起点的方法，你认为它们各自有何优势和问题？

2. 结合“后人类”“马克思主义”等章节，思考在当下的生态境况和技术发展背景下，“人类世”是否能被视为“第二次哥白尼革命”？

推荐阅读：

1. Adele E. Clarke and D. Haraway, *Making Kin not Population - Reconceiving Generations*.

Chicago: Prickly Paradigm Press, 2018.

2. Andrew S. Mathews, "Anthropology and the Anthropocene: Criticisms, Experiments, and Collaborations," *Annual Review of Anthropology* 49 (2020), pp.67-82.

3. Erle C. Ellis, *Anthropocene: A Very Short Introduction*, Oxford: Oxford University Press, 2018.

4. 许煜：《人类纪：文化的危机、自然的危机?》，《新美术》2017年第2期。

5. [美]彭慕兰：《大分流：中国、欧洲与现代世界经济的形成》，黄中宪译，北京：北京日报出版社，2021年。

第五章　文化研究

通俗地讲，“文化研究”（cultural studies）是一个反直觉的术语。它所关注、研究的，并非精英阶层所欣赏的“高雅文化”（high culture），而是来自“草根”社会，属于普罗大众的平民文化。它的理论谱系纷繁复杂，结合了文学、社会学、媒介学等多个领域的研究，聚焦特定文化现象背后的生产模式与意识形态。科幻文学和电影作为通俗文化的代表性产物，也是文化研究领域的重要议题。那么，科幻如何能够传达普通人的文化诉求？由幻迷自发组织的科幻活动为何具有颠覆性的潜力？他们自发建立的科幻杂志又是如何抵抗精英文化的霸权地位？在本章，我们以世界科幻大会和《区间》杂志为案例，从文化研究的视角出发，探讨科幻内在的政治属性。

第一节　文化研究与文

20世纪初，意大利左翼学者、政治活动家安东尼奥 思的启发，在其代表作《狱中札记》（1929—1935）中详细论证了“文化霸权”（cultural hegemony）这一概念。

在葛兰西看来，占据统治地位的社会集团能够在“文化”的层面上，潜移默化地影响甚至引导处于边缘地位的从属社群，通过软性的、非强制的手段，使后者认同并践行符合前者意识形态标准的文化范式。与诉诸暴力的“政治霸权”（political hegemony）不同，文化霸权的运作方式更为隐蔽，通常作用于教育、传媒、宗教以及文娱等领域，将处于霸权地位的文化语境扩散至“市民社会”（civil society）的方方面面。葛兰西认为，对于社会中被统治的从属社群来说，若想争取自身应

安东尼奥·葛兰西

得的政治权力，首先要做的并不是针锋相对地发起抗议甚至暴力活动，而是建立起扎根于这些社群之中的文化组织与文化团体，抵抗统治者制定的行为准则以及所谓“正统”的文化规范，也只有如此，我们才能够揭示掩盖在文化普遍性与同一性之下的压迫和不公。

自20世纪中叶，葛兰西的文化霸权理论在英国取得了深远影响。以雷蒙德·威廉斯、爱德华·帕尔默·汤普森以及理查德·霍加特为代表的英国新左派（New Left）学者在葛兰西的基础之上，进一步强调了文化（尤其是大众文化与流行文化）在政治批评领域的重要地位。在他们眼中，激进的文化活动能够唤起普通民众对于当下社会矛盾的反思，有助于塑造属于大众自身的社会意识和时代精神。与法兰克福学派（Frankfurt School）不同，英国新左派学者并不认为“非精英”（non-elite）的大众文化只是商业运作与工业复制的庸俗产物，也不认为普通劳动者只能被动地接受主流文化所预设的思维模式与行为规范。恰恰相反，正像霍加特在《识字的用途：工人阶级生活面貌》（1957）以及威廉斯在《文化与社会》（1958）中论证的那样，工人阶级会根据自己的具身经验，逐渐发展出带有强烈阶级符号的文化形式，并以此作为其阶级意识的核心。

伯明翰大学当代文化研究中心标志

新左派学者指出，我们不应当仅仅关注那些高高在上的“高雅文化”，而是需要系统性地归纳、剖析自下而上的“草根文化”，从通俗的、大众化的文化语境中汲取力量，反抗主流精英文化建构的权力话语。这便是文化研究的政治内涵。在诸多左翼学者的努力之下，英国伯明翰大学在1964年创立了当代文化研究中心（The Centre for Contemporary Cultural Studies，CCCS），吸引、培养了一批颇具影响力的文化研究学者，成为该领域的主要理论阵地，奠定了“伯明翰学派”（Birmingham School）的学术基础。对于伯明翰学派的文化研究学者来说，所有这些被所谓“高雅文化”拒绝的普通社群，都会基于自身的社会实践与经验，发展出各具特色的大众文化。在这一方面，科幻又无疑是大众文化的重要组成部分，因而理解科幻领域的文化范式和内容生产，剖析科幻文学与影视作品对热门社会议题的回应，应当成为文化研究领域的重要议题。

第二节 世界科幻大会与雨果奖

在世界科幻文化的版图内，世界科幻大会（World Science Fiction Convention，一般简称Worldcon）毫无疑问是世界上规模最大、影响最广的科幻文化活动。自1939年第一届世界科幻大会在美国纽约举办以来，这一盛会至今已经走过了数十个城市，体现出其悠久的历史传统。对于很多参会的科幻迷来说，世界科幻大会不仅仅是一次文化活动，更是某种个人荣耀和家庭传承。有人甚至会找出他们父辈甚至祖辈曾经参与世界科幻大会时留下的徽章，将其看作会场中的“勋章”，向大会漫长的历史加以致敬。

An Advertisement of The MINNEAPOLIS STAR

MINNEAPOLIS

THE PRESS

Amazing! Astounding!

MINNEAPOLIS
—best city to live in

SCIENTIFICTION
"Gosh! Wow! Boyohboy! The mosta and the bests!"

32

TIME, July 10, 1939

美国《时代周刊》对1939年第一届世界科幻大会的介绍

不过，如果我们稍加注意便会发现，在过去的80届“世界”科幻大会中，有65届都在英国或北美地区举行，而相较之下，只有屈指可数的四届大会来到了非英语城市，分别是德国海德堡（1970）、荷兰海牙（1990）、日本横滨（2007）以及芬兰赫尔辛基（2017）。显然，英语世界对于世界科幻大会的垄断有其特定历史背景，毕竟通常意义上的科幻文类自其诞生，便留下了浓厚的英美文化和政治的烙印。但随着人们对于科幻领域英语霸权的反思，那些曾经被英美主流科幻文化所压制的本土性与地方性也逐渐受到关注，“边缘”科幻作品中的民族和文化特性也因此成为近年来的焦点。在2022年科幻研究协会（Science Fiction Research Association，SFRA）年会上，埃及科幻艺术家甘泽尔在主旨演讲中讲道：“页边（margins）并不仅仅是书页的边缘，页边是书页的绝大部分，它定义了所谓‘内容’的位置和体积。”[1]

实际上，在世界上的其他文化中，在阿拉伯、拉丁美洲、非洲、东亚等地区，科幻文化从未缺席，而我们需要做的，是重新发掘这些失落的宝藏，实现“世界”科幻大会本应具有的多元性与融合性。于是，自2017年赫尔辛基世界科幻大会之后，原先处于世界科幻“边缘”的地区越来越多地参与到这场盛会中，站在世界科幻的舞台中心。除了已经举办世界科幻大会的爱尔兰都柏林（2019）、新西兰惠灵顿（2020，线上）以及2023年的举

1 Lyu Guangzhao, “SFRA Conference Report: Futures from the Margins (Oslo, 2022, co-hosted by CoFutures),” *Vector* #296 (2022), p. 46.

办地中国成都，法国尼斯、沙特吉达、埃及开罗、以色列特拉维夫、乌干达坎帕拉等城市也都参与到未来世界科幻大会的竞标之中，从各具特色的地方语境出发，发出了来自“边缘”的、属于他们自己的声音，向我们展示了与英语世界截然不同的科幻文化。

除了选址事宜，世界科幻大会的另一个重头戏则是“雨果奖”（Hugo Awards）的评选，以此向“科幻小说之父”雨果·根斯巴克致敬。纵观历史，首届雨果奖颁发于1953年的费城世界科幻大会，而在两年后的克利夫兰世界科幻大会上，雨果奖的评选周期正式确定为一年一度，其评选范围涵盖了大会前一年度发表的所有科幻及相关作品。截止目前，雨果奖可细分为十余个亚类，是各个领域创作趋势以及产业发展的风向标。

2015年，雨果奖最佳长篇小说被授予刘慈欣《三体》的英文版（刘宇昆译，2014），这也是该奖项历史上首次颁给非英语作品，标志着“世界”科幻大会开始真正地着眼于“世界”，去寻找、发掘与传统英美科幻文化不同的新的可能性。一年之后，郝景芳的《北京折叠》荣获当年雨果奖最佳短中篇小说。

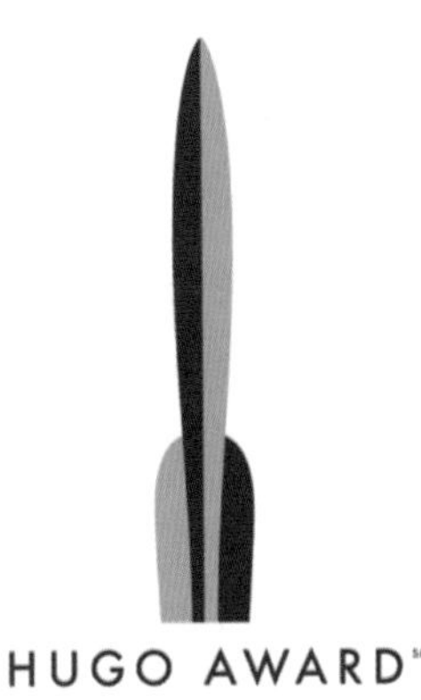

第22届世界科幻大会授予《三体》雨果奖的宣传图

值得一提的是，与诺贝尔文学奖、英国布克奖、美国普利策奖、法国龚古尔奖等主流文学奖相比，雨果奖的评选过程显得截然不同。世界科幻大会的主办方“世界科幻协会”（World Science Fiction Society，WSFS）并不是组织严密的学术机构，而是较为松散的粉丝群体。这意味着，雨果奖的背后并不是某个像瑞典文学院、龚古尔学院这样的精英评审委员会，而是真真切切的“所有人”。在评选前期的提名环节中，每位大会会员都可以提名任意一部符合评选要求的作品，而不必参考来自“权威专家”的提案或建议。获得最多提名的作品会在后续环节中进入对应的长名单和短名单，并在大会期间，决出最终的胜者。

如此一来，雨果奖体现的并非文化精英的意见，而是来自草根阶层的声音和期望，而雨果奖所呈现的文化语境，也并非自上而下的启蒙主义，而是伯明翰学派所关注的那种自下而上的大众文化，从而内生出颇具反思性与颠覆性的政治内涵。

不过，如此开放的评选机制也难免会带来种种争议。2015年，两个极右翼文化团体“悲伤小狗”（Sad Puppies）和“狂暴小狗”（Rabid Puppies）不满于雨果奖近年来对性别和种族议题的关注，利用雨果奖“人人皆有一票”的规则发动了许多完全没有读过候选作品的网友，由此操纵选票，使其流向他们认可的科幻作品。在当年度雨果奖短名单公布之后，舆论一片哗然，人们震惊地发现，这两个团体背书的作品占据了名单中的绝大部分，甚至垄断了最佳短篇小说、最佳中长篇小说、最佳相关作品等几个类别的所有提名。于是，许多科幻作家和从业者纷纷表示抵制，反对这一不负责任的拉票行为。在民意的推动下，“小狗派”的所有提名均未获奖。作为民间发起、民间运营的非官方文化活动，世界科幻大会在关键议题上保持着朴素的民主机制，在处理危机时也显现出很强的韧性，这些都为我们进一步分析、发掘世界科幻大会与普通科幻迷之间的关系和影响提供了丰富的素材。

如此看来，科幻大会是普通人的大会，而不是文化精英的大会；大会颁发的奖项所体现的，也是草根阶层的大众文化，而非中产阶层所青睐的高雅文化。从伯明翰学派的文化研究角度出发，科幻大会充分体现了对于文化霸权的颠覆，显示出强烈的“去中心化”和“去经典化”（decanonisation）倾向，从而召唤出文化本身的生产性与能动性。对于所有幻迷与从业者来说，科幻大会是一个孕育无限可能的地方，年轻人可以在这里见到偶像，初出茅庐的作者或许可以在这里遇到一生的伯乐，出版人和杂志编辑也有可能发掘出下一位雨果奖得主，而所有这些都得益于科幻大会“非精英”的大众文化属性。每一次科幻创作的潮流，也都不是某位文学巨匠凭借单枪匹马的努力造就的，而是所有普通的读者、作者、从业者一同召唤出的。下面，我们将聚焦一本著名的英国科幻期刊，以此审视来自普通人的力量如何能够左右英国科幻文化的走向。

第三节　《区间》与“激进硬核科幻”

多年以后，当我们回看20世纪80年代以来的英国当代科幻，有一本杂志我们无论如何也无法绕开。它的发行量不大，却是这个时代英国最受瞩目、最为重要的科幻杂志，没有之一；它的诞生充满坎坷，却在日后引领了继“新浪潮”运动之后英国科幻的又一次文艺复兴。

该杂志名为《区间》（*Interzone*，又译《中间地带》），其创刊缘起于一笔科幻大会上的意外之财。1981年4月，英国科幻大会（Eastercon）在利兹顺利举行，组委会主席大

《区间》创刊号封面

卫·普林格意外地发现，本届大会竟然破天荒地盈利了，并且足足有一千三百英镑，在彼时的英国科幻圈，这无疑是一大笔钱。普林格从来没有打过这么富裕的仗，他心里一直有个尚未实现的小愿望，希望能够重塑英国科幻的时代精神，通过筹办一本新的杂志，为英国科幻注入新的生命力。

普林格的想法很快得到了其他人的积极响应，并联系到了更多志同道合的朋友：格雷厄姆·詹姆斯、西蒙·翁斯利、艾伦·多里、马尔科姆·爱德华兹、柯林·格林兰、约翰·克卢特以及罗兹·卡维尼，他们都是彼时英国科幻非常活跃的作者或学者，也都是英国科幻协会（British Science Fiction Association，BSFA）的资深会员。普林格受威廉·巴勒斯《裸体午餐》(1959)的启发，将新杂志命名为《区间》，因为在巴勒斯的小说中，"区间"是一座幻想城市，在这城市中，"人类所有的潜质都会在一座巨大的无声市场中一一展现"。于是，城市"区间"所蕴含的关于交流、展示、融合的特质，正是普林格对新杂志《区间》的期待。

不过，庞大的编委会也造成了办刊思路上的分歧。普林格和翁斯利希望《区间》主要面向科幻和奇幻小说，强调故事的推想性，而爱德华兹和克鲁特则希望新杂志能够收录一些"文学性"更强甚至非虚构的作品。由于这样的分歧，《区间》直到1982年3月才正式出刊，并且在前三年中，杂志的定位非常模糊，市场反响也未达预期。原本，编委会的两种观点各退一步，以"想象性小说"（imaginative fiction）来概括杂志收录的内容，不过如此一来，不论是读者还是作者都很难把握"想象性"究竟是什么意思。于是，在创刊伊始，《区间》一直不温不火，虽然发表的小说质量上乘，但并没有取得与之相应的市场影响力。

事情的转机出现在1985年。《区间》的编委会实在是太过复杂，每篇待发表的小说都需要通过信件往来取得所有编辑的认可，这大大增加了办刊的时间成本。所以，创刊编辑们陆陆续续选择了退出，到了1985年夏天，《区间》的执行编辑便只剩下普林格和翁斯利两人。但如此一来，《区间》便拥有了更加鲜明的文学立场和编辑的个人特色，他们在总第12期封面上，终于将"科幻与奇幻"添加为副标题。这一改变的效果也立竿见影，当年《区间》的销量大幅上升，很大程度上是因为读者终于搞明白了《区间》到底是关于什么的杂志，因而赢得了更加明确、忠实的读者群体。

随着影响力的日益提升，《区间》也慢慢发展出了自身的诉求和偏好，即"激进硬核科幻"（Radical Hard SF）。在新浪潮和赛博朋克运动的影响下，很多"黄金时代"的传统科幻题材，不再是市场的宠儿。太空歌剧（space opera）被视为节奏冗长、缺乏变化的老古董，而对外星人的刻画也失去了曾经的创造性和先锋性，遥远的外星文明也不再是科幻作家进行思想实验的首选场所。《区间》反其道而行之，普林格和翁斯利鼓励作者们重新发掘曾经辉煌，却日渐式微的传统题材，并借助人工智能、纳米材料、技术奇点等新兴概念为其赋予新生，并且以当下的社会和文化语境为基础，扩展科幻作为文学体裁所内在的历史性和政治性。在总第19期（1987年3月），翁斯利在卷首语中简要总结、概括了《区间》的办刊宗旨：

> 《区间》期待刊登结构清晰、语言细腻的短篇小说，希望借此勾勒非同寻常、超越现实的观点和愿景，让我们周遭坚固的灰色景观纷纷烟消云散。这不是在逃避现实，而是在人类想象力的边缘上探索，突破当下的限制，勾勒某种新的思维方式，并且解决我们在现实中遇到的社会难题，从不可能中呼唤新的希望。[1]

自此，《区间》以其硬核科幻的特色吸引、培养了一大批新晋科幻作者，包括尼尔·弗格森、金·纽曼、保罗·J.麦考利、史蒂芬·巴克斯特、埃里克·布朗、查尔斯·斯特罗斯、阿勒斯泰尔·雷诺兹等等。他们中的很多人都顺承了《区间》的硬科幻传统，并且在20世纪90年代和21世纪初进一步探索硬核科幻的政治和文化潜力。

值得一提的是，源自“草根”的《区间》最终也响应了来自“草根”的呼唤。《区间》所发表的作品，在很大程度上被视为通俗文学作家对于20世纪80年代以来英国文化政治语境的批判性回应。自1979年执政以来，撒切尔夫人为了改善英国日益恶化的经济形势，削减政府财政支出，减少对市场的监管力度，加快英国国营企业私有化进程，并且为私营企业减税，提高社会效率，鼓励民众“自力更生”。在此过程中，英国本土制造业首当其冲，诸多工厂、煤矿、港口被关停，大批熟练工人下岗失业，而社会保障的成本也由国家转移到个体身上。得益于科幻文学关于“或然性”与“可能性”的独特叙事潜力，很多左翼作家纷纷注意到了科幻小说所内在的推想性和颠覆性，试着在科幻文本中建构一种不同于撒切尔主义和新自由主义的政治可能性。在1987年《区间》的夏季刊（总第20期），伊恩·M.班克斯发表了一篇短篇小说《来自“文明”的礼物》，正式宣告了“文明”的诞生。“文明”是一个技术高度发达的星际乌托邦。班克斯曾在1989年一次关于“文明”的采访中谈到这样的政治可能性：

> 我想说，我们在未来还是有希望的，能够看到一些振奋人心的可能性。故事里我描绘了一个真正有效的乌托邦，没有宗教，没有迷信，也没有法律存在的必要。人们不会

1　Simon Ounsley, “Editorial,” *Interzone* #19 (Spring 1987), p. 3.

> 受到剥削，也不会成为金钱的奴隶。这与我们今天的资本主义社会有着云泥之别，相比之下甚至更加贴近共产主义，而我相信，总有一天，我们当下的资本主义会被新的东西所替代。[1]

在这篇小说之后，班克斯通过9部长篇小说和1部短评故事集，尽全力完善他的“文明”乌托邦，使之成为当代英国科幻乃至世界科幻历史中最为重要的乌托邦之一。

对于“文化”，我们很难归纳出能够一言以蔽之的定义，但也正是由于文化的不可定义性，我们才能够透过某一种精英文化所塑造的“自上而下”的宏大话语，关注生发于普罗大众之中的“自下而上”的政治诉求。借助伯明翰学派的相关理论，在世界科幻大会的组织，以及《区间》杂志的筹措过程中，我们可以清晰地观察到，“普通”的科幻从业者完全能够自发地建构属于自己的社群，抵御种种霸权式政治话语的侵扰。他们虽处主流文化语境边缘，但却能迸发出令人瞩目的力量。

（本章撰写：吕广钊）

课后思考：

1. 你认为，雨果奖“自下而上”的评选体系，能否真正地体系世界科幻大会的开放性与非精英性？

2. 我们需要通过怎样的方式，才能削弱英美文化之于科幻的垄断性地位，让更多的人听到来自“边缘”的声音？

3. 在其他国家和地区，我们是否也能看到资本对于文化产业的影响？科幻在这一过程中又起到了什么样的作用？

推荐阅读：

1. Mike Ashley, *Science Fiction Rebels: The Story of the Science-Fiction Magazines from 1981 to 1990*, Liverpool: Liverpool University Press, 2016.

2. Bacon Smith and Camille, *Science Fiction Culture*, Philadelphia: University of Pennsylvania Press, 1999.

3. Stuart Hall, *Cultural Studies 1983: A Theoretical History*, Jennifer Slack and Lawrence Grossberg eds., North Carolina: Duke University Press, 2016.

4. Paul Kincaid, *Iain M. Banks*, Urbana, Chicago, and Springfield: University of Illinois Press, 2017.

1 Paul Kincaid, *Iain M. Banks*, Urbana: University of Illinois Press, 2017, p. 42.

5. Andrew J. Milner, *Re-Imagining Cultural Studies: The Promise of Cultural Materialism*, London: Sage, 2002.

6. Mike Resnick and Joe Siclari eds., *Worldcon Guest of Honor Speeches*, Deerfield: ISFiC Press, 2006.

7. Raymond Williams, *Culture and Society 1780-1950*, Harmondsworth: Penguin, 1963.

8. 陆扬、王毅：《文化研究导论（第三版）》，上海：复旦大学出版社，2022年。

9. 朔方：《〈流浪地球〉电影制作手记》，北京：人民交通出版社，2019年。

10. 赵国新、袁方：《文化唯物主义》，北京：外语教学与研究出版社，2019年。

第三编　跨媒介/类型

第一章　科幻电影

在十九、二十世纪之交，近代科学与技术的发展极大刺激了人们的好奇心和想象力。随着火车、汽车、飞机的问世，电的应用、X光的发现、摄影术的发明以及钢铁、石油等整个现代工业的兴起，活动影像技术的持续实验终于催生了电影，其标志是1895年12月28日卢米埃尔兄弟在巴黎大咖啡馆的一次公开放映，包括《工厂大门》在内的十部短片震惊世人，宣告了电影的诞生。

法国魔术师乔治·梅里爱关注到这项新的幻觉制造技术，立即开始了自己的全新冒险，并成为早期电影的先驱。区别于卢米埃尔兄弟以现实内容为主的电影，梅里爱追求奇异的魔术效果。他改进了电影摄影与放映机，制作了大量虚构场景的电影，由此也产生了被后世称为“剧情片”的电影类型，与卢米埃尔式的“纪录片”正式分野。梅里爱最著名的作品《月球旅行记》是第一部具有完整故事情节的电影，同时也被影史公认为科幻电影的开端，至今仍被欣赏和研究。

《月球旅行记》早期海报之一

科幻电影发展至今，已成为世界电影工业的重要支柱。作为票房宠儿和流行文化的重要形态，它不仅广泛深入地渗透到当代生活中，也成为推进影像工业技术实验的先锋，很多新的电影技术都是在科幻电影中率先使用或得到完善的。

从1950年代起，电影类型标签开始出现“科幻”一类，用来描述具有某些共同特征的电影，但“科幻”的定义从未固化，丰富的电影实践不停地推进、扩展、模糊或颠覆着科幻类型的边界，电影史上出现过成千上万能被称为科幻或包含了科幻元素的电影。作为科技发展对人类社会带来深刻影响的一种动态过程的反映，“科幻”

电影从来不是按照某种定义或固定模式来生产的。本章在简要梳理科幻电影从萌芽到成熟的一些标志性作品后，将引入一些认知框架，结合主题、亚类型、形式风格等多方面的考察，以提供更为多元的观察角度。

必须指出，电影的工业、商业和文化等多重属性决定了它是多种影响力的结果，科幻影史不是由一系列“成功”作品线性递进构成的，往往一些并不“成功”的电影在主题开拓、技术推进或创意表现方面为后世创作带来了重要灵感或推动作用，这也是为什么不同的“最佳”“必看”的电影清单会有巨大差别。有鉴于此，本章各部分会不时引入一些参考片目，读者应将其看作扩展、了解更多影片的超链接节点，而非某种正典化的标志。

第一节 科幻电影简史

诞生初期与早期代表作

乔治·梅里爱作为追求惊异效果的舞台魔术师，极大拓展了电影媒体的可能性。一些基本的电影手法和镜头特技如双重曝光、停机再拍（即定格动画）、缩微模型摄影等，都来自他的发现和发明。他建立了最早的摄影棚，创造出了大量奇异、惊人的影像，如换头术、大变活人、女人变骷髅、凭空消失等舞台戏法。他还拍摄过机器将一只猪变成猪肉的小片段，可谓具有奇幻或科幻色彩。

《月球旅行记》（1902）融合了凡尔纳《从地球到月球》和威尔斯《最早登上月球的人》两部小说的情节，讲述一群科学家被炮弹形状的飞船发射到月球去探险，电影在每秒16格的帧率下放映时长14分钟，呈现了诸多幻想性的场面，如地球人带去的雨伞插在月球洞窟中长成了植物、好斗的月球人被雨伞击打就爆炸成烟等等。梅里爱把天空中的月球描绘为一张人脸，而炮弹飞船落入月球右眼的画面广为人知，作为一个标志性图像永远定格在电影史上。

《火星女王艾丽塔》（1924）是默片时期苏联第一部科幻电影，改编自苏联作家阿·托尔斯泰同名小说，讲述一个爱情失意的年轻工程师驾驶飞船来到火星，在火星公主艾丽塔帮助下，带领被压迫的火星人民起义推翻了火星独裁统治。为体现异域色彩，片中火星场景和人物相关的服装设计采用苏联构成主义艺术风格（Constructivism），具有强烈的先锋色彩，当年在列宁格勒的放映由著名音乐家肖斯塔科维奇提供作曲并现场钢琴伴奏，盛况空前。

在这一时期，世界上各种新的发明层出不穷，电影中也充满了隐身射线、魔法药水、长寿血清、身体变形、换肢换头的情节，但也出现了机器不断出故障却无法被摧毁的场面。科学家和发明家的形象代替了以往的魔术师，他们或带来让人惊异的事物，或沦为滑稽的小丑，但他们展现的力量很快就开始让人恐惧，“疯狂科学家”的形象开始越来越多地代表了人们对技术进步的不信任。

参考片单

1. 《海底两万里》(1916)
2. 《化身博士》(1920)
3. 《卡里加里博士的小屋》(1920)
4. 《赌徒马布斯博士》(1922)
5. 《亡魂岛》(1932)
6. 《隐身人》(1933)

早期科幻电影多改编自文学作品，但很快就出现了为电影而原创的故事。德国电影大师弗里茨·朗与妻子特娅·哈布共同创作拍摄的《大都会》(1927）是科幻影史第一座高峰。该片拍摄历时一年半，三万多人参与，耗资巨大，视觉上极为震撼。片中设想了一个巨大的未来超级都市，林立的高楼丛中道路纵横，各种飞行器繁忙地穿梭其间，富人在云端花园纵酒作乐，而工人在黑暗的地下城里永无休止地劳作，被魔兽般的庞大机器吞噬。影片反映了阶级对立、贫富悬殊的社会矛盾，第一次提出“警惕技术作恶”的问题，并成功塑造了史上第一个超级机器人角色玛利亚，其诞生过程中浑身被光晕环绕的画面也成为影史经典图像。

《摩登时代》(1936）以夸张的方式描写大工业流水线对工人的压榨，其中视频监控、自动吃饭机等都是超越时代的科幻想象。

表现机器故障、机器失控的情节是科幻电影发展中逐渐明确、固定下来的类型元素。从喜剧、闹剧到冒险片、恐怖片，从远方、未来和奇异世界，到强大的超自然力量等等，科幻电影不断在实践中开拓题材的疆域。

人类力量失控的主题在电影《弗兰肯斯坦》(1931）中得到典型呈现。玛丽·雪莱的这部开创历史的科幻小说不是第一次改编成电影，但1931年版第一次把“科学怪人”的形象刻画得深入人心，它既指科学家也指其创造物，他们可怖可恨，同时又令人同情。这个故事也成为后世所有“人造人”故事的原型，被反复演绎，从不同角度拷问科技何为、我们何以为人。几年后上映的续集《科学怪人的新娘》(1935）塑造了女性版的科学怪人，将性别议题也带入了科幻电影。本片催生了好几十部后续作品，生命力至今不衰，在人工智能和基因技术方兴未艾的今天，其主题也更加迫近时代。

英国《重大叛国罪》(1929) 摄于默片到有声电影过渡时期，描写未来的世界大战一触即发，片中已出现桌面型无线视频通话的场景，其城市景观深受《大都会》影响。

失控主题也延伸到人类科技力量范围之外。美国大萧条时期的另一部黑白经典《金刚》(1933) 讲述一队猎奇的电影制片人在原始岛屿抓捕了一只巨型黑猩猩“金刚”并带回纽约展览赚钱，不料金刚挣脱锁链大闹纽约城。本片大量使用定格动画、背景投影等早期特技来表现金刚与人互动、大肆破坏城市的场景，取得了惊人的效果，片尾金刚劫持美女爬上帝国大厦顶端、最后被双翼机射杀坠落的场面尤其扣人心弦。这部带有暧昧色情意味的电影被认为表现并释放了大萧条时期人们普遍的焦虑情绪，也带来关于殖民主义、帝国主义、种族冲突以及性压抑和心理分析的众多话题，大猩猩金刚更成为早期电影最经典的银幕形象之一流传至今。《金刚》和《弗兰肯斯坦》在当年都只作为恐怖片或灾难片进行营销，反映的正是科幻类型在逐渐成熟过程中被归类、指认的过程，以及科幻电影固有的类型交叉特征。

参考片单

1.《笃定发生》根据威尔斯小说改编 (1936)
2.《飞侠哥顿》漫画改编系列电影 (1936，1937，1940)
3.《巴克·罗杰斯》漫画改编系列电影 (1939)
4.《隐身射线》(1936)
5.《公元前一百万年》(1940)

第一次繁荣

两次世界大战带来的创伤，特别是原子弹带来的毁灭性破坏，让科技的力量引发空前的社会焦虑，战争和入侵相关主题也成为很多严肃电影的表现内容。随着战后和平时期的到来，以及电影技术的发展，科幻类型出现了第一次繁荣，产生了一大批经典性作品。

《登陆月球》(1950) 开启了二战后的科幻电影黄金时代。它是最早提出“太空竞赛”概念的电影，也是第一部注重科技表现正确性的太空科幻片，由著名科幻作家罗伯特·海因莱因担任编剧并出任技术顾问，用大量逼近真实的细节对载人航天的情景进行了尽量科学的描绘。电影采用当时最先进的彩色胶片技术，在两年拍摄期内进行了饱和宣传并获得巨大票房成功。本片制片人乔治·帕尔还改编了H.G.威尔斯的名作《世界之战》(1953)

讲述火星人入侵地球，这个故事曾在1938年被电影天才奥逊·威尔斯改编成广播剧，因极具耸动新闻的真实感而造成公众恐慌，是传播学史上的著名事件，电影则以大量特技摄影展现外星飞船不可阻挡的气焰。

外星人入侵的叙事在这一时期产生了大量低成本B级片，描绘战争梦魇或对冷战和未来入侵的焦虑，它们大都包含探险、惊悚成分，目标观众锁定战后青少年一代，诞生了不少经典并被后世多次翻拍。《天外魔花》（1956）讲述一种入侵地球的外星植物用巨大的豆荚复制所接触的人类，令其丧失个性和情感特征。这个故事常被解读为反映了麦卡锡时代对于共产主义扩张的集体恐惧，也隐喻了美国城市中产阶级在郊区化大潮中逐渐丧失个性的无聊生活。

这阶段科幻电影的另一个重要母题来自核威胁。《地球停转之日》（1951）讲述外星代表克拉图乘坐飞碟来到地球，警告人类放弃核试验，否则将毁灭地球，为证明自己的力量，他让地球停止了转动，随从机器人戈特则展示了压倒性的强大武力。影片后半段克拉图被军方射杀，戈特将其复活，明显带有基督教色彩。

参考片单

1.《怪人》（1951）
2.《宇宙访客》（1953）
3.《火星人入侵记》（1953）
4.《它们!》（又名《巨蚁》，1954）
5.《飞碟征空》（1955）
6.《飞碟入侵地球》（1956）
7.《不可思议的收缩人》（1957）
8.《夸特马斯实验》（1955、1957）
9.《魔童村》（1960）
10.《搏命》（1962）

在回应原子时代的核威胁方面，电影大师斯坦利·库布里克的《奇爱博士》（1964）以惊悚喜剧的形式检讨战争的荒诞，而独立导演彼得·沃金斯以伪纪录片形式制作的《战争游戏》（1965）则把核大战的真实恐怖带给观众。日本怪兽片《哥斯拉》（1954）将核辐射具象化为一个噩梦般的庞然大物，集恐怖破坏力量和无辜的大自然受害者等复杂身份于一身，并承载了诸多社会、政治的弦外之音。该片获得巨大商业成功，开启了数十部哥斯拉电影系列，至今不衰，是

第一部3D科幻片《宇宙访客》

《禁忌星球》中的机器人罗比成为科幻电影史上著名机器人之一

日本特摄片的经典代表。如今哥斯拉形象已成为全球流行的文化符号，并进一步与其他强大的科幻明星角色嫁接、交锋，如史前喷火乌龟加美拉、金刚、外星人等，演绎出具有跨文化意味的IP奇观。

米高梅影业投入巨资的《禁忌星球》（1956）以特效展现了变幻无形的外星怪兽。片中第一次出现了人类乘坐飞碟去外星殖民冒险的情节，还有机器人、激光武器、巨大的飞碟、奇异的外星地貌、一个成为银幕明星的机器人罗比。该片采用的彩色宽银幕技术、宏大场景、全电子音效配乐等等很多都是影史“第一次”，启发了后来很多重要的科幻电影，是1950年代的著名科幻遗产。

必须指出，这一阶段科幻电影的主题并不局限于表达核威胁焦虑，而科幻的热潮也助推了更多经典小说的电影改编，《海底两万里》（1954）、《地心游记》（1959）、《神秘岛》（1960）、《时间机器》（1960）等都相继或再次登上大银幕。

欧洲

同期的欧洲科幻电影呈现出非常异质的色彩。法国新浪潮诸位导演都贡献了名留影史的科幻经典，如让-吕克·戈达尔的《阿尔法城》（1965），弗朗索瓦·特吕弗的第一部彩色片《华氏451》（1966），克里斯·马克极具实验性的科幻短片《堤》（1962），以及阿伦·雷奈涉及时间循环的《去年在马里昂巴德》（1961）和《我爱你，我爱你》（1968）等等。法、意合拍的《第十个牺牲者》(1965)具有强烈的现代主义形式感，《太空英雌芭芭丽娜》（1968）则制造了一出华丽艳俗的“邪典”狂欢。带有泛科幻性质的英国间谍片《007》系列也在这时开启了长达几十年的传奇。

苏联与东欧

苏联的电影工业和科幻文学都自成体系，往往强调苏联制度的优越和科技的强大，多服务于意识形态宣传。《天空的呼唤》（1959）表现苏联在大国争霸中领先；《暴风雨之星》(1962)描写苏联宇航员在金星上探险；等等。由于国有资金充足，苏联科幻的特效和展现的科技形态往往非常先进，少了西方的怪力乱神，但也缺失丰富意涵层次。东欧各国也不乏优秀科幻电影，如捷克斯洛伐克的《毁灭的发明》（1958）、《宇宙终点之旅》（1963）、

《没有男人的八月末》（1967），常常借助童话、神秘主义、象征手法等等，表达对集权统治的反抗。

动画《原始星球》（1973）为捷克斯洛伐克与法国合拍，获得戛纳电影节特别奖，导演勒内·拉鲁是法国著名动画大师，他创作了大量出色的科幻-奇幻动画作品，如与法国漫画大师墨比斯合作的《时间之主》（1982），以及被阿西莫夫大为赞赏的《甘达星人》（1987）。

科幻电视剧的流行

受电视普及的冲击，1960年代大银幕上科幻电影开始减少，而荧屏上有了更多的科幻内容，出现了长播不衰、影响深远的科幻电视剧集，如英国《神秘博士》（1963—）、美国《阴阳魔界》（1959—）、《星际迷航》（1966—）、《迷离档案》（1963—1965），它们有的至今仍在播出或多次翻拍、重启，积累了丰富的科幻创意资源。

两部大片

1968年上映的两部重要科幻电影促进了科幻类型向成年观众群转向。

库布里克与著名科幻作家亚瑟·克拉克合作拍摄的《2001：太空漫游》以70毫米巨幕呈现。宏阔的视野、惊人而细致的布景和史无前例的特效，在银幕上第一次呈现了真实可信的太空旅行细节，完成了一部人类从猿到人、最后融入永恒的演化史诗，堪称旷世之作，片中神秘的黑色方碑和哈尔9000型超级AI已经成为科幻电影的经典形象，超前时代地提出了人工智能与人类的关系、人类的来源与去向等终极哲学问题。

《人猿星球》几乎与《2001：太空漫游》同期上映。故事讲述几位美国宇航员乘飞船经历亚光速飞行后坠落在一颗类地星球，发现自己来到了公元3978年，并遭遇了具有高级文明形态的人猿社会，这里的人类鸿蒙未开，反倒由人猿驱使着奴隶般地劳作，而这一切竟是由今天人类的核大战所致。片中人猿的特效化妆成就惊人，主题则反思种族主义、人与动物关系以及文明进程。本片也是1968年最卖座影片之一，并因为故事概念的延展性而催生了四部续集，进而在21世纪后以更新的特效技术重拍，演绎出多部颇具思想深度的佳作。从这个意义上说，《人猿星球》为电影工业带来更多直接价值，《2001：太空漫游》的艺术成就具标杆意义，但商业上却无法复制。

过渡期：1970年代

科幻电影进入1970年代后一度衰落，除了灾难片这一特殊子类型外，欧美不再有商业大制作，但也不乏中低成本佳作，其主题探讨、艺术探索也更加多元，出现一批科幻影史精品。

《人间大浩劫》（1971）讲述美国卫星坠毁，带来外星病毒恶性扩散，感染者血液粉末化后迅速死亡。该片具有极其写实的科学细节和极具张力的镜头语言。故事原著作家迈克尔·克莱顿后来自编自导《西部世界》(1973),虚构了一个机器人主题公园,游客可以任意杀戮奸淫而不受处罚。该片成功营造了人工智能失控后对人类的威胁,诡异恐怖,续集《未来世界》(1976)同样紧张刺激,也是对美式娱乐产业的深刻批判。同一概念近年由Netflix扩展拍成架构庞大的科幻惊悚剧集《西部世界》(2016—),风靡全球。

《日本沉没》(1973)改编自同名小说,它是战后日本经济腾飞时期的警世之作,其上映是日本社会的现象级事件。故事讲述日本列岛在一年内全部沉入海底的过程,塑造了一系列代表日本民族精神的人物形象,也探讨了深具灾难意识的日本民族在当今世界的身份问题,山崩地裂的特效和紧张悲壮的氛围感人至深。

参考片单

1.《THX1138》(1971)
2.《发条橙》(1971)
3.《宇宙静悄悄》(1972)
4.《绿色食品》(1973)
5.《黑星球》(1974)
6.《复制娇妻》(1975)
7.《天外来客》(1976)
8.《逃离地下天堂》(1976)

杰出的苏联电影导演安德烈·塔可夫斯基的《飞向太空》(1972)改编自波兰科幻大师斯坦尼斯洛·莱姆同名小说。作为苏联体制下的电影创作,本片旨在对《2001:太空漫游》作出苏联式的回应,然而其艺术和思想价值都超越了冷战中狭隘的政治对抗,上升到人类意识、良知与宇宙存在的关系,探讨人类之爱、宗教与永恒等诸多哲学话题。影片节奏舒缓,塔氏独有的长镜头美学带来深邃绵长的诗意,与《2001:太空漫游》一样超越了科幻类型范畴,成为艺术电影杰作并赢得世界广泛关注和赞誉。塔氏另一部作品《潜行者》(1979)改编自苏联作家斯特鲁伽茨基兄弟的小说《路边野餐》,也是同样杰出的诗意科幻电影。

东欧各国有深厚的幻想文学艺术传统。这里有发明了"机器人"Robot一词的作家卡雷尔·恰佩克,有杰出的科幻作家斯坦尼斯洛·莱姆等等。东欧科幻电影在历史上从未缺席,但出于体制原因,影片往往充满晦涩象征与哲思,或巧用讽刺幽默、曲折表达对集权政治的反抗,或干脆进入纯粹形式实验,它们较少得到广泛传播,对其研究和了解都尚待深入。

参考片单

1.《时间之窗》(1961，匈牙利)
2.《奔向月球》(1963，罗马尼亚)
3.《离太阳第三近的行星》(1972，保加利亚)
4.《厄洛米亚》(1972，东德、苏联、保加利亚)
5.《星尘》(1976，东德、罗马尼亚)
6.《堡垒》(1979，匈牙利)
7.《谋杀的韵律》(1981，南斯拉夫)
8.《入住银河系》(1981，南斯拉夫)
9.《铁幕性史》(1984，波兰)
10.《银色星球》(1988，波兰)
11.《猫城》(1986，匈牙利、加拿大、西德)
12.《美女游城》(1986，南斯拉夫)

特别值得一提的是，前南斯拉夫的克罗地亚地区在1951—1990年创造了辉煌的萨格勒布动画学派，出品了大量想象力丰富、视觉独特的优秀作品，在各大电影节及奥斯卡屡获殊荣，其中很多科幻短片。

类型的成熟与大片时代

1977年乔治·卢卡斯《星球大战：新希望》在美国上映时，排队购票的人群彻夜露营，人龙环绕数个街区，电影横扫全球票房，成为科幻电影史的转折，它与1975年上映的《大白鲨》一道，宣告了“大片”时代的到来。卢卡斯影业紧接着推出续集《帝国反击战》(1980）和《绝地归来》(1983)，一举奠定了星战系列的影史经典地位，光剑、黑武士、暴风兵、千年隼、原力等星战元素自此成为全球性流行文化符号。

“大片”：blockbuster，本指二战时一种超级炸弹，威力足以夷平整个街区，曾用来形容百老汇热门歌剧引发的万人空巷盛况，后专指所有高投入、高回报、影响巨大的超级热门商业片。

星战讲述古老的善恶斗争，紧扣青少年向往远方的冒险成长历程，故事置于架空时代的外星异域，一扫之前科幻电影的沉重面貌，而多了一层浪漫和奇幻色彩，以典型化的角色、简单的善恶逻辑、个性可爱的机器人、太空大战、光剑对决等等配上激动人心的交响乐，精准锁定年轻观众群体，绘出了一幅波澜壮阔的太空画卷，其“英雄之旅”故事模式从此也成为商业电影争相仿效的可复制蓝图，为本片制作而成立的“工业光魔”（Industrial Light & Magic，或ILM）也成为至今引领特效工业的创意力量，衍生品和周边开发的模式更成功扩展出一个完整的商业宇宙，使星战元素成为流行文化的重要组成部分。卢卡斯影业2014年被迪斯尼收购时，已是价值40多亿美元的庞大商业帝国。

史蒂文·斯皮尔伯格半年后推出《第三类接触》(1977)，再次将科幻激动人心的力量传遍世界。飞碟和外星人不再是侵略或迫害地球人的邪恶力量，而是作为一种超自然的神秘善意，具有强烈的宗教感召力。在片尾高潮，当飞碟中纷纷走出传说中被绑架失踪多年的亲人们，大银幕上的UFO特效和强大的声场制造了一出五光十色的音画盛宴。同期的政治惊悚科幻片《摩羯星一号》(1977）与之相比则暗淡许多，该片故事折射登月阴谋论，却难以激发公众热情。几年后，斯皮尔伯格再次推出合家欢《外星人E.T.》(1982）高居全球票房冠军位置多年，安慰着人们失落的心灵。

从这一时期开始，一大批优秀科幻片密集问世，诞生了如雷德利·斯科特的太空科幻-恐怖杰作《异形》(1979）和定义赛博朋克视觉风格的《银翼杀手》(1982)；詹姆斯·卡梅隆以时间穿越动作片《终结者》(1984，1991）描绘赛博格杀手一鸣惊人；《回到未来》三部曲（1985，1989，1990）则把时间旅行融入满满少年情怀；漫画改编的泛科幻片从两部《超人》(1978，1980)、《蝙蝠侠》(1989）开始进入观众视野；《电子世界争霸战》(1982）开启电影表现虚拟世界之先河；两部《星际迷航》电影《无限太空》(1979）和《可汗的愤怒》(1982）也进军大银幕，延续这一热门太空剧集的多年传奇——一个科幻电影群星灿烂的时代来临，在类型、题材、风格和主题开拓上都精彩纷呈。

参考片单

1.《重金属》(1981)
2.《录影带谋杀案》(1983)
3.《冲向天外天》(1985)
4.《妙想天开》(1985)
5《未来小子》(1985)
6.《变蝇人》(1986)
7.《铁血战士》系列（自1987)
8.《剪刀手爱德华》(1990)
9.《黑衣人》系列（自1997)
10.《机械战警》(1987)

与此同时，经历战后经济起飞的日本，强大的动画工业和特摄影视也成熟起来。1960年代漫画宗师手冢治虫的电视片《铁臂阿童木》(1963）大获成功之后，诞生了大量优质电视动画和动画电影的科幻作品，本书动画章节将作集中介绍。

新世纪：数字特效大片

1990年代全球化浪潮和科技革命使世界朝着“地球村”方向发展。除了“9.11”导致的反恐题材外，科幻电影逐渐弱化意识形态对立，开始更多地展望人类面临的共同未来，由此出现了不少脍炙人口的经典制作。

新的世纪之交，影响世界科幻电影的最重要因素是信息革命。计算机和网络技术不但越来越多成为科幻电影表现的内容，也作为电影工业背后的推进力量，促发了影像捕捉、制造和呈现方式的革命，迅猛发展的图形图像技术驱动的CG特效开始成为科幻电影的支撑性力量。数字技术在《电子世界争霸战》（1982）中初试锋芒，卡梅隆在《深渊》（1989）中试验性地做出了水形外星怪物，《侏罗纪公园》《巴比伦5号》（1993）开始出现少量的电脑动画镜头，《星球大战前传》则首次采用全数码拍摄；在主题层面，《异次元骇客》（1999）首次探讨虚拟–真实的模糊边界问题。经过大量探索，世纪之交的《黑客帝国》（1999、2003）三部曲以集大成姿态横空出世，成为世界性文化热点。

《黑客帝国》将古老的“洞穴寓言”“缸中之脑”的哲学思辨跟仿真与拟像、真实与虚拟、自由与奴役、宿命等深刻而晦涩的后现代哲学命题结合，以禅宗思想叠加最前沿的科技追问，搭载时尚炫酷的设计和港式武打片的暴力美学，制造了一出独特的视觉奇观：下雨的绿色符码与红蓝药丸即刻成为流行符号风靡全球，“子弹时间”更是创造了崭新的电影语言，而“怀疑世界的真实性”则成为新的世纪之问。

《黑客帝国》中“子弹时间”特效的技术解析图

《黑客帝国》中的子弹时间效果之所以吸引着观众，原因在于画面效果本身，也在于实现它的一系列技术手段：环绕分布的照相机和虚拟背景。

世纪之交的各种末日预言也催生了一批重在数字特效的灾难大片，将彗星撞地球、极端气候、地质灾变等人类始终面临的毁灭前景搬上银幕。作为好莱坞行销全球的商业产品，它们的故事虽然都退居特效奇观之后，但都无一例外抱持普世价值，同时也毫不掩饰地彰显美国的全球领导地位。1996年的灾难动作片《独立日》开启了这一特效大片潮流，片中巨大的外星飞船毁灭白宫的画面即刻成为标志性图像，以至于很多人在目睹“9.11”恐袭新闻画面时都一度以为是科幻电影。

参考片单

1.《世界末日》(1998)
2.《天地大冲撞》(1998)
3.《后天》(2004)
4.《2012》(2009)
5.《末日崩塌》(2015)

参考片单

1.《特警判官》(1995)
2.《第五元素》(1997)
3.《星河战队》(1997)
4.《少数派报告》(2002)
5.《机械公敌》(2004)
6.《天空上尉和明日世界》(2004)

进入21世纪，数字技术的进步复活了《金刚》《日本沉没》《世界大战》《地球停转之日》《人猿星球》等一批经典佳作，它们相继被翻拍并各自引入当代话题；漫改电影如《变形金刚》(2007)等得到系列化开发，从《钢铁侠》开始至最后一部《复仇者联盟》结束的“漫威宇宙”扩展成一个巨大的娱乐产品矩阵，二十多部电影的故事和人物都相互交叉关联，极大地丰富了泛科幻的整体生态，在成为更具流行度的大众快消商品的同时，其“主题公园化”的娱乐倾向也挑战了传统电影的制作理念和商业模式，为严肃文化所诟病。

亚洲电影在新世纪涌现了越来越多的国际化作品，特别是韩国电影工业异军突起。《汉江怪物》(2006)、《雪国列车》(2013)、《釜山行》(2016)等都是脍炙人口的科幻佳作，新近由Netflix投资的《玉子》(2017)、《胜利号》(2021)和剧集《寂静之海》(2021)都具有成熟的工业品质。

参考片单

1.《变形金刚》(2007)
2.《钢铁侠》(2008)
3.《蝙蝠侠》三部曲(2005, 2008, 2012)
4.《复仇者联盟4：终局之战》(2019)

得益于移动互联网、屏幕小型化和流媒体的成长，优质长篇科幻剧集在近年迎来大繁荣。悬疑科幻系列剧《X档案》从1993年开始，至今高水准续播；《星际迷航：下一代》自1987年开始的太空科幻垄断地位受到《巴比伦5号》的挑战，从2004年开始则由《太空堡垒卡拉迪加》缔造全新的太空传奇，同时《星际之门》（1997—2006）连播十季，而《萤火虫》（2002）虽只播出一季但在科幻迷中口碑极高。在英国，一度中断的老牌科幻剧《神秘博士》在2005年重启，获得巨大关注，热度持续至今，2017年最新一任博士角色换由女性扮演也成为一时话题。科幻内容的极大丰富促使有线电视网成立专门的科幻频道Sci-Fi Channel（后更名为Syfy），全时段播出科幻与恐怖、奇幻内容（这几个类型常常交叉），大量老牌科幻剧集加上日本科幻动画和经典重映节目等等，吸引了大量新老观众，也为大银幕科幻电影的生产带来刺激，而电影工业回应这一冲击的对策则是超级视效大片。

《阿凡达》（2009）的出现重新激活了3D影院技术的发展。比起故事中并不新鲜的生态主义和反资本主义思想，以及“化身”（avatar）的科幻设定，它真正划时代的成就在于引领了虚拟拍摄、动态捕捉等多种最前沿数字摄影技术，以此革新了电影制作和观看方式，为世界电影工业带来全新动能。得益于人们重新回到电影院的热情，一批场面壮观的科幻大作应运而生。

《阿凡达》也牢牢树立了加拿大导演詹姆斯·卡梅隆近乎封神的地位，而同样资深的雷德利·斯科特不但陆续完成《异形》衍生宇宙多部电影《普罗米修斯》（2012）、《异形：契约》（2017）等，更一改暗黑风格，拍出阳光、幽默的奥斯卡热门《火星救援》（2015）。新世纪科幻电影的繁荣也造就了新一代擅长科幻类型的电影人，克里斯托弗·诺兰、丹尼·维伦纽瓦、罗兰·艾默里奇、J.J.艾布拉姆斯、乔斯·韦登、罗素兄弟、乔恩·费儒等，他们或者个人艺术风格突出，或者在商业运作上卓有成效，极大推进了科幻的繁荣。

参考片单

1.《猩球崛起》（2011、2014、2017）
2.《环形使者》（2012）
3.《地心引力》（2013）
4.《星际穿越》（2014）
5.《前目的地》（2014）
6.《降临》（2016）
7.《银翼杀手2049》（2017）
8.《湮灭》（2018）
9.《信条》（2020）
10《沙丘》（2021）
11.《阿凡达2》(2022)

展望未来社会的文化嬗变，随着VR、AR、元宇宙、脑机接口、AI技术的迅猛发展以及游戏叙事、交互叙事等媒体娱乐方式的多样化，以及巴西、印度等等世界其他地区艺术家利用科幻叙事进行的探索，电影的命运如何、科幻电影又将面临怎样的未来？2023年的奥斯卡大赢家《瞬息全宇宙》呈现了科幻电影的又一种面貌，其片名或许即是一种回答：Everything Everywhere All at Once。

参考片单

1.《黑镜》(2011—)
2.《苍穹浩瀚》(2015—)
3.《西部世界》(2016—)
4.《怪奇物语》(2016—)
5.《使女的故事》(2017—)
6.《暗黑》(2017—)
7.《爱，死亡和机器人》(2019—)
8.《曼达洛人》(2019—)
9.《安多》(2022—)

第二节 认识科幻电影

我们在前面按时间线索对科幻电影进行了粗略的介绍，对于深入了解科幻电影的丰富实践而言还远远不够。本节引入其他一些认知角度。

科幻类型的交叉

成形中的科幻电影大多与冒险、恐怖、惊悚类型结合，或者也可以说科幻是从那些较早成熟的电影类型中逐渐显现出了更为独立的美学价值，即“惊奇感”，它不是一种固定的叙事模式（比如疯狂科学家想控制世界、AI觉醒要毁灭人类），也无关乎固定的构成元素（仅靠“科幻”元素如火箭、飞船、外星人、机器人、基因突变……不一定能构建有效的科幻感）。“惊奇感”是一种带来全新认知颠覆的体验（“好神奇!”“世界竟然可以这样!”），所以这种“惊奇感”是可以甚至必须叠加在其他叙事框架上，结合其他类型的愉悦要素才能完成科幻故事的讲述，这也是科幻电影类型混杂的必然性所在。得益于多种类型混杂的实践，现代科幻电影呈现出极为丰富的交叉组合。

【科幻恐怖片】

1979年英国导演雷德利·斯科特的科幻–恐怖杰作《异形》(1979) 以“太空中没人能听见你的尖叫”为宣传语，一经上映即成为经典，宇宙从此不再是奇幻的游乐场，太空船也不再是光洁敞亮的未来高科技潮物，深空也从《2001：太空漫游》那种抽象玄思的对象或《蓝烟火》(1969) 所描绘的物质与技术屏障，变成了实实在在的潜意识恐惧之海。

在科幻恐怖片领域有很多脍炙人口的B级片佳作，如《怪形》《天外魔花》《科洛弗档案》(2008) 等。所谓B级片，指低成本类型电影，常常涉及怪力乱神或黄暴主题，制作粗糙而难登大雅之堂，但也提供了自由探索的可能。加拿大导演大卫·柯南伯格深入探索

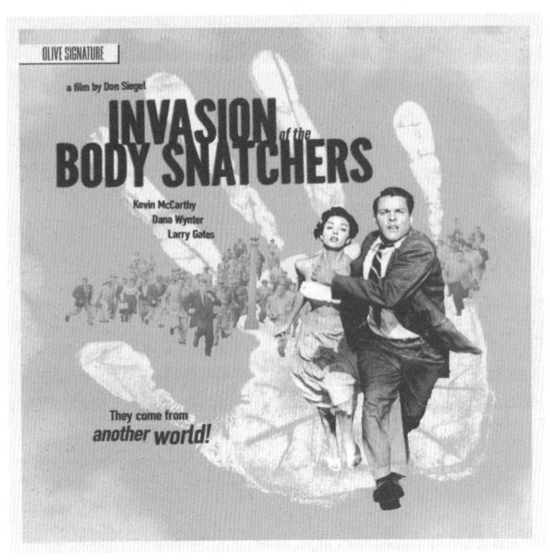

《天外魔花》剧照

人类肉体欲望与心理深层恐惧，接连推出《夺命凶灵》（1981）、《录影带谋杀案》（1983）、《变蝇人》（1986）等惊悚恐怖类型的中低成本佳作，2022年还有新作《未来罪行》问世。

1981年上映的科幻与恐怖动画短片集锦《重金属》曾让很多观众难以忘怀，受它启发的大卫·芬奇与蒂姆·米勒在近30年后合作推出了《爱，死亡与机器人》系列动画片，由流媒体巨头Netflix出品而风靡全球，也折射出科幻类型的某种传承。

【科幻动作片】

动作片是商业电影中的大类。詹姆斯·卡梅隆以低成本的科幻动作片《终结者》一炮而红，其惊人的物理特效将阿诺德·施瓦辛格塑造成永不停止的赛博格杀手，极具压迫感；《终结者2：审判日》（1991）则更上层楼，液态机器人如噩梦般狂追不止且具拟态能力，其形态设计再次刷新了人们对技术可能性的想象。这个系列作为时间旅行的科幻故事基于简单因果逻辑游戏，巧妙避开外祖父悖论，更多着眼于追杀打斗，特技、特效也令人耳目一新。

从类型交叉意义上讲，《黑客帝国》三部曲、《终结者》系列、《变形金刚》系列以及很多《007》电影都是科幻动作片的典范。这类电影也常常成为动作片明星的代表作，除了阿诺德·施瓦辛格、基努·里维斯外，他们的名字还有长长一串：西尔维斯特·史泰龙、威尔·史密斯、布鲁斯·威利斯，以及“黑寡妇”斯嘉丽·约翰逊、《生化危机》推出的女星米拉·乔沃维奇等。

【科幻家庭电影】

“家庭”类型在美国电影分级体系中意味着不含暴力色情等元素，适合全家一起观赏，也称合家欢，这类电影多有少儿成长、家庭天伦主题，具有广阔稳定的市场，是商业电影深耕的领域。自从《星球大战》把科幻电影的“类型愉悦”导向了更为家庭友好的方向，斯皮尔伯格的《外星人E.T.》更进一步引领了科幻家庭电影的成功。

《回到未来》三部曲是时间旅行的冒险故事，讲述少年马迪在忘年交布朗博士帮助下，在过去、未来和当下的平行时空忙着拯救所爱的人，也学会了把握当下的人生道理。电影带有轻喜剧元素，于紧张和诙谐之间轻松串起美国百年史，悬浮滑板、自动鞋带等大量未来惊奇小道具充满了少年意趣。随着电影的成功，那辆神奇的德劳利牌汽车也进入了科幻博物馆收藏，它因“只要加速到88迈就能穿越时空”而常常成为科幻大会上的明星展品。

科幻与其他类型的交叉还有科幻喜剧（《黑衣人》三部曲）、科幻悬疑惊悚（《银翼杀手》）、科幻爱情（《时间旅行者的妻子》《暖暖内含光》《十二猴子》）、科幻灾难（《独立日》《2012》《后天》）等等。类型的交叉常常可能是多种，对应的叙事和美学特征则可能五花八门，比如《生化危机》是“科幻-动作-恐怖”的结合，《黑衣人》则是科幻-动作-喜剧的结合，2009年的Stingray Sam一片，片名直译为《魟鱼山姆》，则是歌舞-西部-喜剧-科幻，中文片名则干脆就叫《西部牛仔太空歌舞剧》。由詹姆斯·卡梅隆与凯瑟琳·毕格罗合作的《末世纪暴潮》（1995）具有“剧情-动作-科幻-悬疑-惊悚-音乐-犯罪-奇幻”的类型标签，跟电影本身一样令人目不暇接。

科幻电影在制作和宣传时，恰当的类型定位可助力片方提高市场认知度、尽可能精准锁定目标观众群，标签不当或主类型定位不清则可能丧失目标观众，甚至造成口碑反噬。

题材与子类型

除了类型之间的交叉，我们知道科幻文学中可能按所涉及的科技领域分为时间旅行、克隆人、机器人、人工智能、太空探索、基因工程、大灾变等等题材子类型，也可能根据思想倾向上的不同，而归入乌托邦、反乌托邦等主题层面的子类型，还可能根据特别的设定甚至某种突出的视觉风格而分出蒸汽朋克、赛博朋克、废土等等子类型。可以看出，科幻子类型或亚类型不是按照单一的标准尺度来划分，而纯粹是为了描述故事从内容到形式的某种重要特征，它们之间也可以交叉，比如赛博朋克-反乌托邦-时间旅行。

【赛博朋克】

1980年代信息革命浪潮初起，科幻电影已敏锐地走在了时代之前。迪斯尼的《电子世界争霸战》（1982）虽票房不佳，但在个人电脑刚刚出现之际，就以可视化方式描绘了未来赛博空间的雏形，是早期CG技术用于电影特效的一个里程碑。同年由雷德利·斯科特导演的《银翼杀手》（1982）则标志着“赛博朋克”电影类型的闪亮登场并成为其代名词，它以独有的后现代视觉美学定义了赛博时代“高科技、低生活”的人文景观，并提出了人工智能的伦理和生命本质的终极追问，从此霓虹雨夜、生化人出没的肮脏街头等成为该类型的视觉标配。本片也让科幻作家菲利普·迪克为大众所熟知，并成为被好莱坞改编最多的科幻作家。本片上映两年后，威廉·吉布森小说《神经漫游者》出版，才正式为赛博朋克科幻文学命名。

日本动画大师押井守1995年的院线动画长片《攻壳机动队》也是赛博朋克设定下的动作片，其“警察追逃”的故事主线跟《银翼杀手》一脉相承，主题上更进一步探讨人与非人的边界，以及赛博空间与真实世界的相互入侵，并提出肉体与灵魂关系的本质追问。本片画面精湛，音乐摄人心魄，狂野吟唱带着人性即将永失的怅然。

1999年的《异次元骇客》打破了身心二元论，意识、真实世界和计算机程序建构的虚拟世界之间的关系被呈现为具有不确定的复杂性。本片基于丹尼尔·伽洛耶1964年小说《幻世-3》改编，也曾有著名德国导演法斯宾德改编成上下两集电视电影《世界旦夕间》（1973）。随着电影科技的突飞猛进，千禧年前后出现的《黑客帝国》三部曲在虚拟-真实的主题探索和赛博朋克美学建构方面都具有划时代意义。

参考片单

1.《赛博朋克：边缘行者》(2022)
2.《万神殿》(2022)
3.《上载新生》(2020)

【废土科幻】

澳大利亚导演乔治·米勒以20万澳元极低成本拍摄的《疯狂的麦克斯》（1979）在全球票房超一亿美元，成为吉尼斯纪录中利润最高的电影，并以两部续集（1981、1985）而定义了“废土”科幻类型，时隔30年的第三部续集《狂暴之路》（2015）再次赢得世界喝彩。该片原本讲述公路巡警麦克斯与摩托党的仇杀，最初的科幻元素仅限于近未来设定和一辆功能强大的组装警车，在续集中则展开了世界大战后的文明崩塌图景：人们以各种改装车辆掠夺石油，在荒漠聚落野蛮生存，麦克斯在这个充满暴力的世界以暴制暴，寻找人性救赎。影片折射当年中东战争与石油危机，却将摇滚朋克的无政府主义、机车亚文化和西部片传统结合，充满了极富刺激的视觉设计和动作场面，对电影、游戏等流行文化影响深远。

废土科幻强调旧的文明遗迹与当下严酷环境的反差，表现自然灾害、核战争、外星入侵、生物病毒等原因造成世界崩坏，残存的人类回归丛林野蛮状态，重点展现废土里的人性挣扎和文明复苏的潜在希望。2022年立陶宛出品的独立科幻片《维斯珀》讲述大规模基因污染造成文明的毁灭，片中奇异的动植物、悲惨的生化人状况与高技术飞行器构成强烈反差，沼泽泥潭呈现了异于大漠黄沙的另一种废土生态。

【蒸汽朋克】

蒸汽朋克故事都发生在以蒸汽动力为主的架空世界，是对第一次工业革命的科技形态进行的浪漫主义夸张，多展现蒸汽动力的幻想性交通工具和重型钢铁装备，复杂的管道上布满嗤嗤作响的排气阀，熊熊燃烧的锅炉连接着气压表和齿轮的世界。这类故事常结合维多利亚时代服饰、器物等文化形态，多怀旧与复古意味，一些改编凡尔纳、威尔斯作品的电影如《海底两万里》中的鹦鹉螺号潜艇、《时间机器》（1960）中的时间机器都具有蒸汽朋克美学特征，宫崎骏的动画作品《天空之城》《千与千寻》《哈尔的移动城堡》等都显示出他对蒸汽朋克的热爱，而大友克洋的华丽动画《蒸汽男孩》更集中展现蒸汽朋克美学，特里·吉列姆《妙想天开》（1985）则巧妙利用这种风格建立了一个反乌托邦世界，甚至经典科幻《大都会》也被认为具有蒸汽朋克特征。不过“蒸汽朋克”的概念是在“赛博朋克”诞生之后才逐渐成形的。

在近年发展较为突出的科幻类型中，青少年反乌托邦、超级英雄、机甲、怪兽以及病毒瘟疫题材演变而来的丧尸题材等等，都有非常优秀的电影、剧集问世，极大丰富了科幻的形态。

青少年反乌托邦

参考片单

1.《别让我走》（2005）
2.《饥饿游戏》三部曲（2012—2015）
3.《地球百子》（2014—2020）
4.《移动迷宫》（2014）
5.《分歧者》（2014）

第三节　科幻电影批评与解读

科幻电影是科学思维和技术进步的直接产物，贯穿整个类型的重要母题即是对科技的表现，所以在对其进行解读分析的时候，科学、技术也是首要考虑的因素。科幻电影极少表现对技术成就的乐观期待，而充满了对不成熟技术的嘲弄、对超级技术威力的崇拜和对技术失控的恐惧，在表达对技术不信任态度的同时常提出对于技术伦理的思考。

科幻电影涉及到科、幻和电影三个层面，往往充满了复杂的人性关系和社会图景，不但可以折射一时一地的社会文化思潮，更可能隐含人性编码中更深层的结构。解读科幻电影需要结合文本细节和广泛的社会文化、政经背景，常常采用以下一种或几种分析方法与相应的理论工具。

【反映论分析】

这是一种最传统的分析方法，认为电影直接反映了社会文化议题。比如对于1950年代美国科幻电影中的飞碟入侵、变异与怪兽题材电影，大多数解读会联系冷战中的社会焦虑以及核爆创伤、辐射恐惧；认为1975年的悬疑惊悚片《复制娇妻》是1970年代性解放运动的写照，而2004版《复制娇妻》针对的是女性主义的新话题；《世界大战》（2005）由于描写外星破坏力量隐藏在国家内部，而被认为反映了“9.11”恐怖袭击带来的不安；《少数派报告》（2002）更被理解为精确击中了后“9.11”的美利坚情绪；等等。反映论的分析并不能有效解释所有的科幻电影。

【意识形态分析】

这类方法试图从科幻电影表面之下发现深层的潜台词，它思考并揭示一部电影是怎样在潜移默化中将某些传统惯例、社会规范等深层编码塑造成一般标准并以“常识”面目出现，使其构成一个无人质疑、无人觉察的观念网络。比如性别角色分配、父权、家庭价值等等。马克思主义、女性主义、性别研究、文化研究、后殖民主义等等理论方法在科幻电影批评中卓有成效，比如对《异形》和《终结者》的女性主义解读，对《阿凡达》和儿童科幻片《杰森一家》（1962）中所共有的对资本主义扩张正当性的批判等等，甚至对中国科幻电影最新成就《流浪地球》（2019，2023）也有分析其表层的“家园情怀”之下的大国叙事和隐含的父权思想的尝试。

【精神分析】

批评家们可能采用弗洛伊德、荣格和拉康等人建立的精神分析理论，通过文本细读来挖掘电影在潜意识层面的含义以及意义的生成过程，不仅关注电影说了什么，也关注电影是怎样说的，以及它省略或隐藏了什么。这类批评会关注电影中那些具有生育或受孕暗示、性冲动以及禁忌的身体欲望、俄狄浦斯情节等等话题，寻找相关象征与符号，比如对《异形》视觉系统中一再出现的性器官意象，《终结者》《十二猴子》《大都会》中具有受孕、出生意味的场面等等的辨识与分析。因为科幻电影是对奇异事物的集中探索，而荒诞怪异的景象往往跟梦境关系紧密，所以精神分析的批评方法可以从中探索、揭示各个层面被压抑的潜意识。

《异形》剧照：著名的抱脸怪画面

最长寿科幻电视剧《神秘博士》自1963年迄今各代博士大集合

【互文性研究】

科幻电影自诞生之日就集成了类型的各种表现形式，今天的影视、书籍、光碟、游戏、互联网也构成了跨文本网络，而现代商业电影的IP化营销使得科幻类型的互文关系越来越复杂，翻拍、续集、衍生宇宙和跨媒介延展等等是现代商业制作的惯用策略，戏仿、拼贴、玩梗、致敬、彩蛋等等现象只是其表现形式的一部分，所以对文本之间的互文性或“超链接”的研究也成为对科幻类型深入观察的重要方向。2018年《头号玩家》提供了一个这类观察的绝好例子，遍布其中的彩蛋囊括了电影、游戏、动漫的各种经典符号近180种，被认为是一次流行文化的狂欢。

【受众研究】

由于科幻影迷群体的产生、发展，其内部互动和对外影响常常不仅表现在文化消费层面，也通过同人创作等方式参与到文化产品的生产过程中，所以对于科幻（包括奇幻）类型的受众现象（fandom）的研究越来越被重视，特别是以《星球大战》《星际迷航》《神秘博士》等为代表的同人社区及其亚文化，在互联网时代因为社交平台的放大和信息交流的便利而繁荣，周边产品的丰富更使其蔚为壮观。影迷常常会影响类型产品的进一步生产，他们会强烈呼吁恢复某部被停的剧集，并对故事走向做出具有影响力的期待和预判，是科幻电影延续其意义表达的不可分割的一部分。科幻影迷研究也成为社会学和文化研究领域的新兴话题。

第四节 科幻电影的美学

科幻电影的形式与风格

某些科幻电影为了营造真实感而与现实连接，整体的风格往往是写实的或现实主义的，而另外某些科幻类型，像废土、赛博朋克等等则以明显的视觉样式作为标记，以营造陌生化的异域情景。除了使用细节的服化道、美术布景等方法外，也有些创作者选择在整体上采用某种风格来进行强化。这些都是建构科幻世界观的重要手段。

现代艺术运动中的构成主义、表现主义等风格都曾进入到默片时代的科幻电影中（见第一节《火星女王艾丽塔》《大都会》介绍）。乔治·卢卡斯在1971年根据其学生作业改编的实验性剧情长片《五百年后》采用黑白高反差摄影和极简主义美术，构建了一个极权社会压抑人性的地下反乌托邦世界，片尾主角逃出地下城后画面变成彩色，一轮红日在雾霭中耀眼夺目，是生命与自由意志的胜利。

【复古未来主义】

这是一种与蒸汽朋克类似并具有某种相关性但定义更为宽泛的视觉风格，它以某种过往年代的视觉风貌来描绘未来社会形态，展现旧时代人们眼中曾有过的未来想象，或模拟早期艺术家对未来的设想，也可能结合不存在的高科技设备而凸显一种过去与未来之间的陌生化张力，或技术奇异感，这种风格往往有利于建构一个架空的平行世界。

特里·吉列姆电影《妙想天开》(1985）以低饱和度的灰调配合人物发型服饰，模拟1940年代生活氛围，政府大楼具有纳粹风格的冷硬，但大量的电视屏幕、管线外露的安保扫描机、无处不在的监控摄像头等等构建了一个如我们今天一样媒体泛滥的极权生态，对应的则是反抗运动（恐怖主义），所以信息部成为国家要害部门。这是一个黑色幽默的反乌托邦故事，情节荒诞而夸张。

《千钧一发》(1997）是另一部复古未来主义佳作，设定优生学已经可以精确预测生老病死，故事讲述一个未出生即被测定基因不良、没有前途的年轻人不甘宿命、终于成为宇航员飞向太空。影片同样用低饱和灰色调营造怀旧与反乌托邦氛围，主人公洁癖般清扫自己DNA碎屑的行为呼应流线光洁的高科技环境，全部视觉都具严谨拘束的风格化形态，构建出了异于现实的科幻感，巨大建筑与渺小人物的强烈对比则是强大体制碾压人性的无言象征。

著名导演马丁·斯科西斯执导、2011年上映的3D影片《雨果》讲述1930年代巴黎火车站一个热爱机械的孤儿跟一个玩具铺老人之间的故事，是致敬科幻先驱乔治·梅里爱的深情献礼，影片色调温暖，大量复古场景、道具烘托出20世纪初的勃勃生机，雨果修复机器人、绘出《月球旅行记》动画稿的场面令人感动。

电影《雨果》(2011）致敬梅里爱《月球旅行记》

《明日世界》(2015）则以一个热爱发明的小男孩的冒险故事，引出电影和科幻本身的身世，片中虚构1964年纽约世博会，色彩明丽，充满了1960年代最前卫的工业美学和未来设计，还把NASA登月和埃菲尔铁塔巧妙联系，用巴黎世博会遗产对应肯尼迪时代的乐观进取，提醒我们正是在19世纪工业革命浪潮下，各种工业博览会上的科技奇观激发了人们最初的科幻想象。

【黑色电影】

惊悚、悬疑、恐怖类科幻常常采用黑色电影风格，作为好莱坞1940—1950年代流行的一种侦探片风格，它源自德国表现主义电影和美国犯罪小说。故事背景都是现代大都市，场景永远是黑夜，低照度光源留下大量暗影，百叶窗和缓慢转动的吊扇投下令人不安的阴影，身世模糊的侦探高高竖起衣领孤独行走，在颓废街区有蛇蝎美女神秘出没等等，这些特征的叠加营造出了一个特别世界，而科幻故事在这里发生有着天生的便利。《银翼杀手》本是标准黑色电影，因为“高科技、低生活”的设定而创造出了更为独特的“赛博朋克”风格。

《末世纪暴潮》（1995）明确采用黑色电影风格；澳大利亚《移魂都市》（1998）也走黑色电影路线，混搭哥特式的建筑与人物造型，被认为是《黑客帝国》的先声；法国《童梦失魂夜》则在黑色电影之上混搭了复古未来主义，雾都孤儿式的人物、十九世纪服化道和维多利亚式低技术“缸中之脑”的式样让影片整体笼罩在暗黑寓言的氛围中。《天空上尉与明日世界》（2004）也以黑色电影风格做足了悬疑复古气氛，搭配飞艇、激光武器、扑翼战机、空中航母和巨型钢铁机器人，充满了怀旧而时尚的魅力。

【泛科幻艺术实践】

科幻虽然是商业电影主类型，但由于其美学特性和巨大包容性，常被独立艺术家借用，不乏优秀之作。

1997年圣地亚哥漫展纪念《星球大战》二十周年，其间一部粉丝短片《巡逻部队》引起关注：它把科幻设定与美国电视真人秀《巡警》嫁接，讲述美国警察在沙漠小镇塔图因巡逻追查恐怖分子并处理居民日常纠纷，成功地将美国现实与《星球大战》情节联系起来。该片曾登上《时代》杂志的星战同人榜并激发了新一轮的致敬、戏仿与恶搞，卢卡斯影业顺势设立“《星球大战》同人电影奖”，成就了艺术家、科幻迷和电影片商良性互动的佳话。

多伦多电影节为庆祝二十五周年，委托十位导演拍摄短片，媒体艺术家盖伊·马丁采用古旧的俄罗斯构成主义视觉风格拍摄的默片《地球之心》（2000）令人眼前一亮。故事讲述国家科学家兼美女安娜发现地球即将心力衰竭，宗教、资本和科技都无法挽救，最后安娜钻进地心放映电影，用艺术的节律重启了地球心脏。短片配乐来自苏联社会主义宣传片《时间，前进！》（1965），旋律节奏令人激奋，剪辑模仿苏联蒙太奇，短短6分钟内快速剪切上百个镜头，夸张的表演则是1920年代表现主义戏剧风格，全片一气呵成、蔚为壮观。

美国动画艺术家唐·赫兹菲尔德用火柴棍人物简笔风格制作了三部动画短片，以World of Tomorrow为名（中译《今夕何夕》），讲述小女孩艾米莉和她第N代克隆体之间的互动，风格似儿童涂鸦，稚气无邪的配音衬托出主题不可承受之重：从克隆人的时间旅行、死亡与生命的意义，到记忆植入、机器人伦理、外星探索、爱情的本质等等，几乎囊括全部科幻话题和人类困惑，残酷中又有一种童话之美。

当代艺术非虚构创作也越来越多使用科幻元素。以纪录片形式呈现的《最后与最初的人》（2020）深具冥想气质，曾以多媒体形式参与艺术节展，该片基于奥拉夫·斯塔普雷顿1930年同名小说，用最后人类的身份和先知般语气讲述地球人将经历战争、屠杀、基因演变，至二十亿年后文明终结。电影使用16毫米黑白胶片，粗粝质感的画面围绕前南斯拉夫十几处二战纪念建筑展开，巴尔干地区复杂的种族与宗教史浓缩在这些巨型建筑身上，它们背负着战争的悲剧和曾经的理想，造型奇诡恢弘，孑立于荒野中直指宇宙深处，诗意的音乐、奇诡的画面、催眠般的旁白三位一体，奏出一曲深沉忧伤的人类挽歌。本片导演约翰·约翰逊是著名冰岛电影音乐家，曾为多部科幻名片作曲。

科幻电影与奇观

人类对奇观的追逐贯穿整个人类历史。从早期洞窟原始壁画到古希腊神庙、古埃及金字塔，从哥特式教堂到十九世纪风靡世界的工业博览会以及博览会上的“全景画”“立体透视画”等等，奇观始终是人类视觉经验和精神图腾的一部分。

十九世纪摄影术的发明曾被认为具有夺魂的魔力，电影的发明更是带来巨大的震撼。作为人类追求把握现象世界的努力，它们都带来了超越日常经验的奇观，当年卢米埃兄弟的纪录片《火车进站》也曾让观众惊恐逃离，那种骇然与惊奇体验恰似我们今天第一次戴上VR头显。电影技术的每一步演进都贯穿了奇观体验，从无声到有声、立体声、以及杜比环绕声技术，从黑白到彩色、宽银幕、IMAX 3D巨幕、高帧率……在这条追求真实与超越真实的道路上，科幻电影始终处在先锋位置，2022年底上映的《阿凡达2：水之道》所展示的海底世界和细腻的角色造型、数字表演层次等等再次将电影奇观提升到一个新高度，表明在移动互联网、游戏等和各种小屏幕与家庭娱乐的冲击下，科幻电影依然在以无与伦比的奇观证明电影和电影院的无可替代。2023年春节，片长173分钟的《流浪地球2》也以无可置疑的奇观性，再次将中国想象力和中国电影的工业水准淋漓尽致地展示出来。

对不存在事物和奇异现象的呈现即使不是科幻电影的唯一目标，也是获得持续成功的重要因素，因此跟科幻文学相比，奇观在科幻电影中往往被当作重要前提、甚至首要目标。随着数字特效的急剧发展，故事反倒越来越成为奇观的载体，致使科幻电影的制作成本越来越高，电影本身也越来越“爆米花化”，这也是超级英雄片大行其道的原因之一，它让人们误以为科幻电影就等同于奇观，而奇观又必然意味着特效。出于对这一趋势的抵抗，一些电影人弃用特效，靠核心创意和对叙事的控制依然带来巨大的科幻惊奇感，如《初始者》（2004）、《这个男人来自地球》（2007）、《彗星来的那一夜》（2013）都是这类佳作。大多数科幻电影对奇观的追求和特效使用则落在这两个极端之间。

电影本身即是一种奇观，它也必然要展示见所未见的事物。但电影语言对科幻美学的表达是多层面的，探索科幻电影的奇观性，我们应回到科幻美学的核心，即被达科·苏恩文称为"认知陌生化"或认知颠覆的体验。在科幻电影中，这种类型愉悦是通过多方面的视听与叙事手段、在多个层面上实现的，也就是说，奇观不仅是视觉的，也是听觉的，更是一种心理认知层面的体验，是逻辑和情感反应的综合结果。

【服装、化妆、道具】

传统的特效化妆术在科幻电影生产中从未缺位，如《弗兰肯斯坦》《异形》的化妆无疑构成了人们视觉记忆的核心。服装设计方面亦是如此。在《笃定发生》《重大叛国罪》的例子里，我们看到未来服装设计构成了某种奇观性的影像；《登陆月球》的太空服使用饱和的原色，在月球岩石的荒凉背景下额外炫目，是惊奇感的一部分。《星河战队》（1997）的整体服装风格模拟纳粹军装，与其主题一致；而《星球大战》《星际迷航》的标志性服装沿用几十年，构成了电影科幻感的一部分。《流浪地球》的逃生球、《星际穿越》的印度无人机等都是特殊道具构成小小奇观的例子，也是塑造人物、为更大的惊奇进行铺垫的叙事范例。

【音效与音乐】

很少有人意识到声音是电影的另外一半，它无形而强大的作用常常深入到潜意识层面。在1950年代的飞碟入侵电影中，一种叫作theremin（特乐敏琴）的特殊乐器制造的悠悠忽忽的诡异音效成为UFO出现的标志，至今常常用在外星环境或恐怖片中；无调性电子乐在《2001：太空漫游》中带来难以言传的毛骨悚然，构成了人类在远古洪荒和无限宇宙中茫然无助的听觉图景，片中多次在死寂的太空环境中使用浓重的呼吸声，更渲染了生死边界上的紧张。在两部《终结者》中，音效师借鉴但丁《神曲·地狱篇》和弥尔顿《失乐园》中描绘地狱声音的象声词来进行声音创作，丰富的音轨层次刻画出地狱之火熊熊燃烧的骇人画面，赢得奥斯卡最佳音效奖。而《星球大战》主题配乐已然成为通行世界的著名乐章，是星战美学不可分割的重要部分。

【剪辑】

剪辑是电影特有的语言，它不是简单拼接素材，而是为建立叙事结构、控制叙事节奏的一系列复杂的美学抉择。比如《降临》一片，在上映之前即发布多款外星飞船海报，但导演通过控制其亮相的时机，在观众已然了解其贝壳外形的情况下，依然在它第一次出场时带来强大震撼，淋漓尽致地体现了“沉默巨物”（BDO，即big dumb object缩写）的美学奇观，这是电影剪辑的魔力。

电影长镜头的场面调度也被称为镜头内剪辑。在3D影片《雨果》的开场，镜头远眺1930年代初巴黎全景，然后一路穿过巴黎火车站与进站火车并行、再穿过人群来到大钟的镂空数字后面小男孩雨果面前，接下来的另一个长镜头又跟随雨果在钟楼里复杂的空间内上下左右穿行，最后落定到乔治·梅里爱脸上，两段丝滑流畅的调度是精彩的银幕奇观，也是对《火车进站》的深情致敬。

【明星与表演】

某种程度上说，科幻电影的角色面对自然威胁和宇宙奇迹，他们的表演往往不再是代表人类个体，而是抽象的人类整体，因而他们也成为广义奇观的一部分。明星出演的电影自带吸引力，这也是广义的奇观的一部分。《终结者》中，阿诺德·施瓦辛格扮演T-800型赛博格，以机器般强健体格和“无人性”的机器面目而令人难忘；《月球》（2009）的孤独主角发现自己的两个克隆版，构成惊异奇观，他们各自表情、表演上的微妙区别成为观众关注的要点和电影主题的注解；李安在《双子杀手》（2019）中让不同年龄的两个威尔·史密斯对峙；面部捕捉技术为《阿凡达》系列所有纳美人角色塑造出生动形象，是特效和表演结合的双重奇观。总的来说，对于科幻电影中的表演研究还很少。

电影特技与特效部分术语
缩微模型摄影（miniature effect，model photography）
背景投影（背投，background projection，rear projection）
特效化妆（Special Make-up）
电动技术（电子动画，animatronics）
物理特效（实体特效，practical/physical effects）
数字特效（VFX）
运动控制（motion control 或简称 moco）
抠像（色键，chroma keying）
电脑动画（计算机图形Computer Graphics，即CG）
动态捕捉（动捕，motion capture）
表演捕捉（performance capture）
绿幕/蓝幕（green screen/blue screen）
虚拟摄影（virtual cinematography）

第五节 中国科幻电影

百年概略

中国电影几乎与世界电影同步发生，早在1905年即有了第一部电影《定军山》，在一百多年的历史里也偶有科幻片出现，它们敏锐折射着时代的断面，但中国科幻电影至今尚未形成规模。

民国时期，随着早期科幻文学的发展以及国外电影包括《大都会》《金刚》等的引进放映，即出现了少量具有科幻特征的作品。1938年杨小仲导演的《六十年后上海滩》被认为是中国第一部科幻电影，当时报纸广告以“滑稽巨片”宣传，讲述两个寻欢作乐的小职员一觉睡到六十年后，在科技昌明的未来误打误撞，片中出现了飞行汽车、自动家电，市政局主管天气控制，人们不再使用姓名而只有编号。次年杨小仲又推出《化身人猿》，被称为中国第一部怪兽电影，讲述科学家发明了将人变成猿的药物，不料助手服用后“兽性勃发，追求女人”（报纸广告语），犯下劫色劫财勾当。这两部纯粹幻想性质的影片虽然都带有同期西方电影的痕迹，但折射了当时中国人对于改造社会、改造人性的愿望。杨小仲在后来还拍摄了《宝葫芦的秘密》《三打白骨精》等脍炙人口的幻想类电影，是早期重要的幻想电影创作者。

1958年上映的科教片《十三陵水库畅想曲》改编自田汉话剧，片中畅想未来科技和美好生活，表现十三陵水库超级工程不到半年即完成，带有“大跃进”的时代特征，片中出现了视频通话以及月球旅行的想象。1963年的少儿科教短片《小太阳》讲述几个少年受温室原理启发，在科学家帮助下利用反物质湮灭技术造出“人工太阳”，使中国北方四季如春。本片31分钟，色彩明丽，机器人、自动飞行车、单轨悬挂式地铁、载人航天等高科技场景充满乐观向上的未来感，后因“两个太阳”被曲解为不良寓意而被禁映。

1978年3月召开的全国科学大会标志着科学技术重获重视，《珊瑚岛上的死光》（1980）适时推出，引发巨大轰动，助推了1980年代的科幻热潮。该片根据著名科幻作家童恩正同名小说改编，视觉造型显示出

《珊瑚岛上的死光》宣传画

对科幻“神奇感”的关注，在服化道与色彩构成、空间设计等方面都力图显示出某种未来感，激光武器更展示了科学技术的威力，故事的海外背景设定则把“异域”的多姿多彩带到了刚刚开放国门的中国人眼前。

在叶永烈《小灵通漫游未来》引领下，少儿科幻文学得到蓬勃发展，科幻作家刘兴诗编剧的科学童话《我的朋友小海豚》（1980）也由上海美术电影制片厂摄制为20分钟动画，该片以抒情散文笔调讲述了一个少年与一只海豚之间的深厚情谊，表达了人与自然和谐共生的主题，1982年获意大利国际儿童电影节总统奖。

在1980年代文化反思潮流中，著名导演黄建新的《错位》（1986）是不可多得的艺术佳作，该片叙事简洁，语言前卫，讲述一个苦于文山会海的工程师制造了一个机器人替身去帮自己开会，不料机器人自我意识膨胀，逐渐与其争权甚至威胁到他的人生自由。本片在特定时代语境下，不但提出了人工智能与人的关系问题，更隐含着关于权力和制度的思考。《合成人》（1988）则以传统的“换头术”故事进一步反思“人”的主题，以农民的大脑置换一个商贸公司总经理的大脑，直寓市场经济与传统思维的固有矛盾；同为器官移植题材的《凶宅美人头》（1989）改编自苏联作家别利亚耶夫的小说，美女换头显然更具凶杀与色情的商业噱头，但影片涉及到排异反应等科学前沿问题，不像《合成人》那样随意。

在1980年代的自由思想热潮中，世界未解之谜、超自然灵异现象等题材也大行其道。《潜影》（1981）以自然界中的电磁记录现象为设定，带有很强悬疑、惊悚性质。《霹雳贝贝》（1988）则是一代人的集体记忆。这部儿童题材的电影，借外星人、UFO话题，讲述小男孩贝贝的奇特经历，哀叹童年奇趣、独特个性都随成长而消失，表达了独生子女深深的孤独感。2023年上映的另类科幻电影《宇宙探索编辑部》折射了这个时代的风貌，堪比科幻共同体的一枚非典型切片。

市场化改革在1990年代一度使中国电影遭遇空前危机，电影生产也在多元化和低成本路径上挣扎。《隐身博士》（1991）讲述隐身药被用于犯罪，是科幻史早期同类题材的翻版，在科技意识上显得落后时代；《大气层消失》（1990）、《毒吻》（1992）则切中时代话题，折射经济高速发展过程中的污染问题，带有恐怖惊悚要素，也是使用科幻元素的自觉探索；《魔表》（1990）和《疯狂的兔子》（1997）是张之路继《霹雳贝贝》之后编剧的电影，前者带有喜剧色彩，借一块能回应许愿的手表讲述成长的意义，后者夹杂了飞碟绑架、儿童失踪等话题，涉及游戏沉迷这样的现代题材；1995年上映的《再生勇士》融合了基因技术救治植物人、人体芯片植入与思维控制等科幻想象，作为一部动作片在中国电影整体衰落之际颇具产业探索价值，但跟其他零星制作一样，难以进行有影响的表达和传播。

2002年张艺谋的《英雄》开启现代中国商业大片之路，但科幻电影重拾希望要等到2015年刘慈欣的《三体》获得雨果奖，才将“科幻”概念重新植入中国电影的愿景，并随着电影市场的指数级增长，走上了通往《流浪地球》《疯狂的外星人》《独行月球》等大片的成功之路，“科幻电影元年”的讨论甚至成为大众话题，科幻电影、动画与剧集的尝试渐渐多起来。2023年，《流浪地球2》成功热映，《三体》电视剧高口碑播出，以及国家政策导向对科幻文化的支持等等，共同激发起了新一轮科幻热潮。

香港科幻电影

跟内地相比，香港电影有过更多带有科幻类型元素的作品，但因市场容量等多重因素制约，科幻类型多混杂在其他类型之中，始终不是香港电影工业的主流，而且较多跟风、山寨的搞笑之作，虽具研究价值，但独特、独立而又具有工业规模的原创制作并不多见。

《生死搏斗》（1977）是少有的严肃制作。该片改编自美国著名科幻作家詹姆斯·冈恩短篇小说《不死的人》，讲述有人被科学家发现血液含有长寿成分，于是引来了富豪追杀。这是一部工整成熟的商业动作片，曾引进内地获得巨大成功。《铁甲无敌玛利亚》（1988）混杂了警匪、枪战、动作类型元素，充满男性友谊和港式喜剧桥段，夸张的机甲和武器设计、浮夸戏谑的表演和大量机器人打斗场面使其赢得某种邪典娱乐片地位。

香港科幻片较突出的成就是改编自倪匡作品的卫斯理系列电影。《卫斯理之霸王卸甲》（1991）围绕对风水的争论，融入了传统与现代理念的冲突，极具中国本土性。《卫斯理之老猫》《卫斯理之蓝血人》则更多是带有外星人元素的动作片。

香港回归后，特别是2003年国家出台新的电影政策之后，香港电影人大举北上，出现了一批如《神话》《长江七号》《未来警察》《全城戒备》《机器侠》《美人鱼》这样的合拍科幻片，包括2022年暑期档上映的机甲大片《明日战记》等。香港电影在武打、特效、故事通俗性方面始终保持较高水准，但科幻思想领域的探索不足，有待与内地电影业者共同进步。

有必要指出，《银翼杀手》带有香港邵氏影业的资本印记，影片大量以香港景观为特色或许与此相关，却不经意地制造出了赛博朋克标志性的“东方主义”景观，虽难以被称为香港电影，但却提示了后现代语境下，文化生产内在的全球性与跨国性。跟科幻电影本身跨越边界而难以界定的身份一样，未来香港电影（包括科幻）的身份认同也将变得更加复杂。

台湾科幻电影

台湾电影的商业类型在整体上不够发达，科幻片也较少，这是多种因素的结果。但随着上世纪亚洲“四小龙”经济起飞、全球化进程以及新世纪以来科技成为其重要支撑产业，台湾科幻影视的生产并不缺位。

《袋鼠男人》（1995）讲述一位丈夫在妻子失去子宫后自己设法怀孕的故事，着重探讨性别角色议题，依靠表演和很少的特效化妆而成功，是兼顾科学设定和人文细节的优秀作品；《外星人台湾现形记》（1999）更多政治讽喻；《双瞳》（2002）讲述一桩利用科技来制造迷信的诡异凶案，影片血腥恐怖，却是华语片少有的技术惊悚恐怖片佳作；《神选者》（2007）讲述神秘的特异功能组织在幕后操纵影响社会；《基因决定我爱你》（2007）制作上较为成熟，基因药物改变性格的设定更像早期科幻电影那些魔法药水、隐身人的幽默故事。《缉魂》（2021）改编自中国新锐科幻作家江波小说《移魂有术》，作为一部惊悚悬疑片，掺杂了民间巫术色彩，在华语科幻的主题探讨上有一定突破。

近年来，流媒体巨头Netflix的全球扩张也为科幻影视的生产带来了新的可能性。在这一平台上播出的台湾科幻剧集如《你的孩子不是你的孩子》（2018）揭示单一价值观对亲子关系的扭曲，是对中式传统文化的深刻反思。

科幻文学和科幻电影的起落在中国无不伴随着现代化的每一步进程。我们不妨用一则观众与电影互动的新近逸闻来结束本章：被科幻影迷称作台湾“邪典”的特摄片《关公大战外星人》（又名《战神》，1976）经台湾导演彭浩翔巨资修复后，在2020年金马奖期间献映，按现在眼光看，这部由陈洪民制作于1976年的台湾电影可谓表演造作、故事荒诞不经，却把科技、传统、大众娱乐、后现代“坎普”美学、以及两岸三地关系等众多话题带给观众，或许是华语文化圈内有关科幻电影的观念与实践的一个小小注脚。

【本章撰写：夏彤（西夏）】

课后思考：

1. 你喜欢“机甲科幻”这个子类型吗？它有哪些特点、有什么代表作？

2. 你认为“超级英雄”电影是科幻电影吗？为什么？

3. 在电影《流浪地球》上映之后，有一篇题为《流浪地球，不及格》的评论引起了巨大的争议。请阅读这篇文章，并阐述自己对该文全部或部分论点的看法。

推荐阅读：

1. [英]凯斯·M.约翰斯顿：《科幻电影导论》，夏彤译，北京：世界图书出版公司，2016年。

2. [美]兰德尔·弗雷克斯：《詹姆斯·卡梅隆的科幻故事》，潘志剑译，北京：新星出版社，2020年。

3. 西夏：《外星人的手指有多长：世界经典科幻电影评论集》，成都：四川科学技术出版社，2016年。

4. 电子骑士：《银河系科幻电影指南》，北京：世界图书出版公司，2017年。

5. 江晓原：《江晓原科幻电影指南》，上海：三联书店，2020年。

6. 郑军：《光影两万里：世界科幻影视简史》，天津：百花文艺出版社，2012年。

第二章 科幻动画

作为一种拥有连续视觉的生物，人类记录和传承动态画面的尝试，甚至能够追溯到文明诞生之初。在位于西班牙北部的坎塔布连山区，考古学家们在19世纪70年代发现了著名的阿尔塔米拉洞穴岩画。在这些两三万年前的岩画中，出现了一只被画了多对蹄和多条尾巴的野猪。就画面本身来看，绘画者显然是要表现野猪在迅速奔跑时所呈现的视觉现象。这被认为是人类已知最早的动画尝试。

到了近现代，科学技术的发展充当了现代动画的助产士。19世纪20年代末，比利时物理学家约瑟夫·普拉托最早用科学的方法，向世人揭示了视觉残留现象的奥秘。1877年，法国人埃米尔·雷诺发明了“光学影戏机”，现代动画由此发源。

第一节 动画与科幻动画

动画，译自英语的“Animation”。这个词源自拉丁语的anima与animare，anima意为灵魂，animare意为赋予生命。所以，“动画”的本意可以理解为赋予画面以灵魂与生命。

1980年，国际动画组织（ASIFA）在南斯拉夫萨格勒布会议中将“动画”定义为：“动画艺术是指除真实动作或方法外，使用各种技术创作活动影像，亦即是以人工的方式创造动态影像。”[1]这个定义揭示了动画的本质特征：无限创造的可能性。由于可以不受真实的生活场景，甚至物理法则的约束，动画创作者几乎拥有无限度的创作空间。相比于真人影视，动画作品往往更容易展现一些非现实性的场景，从而大大扩展了视听艺术的表现范围。这让动画几乎成为一种天然的科幻传播媒介。

就形态来说，动画可分为基本形态和定格动画两种。动画的基本形态是在特定的记录介质上（画纸、赛璐珞片或电子介质等）绘制静态画面，再借由摄影设备或计算机设备摄

1 薛锋、赵可恒、郁芳：《动画发展史》，南京：东南大学出版社，2006年，第4页。

制或转换成能够供人观看、具有特定意涵的连续影像。在此基础上，将拍摄静态画面改为逐帧拍摄实景对象，并连续放映，使这些图像形成活灵活现的人物及特殊的场景，就是定格动画。根据具体实景对象的不同，定格动画又可分为“粘土动画”“木偶动画”“剪纸动画”等不同种类。

赛璐珞片：亦称“明片”“化学板”“动画片基”等。因其材质要求必须无色、透明、不易燃烧，一般采用醋酸纤维或涤纶薄片制成，是手工绘制动画的主要原材料。在描线、上色等工序中广泛使用。

就功能而言，动画有广义和狭义之分。狭义动画专指具有完整影音要素和独立叙事结构的动画片。按播放介质不同可分为：动画电影、电视动画、独立影像动画、流媒体动画等。广义动画除狭义动画外，还包括功能性动画，如作为影视特技的动画、电子游戏中包含的动画等。作为其他综合性艺术作品的有机组成部分，这些功能性动画发挥了重要作用。

科幻动画是以科学幻想为题材类型的动画作品的总称。相比于其他媒介，动画在科幻题材的表现上有其独特优势：第一，视觉呈现的高可能性，由于动画在原则上可以脱离任何物理实景，完全达成创作者对于所要表现故事和场景的视觉预期，因而相比于其他媒介，动画给了科幻创作者更加丰富的视觉呈现手段，让创作者实现其创作意图。第二，创作侧重点的高弹性，以影像方式进行科幻创作最难平衡的就是叙事与视效，而动画本身因播放介质的不同，受众观赏动画的侧重点也有所不同，在制作成本大体相当的前提下，创作者可以根据不同介质的传播特性较为灵活地选择创作的侧重点。第三，强衍生性，其他媒介的科幻作品可以较为容易地改编成科幻动画，科幻动画也能衍生出其他科幻文化产品。

从来源上看，科幻动画可分为原创科幻动画、改编科幻动画和IP衍生科幻动画三类。原创科幻动画是指无其他媒介的先导作品，从零开始进行创作的科幻动画作品，如《机动战士高达》。改编科幻动画，是指有其他媒介先导作品的科幻动画。这是科幻动画中最常见的一类。IP衍生科幻动画是指由同一个“IP核”[1]派生出来的跨媒介系列作品中的动画类作品。这类作品往往和系列中的其他作品共享同一个世界观架构，但又拥有独立的人物形象和故事体系，如《星际迷航：动画版》《星球大战：义军崛起》等。

1　IP是Intellectual Property的缩写，直译为：知识产权。在当今的文化领域，IP有多重含义，一般理解为文创（文学、影视、动漫、游戏等）作品的核心创意、核心故事、核心人物或其商业价值及变现潜力。此处的“IP核”是指不同媒介、不同故事线的科幻作品所共享的世界观架构以及整个故事宇宙的主时间线。

《星际迷航：动画版》海报

动漫是发达商业环境下，动画与漫画两大不同媒介相互融合的一种现象。从20世纪20年代开始，动画制作者就开始将畅销漫画改编成动画片。到20世纪50年代，美国和日本的漫画创作者不约而同地开始将电影的分镜手法运用到故事漫画中。具体做法就是将大小不同的画格排列在一起，造成类似镜头推移的效果；通过在画面上绘制拟声词的方法，使无声的画面能够表现出音响效果等。这些对于传统漫画技法的革新，使得故事漫画成为真正意义上的“纸上连续剧”。更为重要的是，这种新技法的出现，标志着漫画创作的“动画化”成为一种发展趋势。尤其在日本，手冢治虫在科幻、漫画及动画三大领域，都扮演了革新者或开创者的重要角色，有力地推动日本动漫最终发展成为一种具有独立特性的新艺术媒介。从20世纪末开始，随着计算机动画技术在影视领域的广泛应用，虚构场景的“实景化”在视觉效果和成本控制方面都取得了革命性的进步，将故事漫画的创作逻辑应用到真人影视作品中成为一种新的趋势。漫威电影宇宙（Marvel Cinematic Universe，MCU）的出现，不仅让电影与动画之间的界限变得模糊，也在广义上实现了动画与漫画之间的跨媒介闭环。值得注意的是“动漫”这个名词最早是由中国人提出的。[1]

动漫产业是指以“创意”为核心，以动画、漫画为基本表现形式，包含动漫、图书、报刊、电彩、电视、音像制品、舞台剧和基于现代信息传播技术手段的动漫新品种等动漫直接产品的开发、生产、出版、播出、演出和销售，以及与动漫形象有关的服装、玩具、电子游戏等衍生产品的生产和经营的产业。产业化是商业化动漫可持续发展的必然选择。目前，美国、日本、中国都已经成为公认的动漫产业大国。

第二节　拓荒“新大陆”：美国科幻动画

作为第二次工业革命的主要受益者之一，美国在19世纪末、20世纪初，进入了自身经济社会发展的黄金时代。电影作为第二次工业革命的重要成果，也在这一时期开始在美国社会生根发芽。最初仅仅是作为电影附属品的动画，借助当时美国庞大而富有朝气的消

1　“动漫”一词，源出自1998年11月创刊的《动漫时代》杂志。《动漫时代》首先在华语世界叫响了“动漫”这个名词。此后，业界相沿成习，用“动漫”来指代动画、漫画及相关行业。

费市场，获得了发展成为独立艺术品类，并走向专业化、商业化的空间。

1906年，被誉为“美国动画之父”的詹姆斯·斯图亚特·布莱克顿拍摄了动画影片《滑稽脸上的幽默相》。这部影片被认为是美国乃至世界动画史上第一部现代意义上的动画片。

1914年，美国动画家温瑟·麦凯完成了他的动画代表作《恐龙葛蒂》。这是一部真人表演与动画相结合的影片，于1914年2月8日在芝加哥宫殿剧院上映。这部影片的主要内容是麦凯本人指挥已经灭绝的史前动物恐龙进行表演，其中还描绘了很多跟恐龙习性有关的场景——尽管以今天的视角来看，这些描绘带有太多的“纯幻想”成分。因而，完全可以认为《恐龙葛蒂》是动画史上的第一部科幻动画片。

《滑稽脸上的幽默相》画面

《恐龙葛蒂》海报

二十世纪二三十年代，美国动画业进入狂飙突进的黄金期。华特·迪士尼及其领导的迪士尼兄弟工作室在期间扮演了关键性角色。其最大贡献不仅仅是推出了一系列的划时代经典动画作品和卡通形象，更在于让动画工作室从手工小作坊转变为人员众多、分工明细，能够以工业化方式大量制作动画片的大型制片厂，还建立了以米老鼠俱乐部为中心的全新衍生品营销体系，从而奠定了现代动画产业的基础。尽管这一时期，很难找出一部完全意义上的科幻动画片，但不可否认的是，像《米老鼠与唐老鸭》《大力水手》《贝蒂小姐》等当时非常流行的动画作品中都或多或少含有一些“科学幻想”元素，这为后来科幻动画片的流行打下了基础。

第二次世界大战期间，为了进行战争动员和募捐，美国政府向包括迪士尼在内的多家动画制作公司下达了大量宣传性动画片的订单，客观上促成了以超级英雄为主角的漫画改编科幻动画片的涌现。此类动画的首作《超人：机械公敌》诞生于1941年，由派拉蒙电影公司制作发行，由戴夫·弗莱舍导演，片长10分钟。

二战结束后，美国成为世界上仅有的两个超级大国之一。战后国际秩序的重建、大量为战争开发的高新科技转向民用领域以及战后婴儿潮等因素的叠加，造就了美国在二十世纪五六十年代的大繁荣。尤其是电视机的普及，为动画提供了全新的传播媒介。以汉纳-巴伯拉（Hanna-Barbera）、飞美逊（Filmation）为代表的新世代动画巨头开始崛起，观看动画片也开始成为美国人日常生活的重要组成部分。这一时期，较有代表性的科幻动画片有《太空勇士》《鸟人与银河三重奏》、《罗德男孩太空历险》以及飞美逊版《超人》等。

《超人》片头画面

值得注意的是，这一时期也是美国科幻电影发展的一个重要时期，而定格动画技术在这一时期的科幻电影中被广泛使用。在1953年上映的科幻电影《原子怪兽》中，动画师雷·哈里豪森首创了黑色遮罩技术（matted out），即在负片胶片上将某一部分涂黑，在正片胶片上这一区域就是透明的，这样就可以将预先拍摄好的背景和前景分别叠加合成到定格动画段落的底层和上层，再利用一些柔光滤镜弱化分层边缘的“硬边”和定格动画角色过于清晰的光影，达到非常逼真的合成效果。不过，由于这项技术在当时成本高且拍摄周期长，只有好莱坞的电影巨头才有能力负担。而在大洋彼岸的日本，一个名叫圆谷英二的东宝电影公司特技师为了以低成本达到类似的拍摄效果，想出了让真人演员穿着皮套扮演怪兽的方法，拍出了在美日两国都有极高知名度的怪兽科幻电影《哥斯拉》，从而开创了“特摄”这一极具日本特色的科幻影视类型。

《原子怪兽》海报

到了二十世纪七八十年代，美国动漫产业也开始了全球布局，一方面在欧洲和日本等地设立合资或独资动画公司，既向当地输出美国动画片，又将当地的动画生产要素整合进美国的动漫产业链；另一方面，则是将海外的优秀动画产品引入美国市场。1985年在法国播映的《闪电战士》就是一个代表。该片是由法国、加拿大、日本和美国联合制作的电视动画系列片，每集22分钟，共制作了65集，讲述宇宙英雄杰生带领着闪电联盟及闪电战斗车队，奔波在星际间，一边寻找父亲，一边同名为沙巴的反派恶势力作战的故事。

《变形金刚》海报

与之类似的还有《变形金刚》系列动画。1983年，美国著名玩具经销商孩之宝公司将最初由日本特佳丽公司开发的塑料变形机器人玩具引入美国。为了配合玩具销售，孩之宝与漫威漫画合作，推出了《变形金刚》漫画。随后，又与日虹影视和漫威影视联合推出了3集动画片《变形金刚：难以置信》。由于收视反馈良好，这部原本仅作为玩具广告片的动画作品被扩充为电视动画连续剧。最终成为广为人知的《变形金刚》G1系列。

而将国外优秀动画作品引入美国本土，最典型的就是《太空堡垒》。1984年，美国金和声（Harmony Gold）娱乐公司获得了日本动画片《超时空要塞Macross》在北美地区的发行许可。但由于原作只有13集，而要在北美地区播放一季，至少需要65集。于是，金和声又购入了《超时空骑士团之南十字军》以及《机甲创世纪》等两部同类型的日本科幻动画片。通过对原有动画片的重新剪接和编辑，重构原有的剧情和人物关系，将三部毫不相干的动画作品连成了统一整体，还将剧中角色姓名进行了“西方化”，并编配了全新的音乐和插曲，让这部动画片更加适应西方人的欣赏习惯。该片于1991年由上海电视台引进，后又在中国多家省级电视台播出，引发了自《变形金刚》后国内又一轮科幻动画热潮，成为众多80后、90后的科幻启蒙之作。

进入新世纪，美国科幻动画仍旧保持着旺盛的发展势头，而网络新媒体的成熟为科幻动画带来了更多与亚文化结合的可能性。2013年，由贾斯汀·罗兰德和丹·哈蒙为网络深夜卡通节目“成人专享”（adult swim）创作的成人动画科幻情景喜剧《瑞克和莫蒂》上线播出。动画的故事主线围绕着天才科学家瑞克·桑切斯和外孙莫蒂·史密斯在多元宇宙或异次元空间中不断穿梭的各种奇遇展开。其中，既有硬核烧脑的情节设计，又充斥各种美式幽默和时政吐槽，具有非常强的网络传播效果。迄今为止，已制播六季，在北美地区单集播放量均维持在百万以上，获得过IGN奖、安妮奖、黄金时段艾美奖等重要电视奖项。

Netflix在2019年推出的科幻动画短篇集《爱，死亡和机器人》则采用了颇有互联网风格的“混搭模式”——每一季的每一集都由不同导演指导，采用不同的画面风格，讲述各自的故事，围绕主题，自成一体，充分展现了动画艺术在表现科幻主题上的独到之处。目前，已上线三季。尽管后两季的口碑有逐渐下滑的趋势，但在自媒体二次创作日趋活跃的当下，始终在全球社交媒体中保持着较高的话题度。其中最具代表性的篇章有《齐马蓝》《狩猎愉快》《吉巴罗》等。《齐马蓝》以一个超级机器人星际艺术家寻找自我生命本源为故事主线，重新诠释“破解科技对人的异化”这一经典命题。《狩猎愉快》则熔志怪传奇与蒸汽朋克于一炉，将前现代、现代与后现代的冲突图景编织进同一个故事，展现了一种跨类型、跨文化、跨时空的独特人文情怀。《吉巴罗》则以地理大发现时代欧洲殖民者对美洲的殖民掠夺为背景，运用极具真实感和冲击力的CG动画讲述人性中的贪婪终将反噬人本身的讽喻。

《瑞克和莫蒂》海报

第三节 吸收再创新：日本科幻动画

动画对于日本来说是地道的舶来品。从现存的史料来看，日本电影放映活动始于1897年3月的横滨。此后十余年间，有记录显示，大量从欧美进口的动画片开始在日本放映，并受到日本观众的欢迎。这也刺激了日本本土的创作者，促使他们尝试制作动画片。

1917年1月，日本漫画家下川凹天创作的动画片《清洁工人芋川椋三》在东京浅草电影俱乐部公开放映，日本动画史由此发轫。二战前，日本动画片中几乎没有科幻题材的踪迹。但战后，在日本固有的科幻文学传统和美国科幻文化强势输入的共同影响下，日本本土科幻动画片开始茁壮成长。在这个过程中起到关键作用的是手冢治虫。

日本“漫画之神”手冢治虫

手冢治虫，本名“手冢治”，1928年生于大阪。少年时代，手冢治虫就把“漫画家”作为人生志向。与此同时，他还对科幻小说产生了浓厚的兴趣，并与当时日本著名科幻作家海野十三取得了联系。此后，科幻和动漫就成了手冢治虫艺术生涯的两大支柱。

20世纪50年代，日本电视业开始起步，随之而来的是对电视动画片的大量需求。此时已经是日本漫画界领军人物的手冢治虫看准了这个机遇，决心创办自己的动画公司。1961年，手冢治虫在自己的漫画工作室里设立了一个动画分部。1962年1月，正式将其命名为“虫制作公司”（以下简称“虫制作”），转年便着手将手冢治虫的成名作《铁臂阿童木》改编成电视动画片，并在这个过程中开创了日本电视动画的“手冢治虫模式”。

《铁臂阿童木》（1963）片头

1963年，日本富士电视台开始播出《铁臂阿童木》，拥有“十万马力、七大神力”的原子小超人阿童木迅速征服了电视机前的日本观众，第一集收视率为27.4%，最高收视率达到40.3%。各种带有动画角色形象的商品随即走红，4年间版权费收入达到5亿日元。《铁臂阿童木》的成功产生了巨大的示范效应。《铁人28号》《原子超空人》等作品相继推出，在日本掀起了战后第一波科幻动画热潮。同一时期，石之森章太郎创作了《改造人009》、藤子·F.不二雄创作了《多啦A梦》，这些日本科幻漫画的标志性作品在二十世纪六七十年代均被动画化。松本零士则在1974年以导演的身份，参与了科幻动画片《宇宙战舰大和号》的制作。以往日本科幻动画基本上走的都是“重设计、轻设定”的软科幻路线，而《宇宙战舰大和号》首次在科幻动画创作中引入了严谨的世界观设定和写实风格的机械设定，为这类作品的“硬核化”打开了通路，成为日本科幻动画的转型之作。后来，松本零士又创作了《银河铁道999》《宇宙海盗上尉哈洛克》等动漫作品。这两部作品都属于科幻与奇幻类型的混合之作。

1972年，由永井豪原创，东映动画制作科幻电视动画片《魔神Z》开播，开创了日式机甲动漫的先河。机甲动漫是日本科幻的独创类型，以人类驾驶巨大人形机器人作战为基本剧情线索，分为非写实性的“超级系”和写实性的“真实系”两大类。《魔神Z》也是系列化机甲动画的开端。作为姊妹篇的《大魔神》和《UFO机器人古连泰沙》接力播出。整个系列热映近两年，最高收视率达30%。而在1974年的“东映漫画节”放映的动画电影《魔神Z对暗黑大将军》更是开创了在同系列的动画电影版中揭晓电视动画版结局的先例。

机甲：对应日文“メカ”或英文“mecha”，专指科幻作品中由人穿戴或驾驶（非遥控）的自动化人型兵器。其概念最早见于罗伯特·海因莱因《星船伞兵》中的“动力装甲”。后来逐渐发展成美式等身机甲与日式巨型机甲两大流派。在科幻作品中，机甲主要由人类驾驶者主导操作，而武装机器人则是由人工智能控制作战。

1979年，日本科幻动画迎来了划时代的巨作《机动战士高达》。其最显著的特征就在于严谨的科学设定和军事情景设计，从而使日本科幻动画摆脱了将科技元素仅作为动画片中的机关布景或噱头的做法，转而通过追求“科学性”以达成高可信度和高还原性的硬核向作品（硬科幻）。1980年7月，日本著名玩具制造商万代公司，推出“机动战士高达”主题模型玩具（钢普拉），受到热烈追捧。科幻衍生品的商业价值开始为一般日本人所认知。

《机动战士高达》海报

1982年10月开播、后来被美国引进的电视动画片《超时空要塞Macross》把日本的科幻动漫热潮推向了一个新的高度。继电视动画版后，1984年上映的动画电影版《超时空要塞Macross：可曾记得爱》，影响力更是超越了动画的范畴，成为日本科幻电影史上的杰作。

《超时空要塞Macross：可曾记得爱》同名改编漫画

独立影像动画：即OVA（Original Video Animation）。20世纪70年代末80年代初，录像机开始在日本家庭中普及，录像带租赁业也随之兴起。这让影视制作公司看到了一条不通过电影发行公司、电视台等传统影视播放渠道，直接向观众提供影视作品，并获得收益的新渠道。于是，从20世纪80年代中期开始，大量OVA录像带（后来逐渐演变成VCD、DVD介质）被推向市场，其中包括大量科幻动画作品。最具代表性的就是根据日本作家田中芳树同名小说改编的《银河英雄传说》系列，分四部发行，共110集。

《阿基拉》海报

在日本科幻动画欣欣向荣的同时，从业者也在寻求自我突破的道路。1988年7月16日上映的科幻动画电影《阿基拉》，将日本本土独特的“战后情结”与科幻新浪潮风格相融合。导演大友克洋在这部节奏快速、场面宏大、情绪癫狂的动画作品中穿插了对人类和社会的深层思考，千疮百孔的“新东京市”表达了他对绝对统治和绝对秩序的厌恶。

1995年上映的动画电影版《攻壳机动队》，则是日本科幻动画中的“赛博朋克”题材代表作。导演押井守在充分尊重漫画原著的基础上删繁就简，充分发掘了原作的科幻内核，并以精准的视听语言，呈现了一个前所未有的赛博朋克世界。

同在1995年，一部在此后二十多年间对日本乃至世界科幻界影响深远的动画作品《新世纪福音战士》开播。该片由GAINAX公司、龙之子工作室共同制作，庵野秀明任导演。电视动画版于1995年10月4日至1996年3月27日在日本东京电视台首播，全26集。1997年又推出了两部动画电影版，第一部为总集篇，第二部《Air/真心为你》为最终结局。

《新世纪福音战士》的成功可以归结为以下几个方面：首先，世界观设定严密，给受众留下足够的探究乃至“嬉戏”空间；其次，拒绝成长的主角脱离了同类作品中常见的人物形象套路，展现出另一种更为真实的存在向度，反而给受众带来了一种信服感；再次，机体设定的虚实背反，打破了传统日式机甲的机体设定中，“真实系”追求现实感，“超级系”追求视觉夸张性的二元分裂，真实与虚幻借由动画这个艺术媒介强行绑定于同一机体之上，但又没有给人以违和感，堪称是同类作品中独树一帜的存在；第四，革命性的视听语言运用，大量使用了复杂的电影剪辑方法以及非线性的叙事方式，以及快速镜头切换和蒙太奇的运用，进一步烘托出作品本身的超现实性。

然而，进入新世纪后，日本科幻动画几乎是在一瞬间跌入了低谷。尽管随着技术的进步，众多经典作品或翻拍，或推出续集，但已经无法再现当年的辉煌。在一片愁云惨雾中，NHK于2003年播出的《星空清理者》是一部难得的科幻动画佳作。全片以在太空站中从事太空垃圾回收工作的一群普通公司职员的工作生活为故事主线，将现实中的人际关系置于太空这个特殊的场景之中，展现了一种科幻现实主义的风格。

《夏日大作战》海报

2009年，日本青年动画导演细田守推出了科幻动画电影《夏日大作战》。这是一部将日式流行文化、纯爱青春片叙事模式与赛博朋克题材完美融合的动画电影作品。该片获得了2010年安那翰国际电影节最佳动画电影奖以及第83届奥斯卡最佳动画奖提名。

值得注意的是，跨媒介改编正在成为日本科幻动画新的增长点，如《寄生兽》《命运石之门》《暗杀教室》《刀剑神域》等作品。但这些作品能否经得起时间的检验，成长为新的科幻经典，还有待观察。

第四节　后起之秀：中国科幻动画

与日本的情况相似，最早在中国上映的动画片来自进口。1918年开始，法国和美国的动画电影陆续传入我国，给予中国第一代动画先驱们以艺术和技术的启蒙。1923年，当时任职于英美烟草公司（上海）滑稽影片画部的杨左匋制作了动画广告短片《暂停》，宣告了国产动画片的诞生。1957年4月，以原上海电影制片厂美术片组为基础，抽调全国动画制作及儿童文艺领域的骨干力量，正式组建上海美术电影制片厂（简称“美影厂”）。此后，直到改革开放初期，美影厂都是国内最重要的动画（故事）片生产制作单位。

在相当长的历史时期内，美影厂并没有拍摄出一部完全意义上的科幻动画片，仅在《没头脑和不高兴》（1962）、《奇怪的球赛》（1979）、《园园和机器人》（1980）等作品中融入了某些科幻元素。究其原因，从宏观角度上看，新中国建立到改革开放初期，中国社会总体上还处于工业化、城市化的早期积累阶段，尚缺乏科幻文艺发展繁荣的群众土壤。

《小小机器人》海报

从微观角度上看，美影厂在计划经济体制下，生产能力有限，选题范围也受到各种因素的制约。本应向动画制作单位输送创意的中国科幻文学，这个阶段也还在不断摸索中，作为有限。

中华人民共和国成立后的第一部科幻动画片是由北京科学教育电影制片厂（简称“北京科影厂”）于1981年推出的《小小机器人》。该片于1979年至1980年间摄制完成，邬强任导演。影片的主要内容是小主人公小力到“机器人医院”参观各种神奇的机器人和高科技医疗设备治疗病人。

1986到1987年间，美影厂推出建国后首部科幻动画连续剧《邋遢大王奇遇记》，由钱运达、阎善春等导演，每集10分钟，共制作13集。此后，美影厂又根据郑渊洁的同名小说改编制作了科幻动画连续剧《魔方大厦》，由顾汉昌、强小柏、查侃等导演，共10集，于1990年至1994年间首播。

中国科幻动画之所以能够在20世纪80年代迅速完成从无到有的转变，并呈现出蓬勃发展的势头，与这一时期大量国外科幻动画片的引进不无关系。1979年，中央电视台组团前往日本考察，商定了从日本引进动画片《铁臂阿童木》的项目。1980年，该片的译制工作由中央电视台社教部少儿组承担。当年12月7日晚19点30分，《铁臂阿童木》在中央电视台开播。这既是中华人民共和国成立后播出的首部国外电视动画片，也是首部科幻动画片，还是首部带贴片广告的电视动画片。此后《咪姆》《宇宙巨人希曼》《变形金刚》《丹佛：最后的恐龙》《太空堡垒》《蓝宝石之谜》等众多美日科幻动画片被中央电视台或地方电视台译制引进，相关的衍生品也开始通过各种渠道流入国内。

1995年初，中央有关领导同志在听取新闻出版工作汇报时，对大力发展中国自己的优秀儿童动画读物做出了重要指示。为了尽快推动落实，中共中央宣传部和国家新闻出版署经过研究，于1995年底决定制定和实施中国儿童动画出版工程，简称“5155工程”。此后二十年间，扶持国内动漫产业发展逐步上升至国家战略层面。

与此同时，在世界范围内，动画行业的计算机革命悄然而至。原本高度依赖手绘生产的动画片制作环节开始逐渐被数字图形图像技术取代。计算机3D图形技术的发展，让3D动画片取代传统2D动画片成为大趋势。这一方面动摇着中国动画业在当时全球动画产业大分工中“来料加工”的产业角色，另一方面也给了中国动画业借助技术变革实现“弯道超车”的机遇。于是，在中国动画业努力求新求变的过程中，科幻题材就成了一个重要的突破方向。

2005年，号称“中国首部全3D动画电影”的《魔比斯环》上映。尽管对标同时期的美国同类作品，该片无论是画面呈现还是整体叙事都乏善可陈，但在当时技术与设备存在代差、又几乎没有相关制作经验积累的窘境中，中国动画人敢于迎难而上，大胆尝试，还是值得钦佩的。

《魔比斯环》电影海报

相比之下，在电视动画领域，中国动画人选择了更为稳妥的发展策略，也就是将科幻元素融入少儿动画的创作。后来逐渐成长为新一代“国民卡通”的《喜洋洋与灰太狼》系列、《熊出没》系列就采取了这种编创方式。尤其是《熊出没》系列自2014年开始，每年春节档都推出一部在院线上映的动画电影，其中七成以上都属于科幻主题，而且随着时间推移，不仅影像质量持续提高，世界观架构和剧情设计也日趋硬核，反映了制作水平的不断提升。

在新兴的互联网影视赛道上，国产科幻动画也可谓千帆竞发，但精品却并不多见。不过，值得注意的是，2015年，改编自中国漫画家孙恒（白猫sunny）的同名漫画的动画片《雏蜂》登陆日本。这部融合了美少女和机甲等元素的国产科幻动画片在日播映，标志着海外机甲文化反哺日本市场已经成为现实。

2022年12月10日，由艺画开天制作，在bilibili（B站）平台播出的动画版《三体》正式上线播放。尽管由于改编经验欠缺等原因，播出后其口碑远低于预期，但作为中国科幻文学反哺中国动画的一次重要尝试，动画版《三体》的推出仍有不可忽视的历史意义。

《雏蜂》日文版海报

《三体》动画版海报

（本章撰写：刘健）

课后思考：

1. 优秀的科幻动画作品往往具有超越国界、乃至跨越时代的强大影响力，试寻找一部这样的科幻动画，分析并阐述这种影响力产生的内外原因。

2. 研究和分析中国动漫产业的现状，阐述中国科幻文学如何助推动漫产业发展？

推荐阅读：

1. 王建陵：《当代美国动画产业创新优势及国际竞争力的建构》，昆明：云南大学出版社，2011年。

2. 刘健：《日本科幻机甲动漫的文化主题探源》，《吉林艺术学院学报》2017年第4期。

3. 李常庆：《日本动漫在中国的传播研究》，北京：新星出版社，2019年。

4. Marco Pellitteri and Heung-wah Wong eds., *Japanese Animation in Asia: Transnational Industry, Audiences, and Success*, New York：Routledge, 2021.

5. 尼尔森·申导演动画电影《变形金刚：大电影》（1986）。

6. 细田守导演动画电影《夏日大作战》（2009）。

第三章　科幻游戏

科幻游戏是电子游戏的重要组成部分，其发展与全球电子游戏行业发展周期基本保持一致。随着电脑、手机等硬件设备的发展，科幻游戏不断迭代、更新，并实现了多平台同步运行。作为“科幻”的载体之一，科幻游戏通过视觉化乃至感官化构造出想象的场景，又通过游戏的交互性增强了科幻内核的建构，延伸了小说与电影的边界。科幻游戏主要包括太空、机器人、赛博格、生物体变异、时空扭曲以及奇诡六大类型，有的注重对科幻精神的挖掘，有的注重对未知的探索，还有的以构造宏大的宇宙观为宗旨，呈现出多样化的发展趋势。中国科幻游戏作为全球科幻游戏的新兴力量，目前处于上升阶段，未来如何在保持游戏品质的前提下，发掘中国文化资源，推出具有中国特色、中国风格的科幻游戏，值得期待。

第一节　科幻游戏简史

科幻游戏的历史几乎与电子游戏本身的历史一样长。早在1962年，《太空大战》就已经在PDP-1[1]小型机上诞生。该游戏的流程极其简单，以两名玩家通过控制设备在点状绘图显示器上操作飞船互相射击为主要内容，还可以借助恒星重力穴、超空间跃迁等元素展开更多玩法。《太空大战》是世界上第一款科幻游戏，也在电子游戏史上被认可为接近“鼻祖”地位，在后世诸如《电脑太空战》（1971）、《爆破彗星》（1979）等科幻游戏中都能看到其影子。

起源：太空题材&射击游戏

电子游戏在20世纪70年代开始获得商业成功。在这一时期，雅达利出品的家用游戏机、太东的街机等平台开始发行科幻游戏。1970年代后期任天堂、世嘉进入游戏业界后，

1　PDP-1是迪吉多（DEC）公司于1960年推出的一款计算机，被认为是史上第一款商用小型计算机。

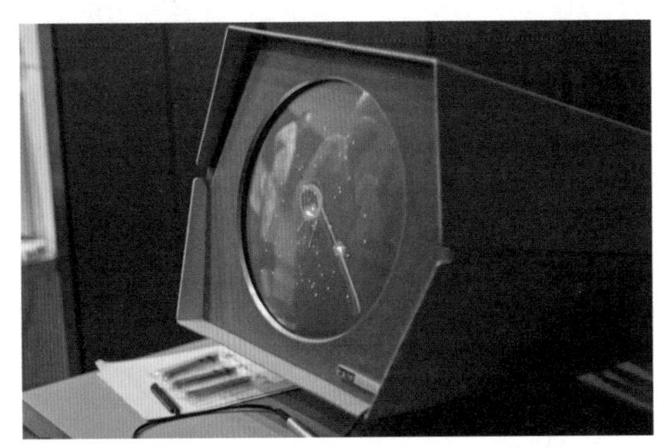

在计算机历史博物馆中运行的《太空大战》

电子游戏市场格局初步形成，科幻游戏在其中占据一席之地。1970—1980年之间，风靡一时的科幻游戏有《太空侵略者》(1978)、《小蜜蜂》(1979）等。由于“太空竞赛”[1]的时代背景，这些游戏以太空题材为主，在具体玩法方面进行了探索，可玩性得到了加强。这一时期具有代表性的科幻游戏是南梦宫开发的《太空侵略者》及其续作《小蜜蜂》，该系列作品在受到《太空大战》影响的基础上，完善游戏机制，成为卷轴太空射击游戏的雏形。进入20世纪80年代，电子游戏市场进一步发展，在1980—1982年期间涌现出《星际之门》(1981)、《月球战车》(1982）等一批太空射击游戏。这些游戏开创了部分游戏机制和游戏设计的先河，对电子游戏可玩性的提升起到一定作用。

雅达利游戏掩埋事件

游戏史上的“雅达利大崩溃”[2]事件使得北美电子游戏行业陷入第一次低谷。进入20世纪80年代中期，随着日本游戏公司任天堂发行的“红白机”[3]畅销，电子游戏业界回暖并步入蓬勃发展的时代。该时期，一批经典科幻游戏登上历史舞台，如《宇宙巡航机》(1985)、《魂斗罗》(1987）等。相比前世代雅达利、街机等平台上发行的普遍不具备完整故事设定的游戏作品，该时期以动作射击类型为主流的科幻游戏普遍开始重视游戏剧情，往往具有出色的背景设定和不俗的科幻创意，如《魂斗罗》在汲取《异形》电影情节灵感的基础上，设计出完善的未来人类对抗外星人入侵的剧情。可以认为，正是从这一批游戏开始，科幻游戏日益注重构筑完善的原创科幻情节内核。

1　一般指美国与苏联在冷战期间为了争夺航天霸权而展开的一系列太空探索方面的科研竞赛。

2　“雅达利大崩溃”指1983年雅达利出品的电子游戏《E.T.外星人》由于品质低下而滞销，随后引起电子游戏市场负面连锁反应事件。

3　任天堂旗下的第三世代家用8位游戏机，官方名称为FC（Family Computer），因为其机身颜色红白相间，中国民间俗称该产品为“红白机”。

发展：从动作射击主导走向多元并进

进入1980年代中后期，以《银河英雄传说：我们的征途是星辰大海》（1988）为代表的解谜类、策略类游戏开始绽放光彩，在新颖的游戏体验中实现对科幻创意的探索。到80年代末期，盛行的角色扮演游戏当中也出现了科幻题材，如《最终幻想》（1987）、《拉格朗日点》（1991）等作品。这些游戏承袭了RPG游戏已经较为成熟的游戏玩法，强调剧情设计，为科幻类RPG游戏奠定了较高的起点。到20世纪90年代，动作射击、太空射击类科幻游戏大放异彩。这一时期诞生的动作射击类科幻游戏如《毁灭战士》（1993）、《雷神之锤》（1996）、《网络奇兵》（1994）等成为现代第一人称射击游戏的先驱。太空射击类游戏也在该时期得到进一步发展，以《雷电》（1990）系列作品为代表的卷轴射击类型游戏日趋完善和成熟，而以《银河飞将》（1990）系列为代表的第一人称太空射击游戏凭借精良的画面吸引了众多玩家。

《沙丘2》游戏

1990年代是策略类科幻游戏快速发展的黄金时代，即时战略游戏正是在这一时期从科幻游戏当中诞生并走向兴盛。1992年，西木工作室根据同名科幻小说改编的游戏《沙丘II》问世，在这款科幻游戏当中，RTS这一游戏类型的诸多核心概念，如资源采集、基地建造、科技发展等得以确立，对直至今日的策略游戏市场以及电子竞技运动均产生了决定性的影响。在这之后，西木工作室又推出了《命令与征服》（1995）及《命令与征服：红色警戒》（1996）系列RTS原创科幻游戏。在不断的改进和优化之下，这两部平行的系列游戏以其过硬的玩法、丰富多样的剧情选择，成为迄今为止最畅销的RTS游戏之一，为无数同类游戏立下标杆。1998年，暴雪娱乐公司开始制作并发行著名的科幻类RTS游戏《星际争霸》系列。该系列游戏以星际空间为背景，凭借出色的游戏玩法和平衡性，在新世纪成为RTS类电子竞技的代表性游戏。90年代还有诸如《家园》（1999）等优质策略类科幻游戏，这些游戏都不同程度地影响到后来的科幻游戏设计理念，推动了游戏形式的革新。

1990年代，在许多经典日式科幻RPG游戏如《最终幻想》系列不断推出续作的同时，欧美也诞生了许多优秀科幻RPG作品，其中黑岛工作室开发的《辐射》（1997）系列最具代表性。该系列以石油枯竭引起的核战之后的世界为背景，以其对核战后世界面貌丰富详实的刻画，以及对人类中心主义、科技伦理等诸多经典科幻命题的深度探索，成为当代美式“废土”题材的典范之作。该时期，众多大型电子游戏开发商日益重视游戏的剧情叙述，RPG元素也融入到动作、冒险、策略以及其他许多类型游戏当中。卡普空旗下的游戏《生化危机》（1996）系列作品在情节设计方面格外成功，不仅开启了恐怖惊悚类游戏的全新时代，也凭借极其丰富的故事内核被改编为好莱坞系列大片，取得出色的票房成绩。

进入次世代：跨平台产业生态日益成型

新世纪以来，在个人电脑、游戏机以及手机等电子产品高速迭代的基础上，平台生态逐步成型，游戏市场总体进入一个稳固的繁荣期。沙盒游戏[1]和开放世界[2]游戏受到极大追捧，许多科幻游戏也在这种追逐“自由度”的游戏热潮当中诞生并带来新颖的创意，《自由枪骑兵》和《X》系列就是其中典型。2003年由Digital Anvil制作的《自由枪骑兵》是一款以人类在数千年后殖民宇宙深空为背景的游戏作品，该游戏是当时玩家自由度最高的电子游戏之一，被公认为奠定了此后太空模拟游戏最主流的玩法。在德国游戏公司Egosoft发行的相近题材游戏《X》系列当中，这种玩法被推动到了新的高度。在开放式剧情基础上，该作几乎具有无上限的游玩空间及其可能性。随着PC（Personal Computer，家用个人电脑）的普及，大型多人在线网络游戏在电子游戏市场当中占据了越来越多的份额，而为满足庞大玩家社群的游戏需求，沙盒模式也成为许多网游的开发方向，尤其在科幻网游当中得到充分发展，较有代表性的有《星战前夜》（2003）、《方舟：生存进化》（2015）等。近年来，太空模拟类科幻游戏中亦出现许多围绕航天模拟、太空建设与生存题材设计的沙盒游戏，包括《坎巴拉太空计划》（2011）、《无人深空》（2016）等。而“4X游戏”[3]作为策略类游戏的分支之一，在该时期出现了许多优秀的科幻题材作品，最具代表性的是瑞典游戏开发商Paradox Interactive于2016年发行的《群星》。在该游戏当中，玩家可以建立自己的星际文明，在与其他文明交往或冲突的基础上，对抗“天灾”以取得最终胜利。知名的4X类型科幻游戏还有《太阳帝国的原罪》（2008）、《无尽太空》（2012）系列等，题材以太空模拟类为主，这些游戏在游玩兴趣较为固

《无人深空》游戏宣传片截图

1 沙盒游戏（Sandbox Games）是一种以“模拟”为中心的自由度极高的游戏类型，往往包含多种游戏的玩法要素，玩家可以自由选择游玩方式，并与游戏环境有丰富的互动可能，一般以“创造”为游戏核心。

2 开放世界（Open World）也是一种自由度较高的游戏类型，玩家能够在广阔的游戏地图当中自由探索，通常能任意选择完成任务、推动游戏进程的方式。

3 “4X”是探索(eXplore)、扩张(eXpand)、开发(eXploit)、征服(eXterminate)的总称，以“4X”为核心玩法的策略类游戏类型被称为“4X游戏”。

定的策略游戏玩家群体当中有很强吸引力。

近年来，涌现出一批优秀的科幻游戏“3A大作”[1]，其中最具代表性的是波兰游戏厂商CD Projekt推出的《赛博朋克2077》（2020）。《赛博朋克2077》质量过硬，熔开放世界、动作冒险、角色扮演等诸多游戏模式于一炉，具有海量的游戏支线、丰富的剧情选择以及多种多样的玩法策略，成为当代3A科幻游戏集大成者，并于2022年被改编为大热的网络动画剧集《赛博朋克：边缘行者》。科幻类3A游戏的代表还有《虐杀原形》（2009）系列、《光环》（2001）系列、《看门狗》（2014）系列等，相关作品往往一经发行便畅销世界，人气居高不下，并多被改编为小说、漫画、影视剧等文艺类型，成为当代科幻作品当中不可忽视的重要组成部分。

第二节 科幻游戏分类

科幻游戏与科幻小说、科幻影视同为“科幻”的载体，一方面通过视听效果呈现科幻小说中的概念与场景，另一方面通过交互性拓展科幻影视的想象边界，增强对科幻精神内核的塑造。科学与幻想元素的存在使得科幻游戏的种类极其丰富：部分游戏立足于太空，构建出庞大的宇宙世界观，展示不同文明形态；部分游戏中的武器装备远超当今科学技术与装备制造业所能达到的水平，极具未来感；部分游戏以时间的穿梭与空间的扭转打破线性叙事，丰富游玩体验……当前，全球范围内尚无关于“科幻游戏”的明确定义，本章基于业已面世的具有代表性的科幻游戏，将其分为六大类。

太空类

这类游戏又可以分为两个子类目。一是以宏大太空为游戏背景的类似于“太空歌剧”的游戏，包括太空星舰对战、即时战略、建造等系列。具有代表性的有《星际争霸》（1998）、《星战前夜》（2003）、《戴森球计划》（2021）。这类游戏的背景设定通常并不局限于一时一地，而是惯以自然天体为基本单位，在星际之间展开叙事。在此类游戏中，玩家或置身浩渺宇宙，通过挖掘、建设、开发、交易、扩张等方式建立属于自己的领地，不断拓展对宇宙的认知；或立足文明之巅，参与不同的生命种群和文明形态间的整体分歧与全面对抗，见证在群星之间上演的壮阔史诗。较之前者，另一类太空类游戏的背景更加具体，通常是星球表面即某处异星环境或某个具体领地。这类游戏既包括《无人深空》《异星探险家》（2016）这类以探索为主题的生存类作品，也包括《光环》、《质量效应》（2007）等单人RPG或者单人射击类游戏。前者的战斗要素较少，以星球探索和星际生存为主，

1 “3A”一般解释为A lot of time大量时间、A lot of resources大量资源、A lot of money大量资金，游戏开发进程具有“3A”特征的游戏往往被称为“3A大作”。

致力于构建异星社会结构和个体生活模式。后者的战斗要素更为突出，游戏背景以星际文明冲突为主，致力于设计紧张刺激的冲突场面和战斗系统，游戏中的高科技装备与武器、重型机甲等元素是最大特点。

机器人类

“机器人”是一类普遍且典型的科幻形象，在科幻游戏叙事中往往也扮演不可或缺的重要角色。以阿西莫夫的“机器人三法则”为坐标系，根据不同作品之间的叙事分歧，这类科幻游戏大致可分化出两种方向。一是继承并发扬了“机器人三法则”的游戏。在这类游戏中，“机器人”通常与其造物主即“人类”处于同一阵营，两者通力合作，互相扶持，彼此间始终维持着积极的交互关系。由美国艺电公司发行的第一人称射击游戏《泰坦陨落2》（2016）即为这一类别中极具代表性的佳作。玩家将扮演一位“传奇铁驭”，与泰坦机甲“BT-7274”一同经历战斗、解谜、跑酷等一系列任务，最终在“BT-7274”的自我牺牲下完成所有剧情流程。与上述类别相对，另一类游戏的叙事核心则是对“机器人三法则”的背反。代表作品如《底特律：化身为人》（2018）、《尼尔：机械纪元》（2017）系列等。在这类作品中，“机器人”不仅不再受“机器人三法则”的约束，反而会站在“人类”的对立面，成为“人类”不得不面对的敌对势力，两者之间交互关系也多呈现为冲突、对抗等消极形式。总的来说，机器人类科幻游戏多以FPS或单人RPG为主，其中的“机器人”角色既作为战斗模块的必要组成部分，极大地丰富了游戏的玩法种类，也作为游戏叙事中的关键角色，在充实剧情内容、完善世界观设定等方面发挥重要作用。

赛博格类

“赛博格”作为后人类时代身体范式变革的一种整体性趋势，成为备受科幻游戏制作人和玩家们瞩目的焦点。“赛博格”意为“机械化有机体”，其在科幻或亚科幻游戏中最显著的表征即各类“义体”设定的存在。一般来说，科幻游戏中关于“义体”的设定大致存在两种情况。第一类情况是，“义体”属于角色设定的关联部分，即作为游戏角色本身的特点而存在。属于这一情况的游戏包括《生化尖兵》（1988）、《AI：梦境档案》（2019）等。在这部分游戏中，“义体”的拥有者大多为游戏主角或其他可被玩家操控的角色，而“赛博格”的诞生通常是以某种被动的条件（如战争、仇杀、决斗、诅咒等）为前提。因此，这类游戏里的“赛博格”大多是一种意外产物，是需要与其他角色相区别的异类，有关“义体”的设定也多是为满足角色塑造或战斗系统设计的需要，从而作为附加物被加以实现。对于这类游戏而言，“赛博格”并不处于游戏内容的核心圈层，“后人类”也仅仅是一种尚未自觉的边缘景观。另一类情况是，“义体”属于游戏世界观设定的关联部分。最能代表这一特质的是《赛博朋克2077》，其他如《杀出重围3：人类革命》（2011）、《攻壳机动队OL》（2015）、《合金装备V：幻痛》（2015）等游戏同样属于这一情况。在这类游戏中，“义体”并不是专属于某个单一角色的特质，而是相对普及化的道具或系统。换句话说，“义体”与“赛博格”在这些游戏中是属于世界观或游戏背景的有机组成部分，即被着力加以表现，并希望借此引发玩家讨论的核心内容。

生物体变异类

生物变异类可以称得上是除太空类之外科幻游戏的另一大主流类型，这一类型尤其常见于FPS、AVG和RPG游戏中。FPS，即第一人称射击类游戏，原本属于动作游戏的一个分支，但由于在世界范围内迅速风靡，最终成为一个单独的类型。当FPS游戏从“玩法”逐步发展、完善并嬗变为“类型”时，生物体变异这一科幻游戏题材的经典化几乎同步发生。从《雷神之锤》中通过传送门来到地球的外星怪物，到《半条命》（1998）系列里的僵尸与Xen星猎头蟹，早期FPS游戏为生物体变异类科幻游戏提供了一种生成敌对怪物的基础机制。当《反恐精英》（1999）在游戏环境、竞技理念和玩法机制上为FPS游戏确立了新的范式后，生物体变异题材也随之融入新的游戏体系，成为FPS对抗性玩法中的一类经典模式。代表这一类型的游戏作品包括《无主之地》（2009）、《地铁2033》（2010）等诸多系列游戏。AVG，即冒险类游戏，同样与生物体变异题材渊源颇深。AVG游戏在叙事方面为生物体变异题材的发展成熟提供了极大助力。如《生化危机》《辐射》《虐杀原形》《最后生还者》（2013）等系列游戏，都围绕生物体变异这一具有危机属性的核心设定，铺构了严谨精致而引人入胜的剧情，无论是游玩体验性还是内在文学性，这些游戏都堪称杰作。而RPG，即角色扮演类游戏，则与前面两者存在相当程度上的重合关系。

时空扭曲类

“时间”始终是现代科幻小说备受青睐的主题之一，演绎这一主题的科幻游戏同样是一个令人瞩目的重要类型。以对“时空”题材的开发深度为标准，时空扭曲类的科幻游戏可以用狭义与广义来略加区分。狭义的时空扭曲类科幻游戏，指的是在游戏世界观、剧情以及核心玩法方面都与“时空”要素保持密切关联的游戏。如以“时间跳跃”和世界线变动率为核心设定的视觉小说类ADV《命运石之门》（2009）；将各种时间类能力作为基础，以此来搭建战斗系统和游戏叙事的《量子破碎》（2016）；以时间机制作为关卡道具，并将独特的叙事结构与其配合，最终实现哲学命题表达的《时空幻境》（2008）等游戏。这类科幻游戏大多视“时空”为核心特色，玩家因此得以从匠心独运的游戏情节和玩法设计中领略“时空扭曲”造成的惊奇感。广义上的时空扭曲类科幻游戏通常与前者相对，所指的是仅在游戏背景、角色，或次要玩法设计方面涉及“时空”元素的游戏，如在游戏的叙事背景上包含“穿越”元素的初代《最终幻想》、在单一特殊关卡或任务环节中采取“时空转换”形式的《泰坦陨落2》（2016）等作品。除此之外，广义的时空扭曲类游戏还包括仅在表现形式和系统机制上体现特殊“时间”概念的游戏作品。前者如《马克思·佩恩》（2001）

和《看门狗》中利用“子弹时间”实现的战斗方式，即并非技能设定意义上的“时间静滞”，而是通过慢动作特效画面和真实的细节表现，使游戏外的玩家在视听层面上获得类似的体验。后者则以1986年的塞尔达初代《塞尔达传说：海拉尔幻想》（1986）为起点，通过“存档-读档”的系统回溯功能对游戏中“时空”的特殊存在形式加以具现。此外，包括《死亡回归》（2021）在内的大部分科幻背景的Roguelike[1]游戏同样应属于后者的范畴。

奇诡类

相较于其他种类的科幻游戏，这类作品所涵括的背景设定和玩法设计相当宽泛。从僵尸、变种生物等由现代科学造就的特异产物，到狼人、吸血鬼、恶魔、古神等超自然邪恶存在；从视觉小说、互动电影、解谜、卡牌、跑团，到ARPG、Roguelike、魂系、动作冒险、开放世界……[2]如此丰富而驳杂的游戏作品能够被归至一类，归根结底，是由于它们在美学层面存在相近的表现形式和共同的风格追求。严格来说，这类游戏的主题与上世纪五六十年代的典范现代科幻小说之间有相当距离，或许更应该被归为亚科幻或泛科幻类游戏。这一类别的代表作有《脑叶公司》（2018）、《潜渊症》（2019）、《蔑视》（2022）系列，以及包括《Chäos; HEAd》（2008）、《Chäos; Child》（2015）等视觉小说在内的“妄想科学ADV”系列作品。此类游戏的共同特征包括怪诞的世界观、猎奇的场景环境、可怖的敌对力量以及诡秘的故事情节。其中，相当一部分游戏直接取材于以洛夫克拉夫特所创作的“克苏鲁神话”为代表的“旧怪谈”作品，另一部分作品依然执着于科学性，试图如“新怪谈”一样，利用自然科学的逻辑法则去解释超自然的、本应不可名状的奇异现象，进而创造出融合科幻与奇幻元素的独特风格。前者如《克苏鲁异闻录》（2019）、《沉没之城》（2019），后者则如《Control》（2019）、《收容：秘密档案》（2022）等。

第三节　代表性游戏

《死亡搁浅》（2019）

在美国曼哈顿一家医院的意外事故后，世界各地发生大量正反物质碰撞导致的虚空湮灭事件，出现了“搁浅物”“冥滩”“开罗尔物质”“时间雨”等新的存在，人类生存空间

1　一般指核心玩法沿袭二十世纪八十年代游戏《Rogue》的一类游戏作品。Roguelike类型游戏在2008年的国际Roguelike发展会议上进行了明确的定义，其游戏特色通常包括非线性进程、永久死亡、重新随机生成新的关卡资源等机制。

2　卡牌，又称纸牌游戏，桌面游戏的一种，在题材上经常模仿RPG游戏的风格。跑团，指桌上角色扮演游戏（Tabletop Role-playing game），简称TRPG，一般以桌面形式展开，并通过言语描述进行，是最早的角色扮演游戏。魂系，又称魂类游戏，指以《黑暗之魂》系列为代表的一类动作游戏，其特点有碎片化的叙事方式、高难度的操作要求、复杂的地图设计、严格的死亡和保全机制、唯美黑暗的美学表达等。

被扭曲为一个陌生的异质化世界，之后一系列灾难被统称为“死亡搁浅”。灾难过后，人类逐渐疏远彼此，玩家需要在美国大陆的荒野上通过运送货物连接一个个节点城或居民避难所。玩家可以选择在连接了开罗尔网络的区域内建造桥梁、充电桩等相关设施，这些设施在其他玩家连接网络时会显示出来，形成一种隐形的相互辅助。该游戏某种程度将现实世界玩家行为与游戏中的行为进行联结。玩家在游戏中所做的，是将一个个孤独的生命连接成有机的整体，让有限的生命不再惧怕个体的消亡。当自己追寻的一切意义即将结束时，来自他人的连接让自己生命的意义得以延续，生命的传承让生命永不消逝，而是作为一个更大的整体存在于这个世界上。现实中，玩家虽然孤身一人，但“点赞”机制与隐形互助机制的存在，可以让玩家感受到来自互联网另一端玩家的真实存在，全世界玩家以这样的方式被联系在一起。

在这个游戏中，通过“死亡搁浅”这一设定，原本虚无缥缈的死亡以具体可感的方式出现在玩家眼前。死亡被定义为机体停止工作，而在死亡搁浅发生后又该如何定义呢？是灵魂和肉体的分离还是死者的灵魂越过冥滩前往死者的世界？作为被疯狂科学家利用尸体碎片拼接而成的人造人“亡人”又是怎样一种存在？死亡或许从来不意味着终结，而是一段新的开始。对于普通人来说，死亡是一个遥远陌生的词汇。当游戏制作人小岛秀夫将人类的死亡以具象化形式展现出来时，死亡成为一段旅程，是离开生者世界去往死者世界的过程。人类不必避讳死亡，也不用对死亡感到恐惧，因为这是生命的常态，通过对死亡的重新认知，或许可以定义何为生命。

《死亡搁浅》游戏画面

《地平线：零之曙光》(2017)

未来世界发生了一场名为“法罗机瘟”的灾难——机器人可以通过吸收周围的有机物快速修复自己。过于强大的AI脱离了人类的控制，开始不断攻击人类，同时吸收周围的有机物，来进行自我修复以及自主建造。为了进行应对，人类提出“零之曙光”计划，将人类的胚胎以及科技知识等保存起来，同时继续运作可以解除“法罗机瘟”的程序，等机瘟消失，再次孕育人类，重新建立人类文明。人类建立了名为“盖亚”的主AI，几十年过去，盖亚按照计划自动运行着，破解了杀人机器的AI，同时重新构建了新的生态环境，并孕育了第一批的新人类。由于没有接受必要的教育，直到地下设施的资源被完全消耗，盖亚才把新人类放进荒野中。基于自己对环境的认知，新人类开始构建属于自己的文明。但是在一种神秘病毒的侵蚀下，原本与人类和睦相处的机械兽开始攻击人类，玩家踏上了探索世界的旅途。

人与AI的关系是《地平线：零之曙光》的第一个主题。在旧时代时，由于缺少束缚，AI突破了人类的控制，反过来攻击人类。而盖亚的存在，用来帮助人类破解杀人机器，重建整个生态环境。对此时的人类来说，AI是人类的工具，其用途是执行一些人类难以完成的任务或完成重复繁杂的工作。新人类诞生之后，由于缺乏古代人类的知识，对孕育自己的AI抱有崇拜之情，尊称为“神”；而技术黑箱的存在，使得部分人无法了解AI的原理，存在一定程度的恐惧心理。人类阵营对于AI态度的极大分歧，反映出人与AI的关系是一个无法回避又无从解决的难题。另一主题是人与自然的关系。游戏中一系列灾难的元凶是人类对自然环境无休止的破坏，而在新建立的人类社会中，人们可以利用自然界的产物满足自身生存所需，同时会不断补充新的植物，这些设计背后是那个永恒的话题——人与自然和谐相处。

《地平线：零之曙光》游戏画面

《戴森球计划》（2021）

当人类文明发展到极高水平时，主脑超级计算机被创制，用于拓展文明。此时的人类可以独立建造利用恒星资源的戴森球，为文明的发展提供能量，同时把意识转移到虚拟空间中，而为了让虚拟空间足够真实，需要主脑不断提高算力。作为工程师的玩家需要在各个星球上建立工业生产体系，通过跨星系的物流系统将这些星球连接到一起，并为主脑提供工作所需的能源。戴森球计划的本质是沙盒建造游戏，玩家需要在一无所有的外星球上采集基本资源，建造属于自己的工业帝国，并在这一过程中发展自己的科技树，获得更加先进的制造工具和建筑物。游戏进程中，通过星球间甚至是恒星际航行，前往不同的星球获取其他矿产资源，着手建造属于自己的戴森球。《戴森球计划》是一款由中国本土游戏公司柚子猫工作室开发的本土科幻游戏，该工作室最初只有5名员工。这款游戏一经发售便在全球范围内收获好评，实现了口碑与销量的双丰收。随着游戏后续的不断更新，玩法与机制也在逐渐完善。《戴森球计划》目前已成为中国独立游戏的典范。

《戴森球计划》着眼于整个宇宙，探索新的星系和星球，以科技树为指导，依靠基础产品来进行拓展。当镜头拉远，呈现高耸入云的科研建筑和繁忙的生产线，一种宏大的感觉油然而生；当黑暗的、浩瀚无边的宇宙包裹了玩家的造物，人类又不能不正视自身的的渺小；当玩家在浩渺星海中找到一颗全新的星球，是一种无与伦比的感觉；当玩家在多个星系都建立起自己的戴森球，则是一种终极的科幻之美。人类拥有选择的权利，未来的征途可以是数字纠缠的电子世界，也可以是浩渺而未知的宇宙。《戴森球计划》就是这种冲向无人深空的真实写照。人类对宇宙的认知尚停留在初级阶段，从未征服宇宙，只是“幸运地”在宇宙中生存着。宇宙的未知和可能存在的凶险是人类任何时候都不能掉以轻心的。当人类不断向外探索时，需要永存敬畏之心。

《戴森球计划》游戏画面

第四节 上升中的中国科幻游戏

中国科幻游戏的开端可以追溯到二十世纪八九十年代。20世纪90年代中期，PC开始在中国大陆普及，目前可考最早的PC平台国产科幻游戏是金盘公司于1995年前后推出的《病毒大战》(1995)、《未来大核战》(1996)等作品。90年代后期，尚洋、逆火、前导、目标等多家软件公司相继推出许多PC平台的原创科幻游戏，国产科幻游戏也由此真正萌蘖。世纪之交，艰难起步的国产科幻游戏在游戏情节内容方面多以未来战争、宇宙争霸等当时的海外热门科幻题材为主导，诞生了《铁甲风暴》(1998)系列、《生死之间》(1997)系列等作品，1997年，尚洋电子发售的科幻游戏《血狮》因游戏品质与高调宣发不符，引发了大规模的负面市场反应，导致国产PC单机游戏市场急剧萎缩。尽管在2000年前后出现了《烈火文明》（1999）、《大秦悍将》（2003）等一批高质量的国产科幻游戏，但随着单机游戏市场整体下行、第一代国产PC单机游戏发展逐渐止步，国产科幻游戏仍然不可避免地告一段落。

进入新世纪，由于“游戏机禁令”[1]和“中国民族网络游戏出版工程”[2]的政策影响，PC平台网络游戏很快成为国内游戏厂商的主要阵地。在国产网络游戏的迅速崛起过程中，一些厂商发行了许多科幻题材的大型客户端多人在线网游，其中部分科幻网游如巨人网络的《巨人Online》（2007）、蜗牛游戏的《机甲世纪》（2006）等时至今日仍在运营并有着稳固的玩家群体。2005—2015年间，玩法简单、方便入门的网页游戏成为国产游戏市场不可忽视的重要部分，《赛尔号》（2009）、《枪魂》（2013）等科幻题材网页游戏盛极一时，成为许多青少年玩家的科幻游戏启蒙。此外，在世纪初的功能机、半智能机等手机平台上，国产JAVA平台手机游戏的繁荣使国产单机游戏得以延续，而体量有限的JAVA游戏当中诞生了《机甲风暴》（2015）之类可玩性和游戏品质均属上乘的作品。2015年前后，“游戏机禁令”逐步解除[3]，国产单机游戏开始以独立游戏[4]的形式复苏。

中国科幻游戏发展处于上升阶段。几次“科幻热”的出现，提升了科幻游戏在中国市场受关注的程度，电脑、手机等硬件配置的不断提升，互联网信息技术的飞速进步，是科幻游戏发展的基础，游戏厂商规模的不断壮大为游戏开发和运营提供了支撑。近年来，我国相继出台了一系列与文化产业和数字科技相关的政策和文件，如《关于推动数字文化产业高质量发展的意见》《“十四五”文化产业发展规划》《全民科学素质行动规划纲要（2021—2035年）》等，推动文化产业结构升级，进一步规范科幻游戏市场，促进数字文化产业赋能实体经济，为科幻游戏的发展提供了新的机遇。当前，中国科幻游戏市场上既有《王者荣耀》《和平精英》[5]等娱乐性强、玩家群体庞大、长期位于游戏收入排行榜前列的头部大作，也有《戴森球计划》（2021）、《暗影火炬城》（2021）、《无尽的拉格朗日》（2021）等制作精良、内核严密，在收入与口碑上均有不俗表现的“硬科幻”游戏，还有如《崩坏3》（2016）、《明日方舟》（2019）、《幻塔》（2021）等主打“二次元＋轻科幻”，在二次元美学风格基础上融入富有未来感的科幻设定，关注度较高的产品……不同类型科幻游戏逐渐培养出固定玩家群体，形成良性竞争的科幻游戏市场格局。

在我国科幻游戏发展整体向好的前景下，不能不看到其中的问题，最为突出的是大部

1 2000年6月，文化部、公安部等部门联合发布《关于开展电子游戏经营场所专项治理的意见》，由于该政策直接禁止了电子游戏设备在中国大陆的生产销售，因此常被简称为“游戏机禁令”。

2 “中国民族网络游戏出版工程”是2004年由国家新闻出版总署牵头，文化部、教育部等部门在政策上给予扶持的一项计划，与此后的《国家动漫游戏产业振兴计划》一同对国产网络游戏给予重大支持。

3 2014年，《中国（上海）自由贸易试验区文化市场开放项目实施细则》开始允许外资企业在上海自贸区从事游戏机生产销售。2016年，《国务院关于宣布失效一批国务院文件的决定》废止了2000年《意见》。

4 一般指由独立的游戏开发者、游戏工作室在没有外部发行商介入的情况下制作的游戏。

5 《王者荣耀》《和平精英》属于“泛科幻类”游戏，即游戏的世界观设定与科幻有关。

分游戏的“泛科幻”皮相，即游戏本体的科幻属性模糊，科幻在其中只是概念性的存在，属于“架空”状态。该类游戏科幻元素不够突出，以打造“科幻世界观”为主，而忽略游戏中科幻元素的真实存在，导致“科幻”概念被弱化。由此带来的是，部分游戏虽然被厂商标注为“科幻游戏”，玩家众多、产值居高不下，但玩家群体对其“科幻”标签普遍缺乏认同感，导致游戏和厂商口碑都略显尴尬。未来中国游戏厂商在持续加大游戏投入的前提下，不仅需要围绕科幻概念打造世界观，还要考虑科幻属性与玩法之间的平衡。一方面运用国际领先游戏引擎，让游戏本身具有较强的娱乐性，科学、合理地运营，保持玩家忠诚度和粘性；另一方面搭配先进开发理念，植入更多科幻元素，增强科幻在游玩体验中的支配性，突出“科幻”内容在推动游戏进程中的作用，实现从“泛科幻”到“硬科幻”的转变。同时，挖掘中国文化资源，对本土优秀原创科幻作品进行改编，推出具有中国特色、中国风格的科幻游戏，保证游戏质量，坚定文化自信，以科幻游戏助力中国科幻产业发展，提高数字文化产业品质的原创内涵，讲好中国故事。

（本章撰写：方舟）

课后思考：

1. 科幻游戏对于科幻内核的塑造有怎样的独特之处？

2. 中国科幻游戏应怎样走出一条自己的发展道路？

推荐阅读：

1. [美]简·麦戈尼格尔：《游戏改变世界——游戏化如何让现实变得更美好》，闾佳译，杭州：浙江人民出版社，2012年。

2. [美]詹姆斯·卡斯：《有限与无限的游戏——一个哲学家眼中的竞技世界》，马小悟、余倩译，北京：电子工业出版社，2019年。

3. [美]克里斯蒂安妮·保罗：《数字艺术——数字技术与艺术观念的探索》，李镇、彦风译，北京：机械工业出版社，2021年。

4. [英]威尔·贡培兹：《现代艺术150年——一个未完成的故事》，王烁、王同乐译，桂林：广西师范大学出版社，2017年。

5. [德]克劳斯·皮亚斯：《电子游戏世界》，熊硕译，上海：复旦大学出版社，2021年。

6. 王亚晖：《中国游戏风云》，北京：人民邮电出版社，2022年。

7. [美]Evan Skolnick：《扣人心弦：游戏叙事技巧与实践》，李天颀、李享译，北京：电子工业出版社，2022年。

8. [加]Tynan Sylvester：《体验引擎——游戏设计全景探秘》，秦彬译，北京：电子工业出版社，2015年。

第四章　科幻艺术

科幻艺术是科学幻想在艺术领域的拓展，是一种表现科技创新、社会发展、异域想象或未来可能的艺术形式。广义的科幻艺术包含所有以科幻为母本的艺术形式，如七大古典艺术中都有科幻语境的渗透与发展，且伴随新媒介艺术[1]的不断发展，其跨媒介外延随之拓展。狭义的科幻艺术主要指科幻题材的美术作品（插画、海报、数字绘图等）、服务于科幻世界观设定的概念艺术（设计/效果图、模型/玩具、影视、游戏、主题公园）和涉及科幻话题的当代艺术这三个方面。

科幻艺术是对科幻思想的具象化和感知化。艺术家从科幻文学中汲取营养，把脑海中的火花幻化为具体的感官体验，因而在未来学领域扮演着至关重要的角色。同时，科幻的流行样式亦通过商业文化渗透人们生活中的方方面面，植根于人类文明发展历程。因而，本章将从起源、发展、源流和展望这四个方面，对科幻艺术的整体脉络加以概说和总结。

第一节　科幻艺术的起源

科幻艺术的前史可以追溯到远古时期的岩画，以及表现未来与未知世界的萨满护符或意形图片。在苏美尔埃塔纳骑鹰升天滚印（前2100）、古希腊伊卡洛斯青铜雕像（前430）和汉代的《斗为帝车图》（约1世纪中叶）石刻中，就开始出现跨越时空的梦想之旅。而在《蒂迈欧篇》（公元前360）和《真实的故事》（约2世纪）的羊皮卷画、《山海经》（成书于战国至汉初）和《自然志》（10）的线刻插图，以及《旧约・诗篇》（约前2世纪）的世界地图中，亦充斥着人们对未知世界与神秘生物的畅想。最早的科幻艺术可追溯到中世

1　包括早期无线电与听觉图像艺术、电讯艺术，录像艺术、数字艺术、计算机艺术（CG艺术）、互动艺术、遥现艺术、全息艺术、虚拟现实（XR-VR，AR，MR）艺术、人工智能艺术等。

纪时期汉斯·魏迪茨二世[1]描绘外星来客的木刻版画作品。

阿卡德时期埃塔纳骑鹰升天滚印，不列颠博物馆藏

山东嘉祥东汉武氏祠北斗帝车图石刻，前室（武荣祠）

公元前430年，伊卡洛斯的青铜雕像，大英博物馆藏

与其他艺术相比，科幻艺术更注重以科学与理性为依托来构筑故事。该文艺观滥觞于文艺复兴，兴盛于启蒙运动，伴随科学启示的文明进程不断发展。该时期的代表艺术家是被誉为“全能天才”的意大利画家达芬奇。他以密码符号在笔记中记录了宇宙飞船、坦克、飞行机器等神来之笔的设计。此外，法国皇家科学院院长伯纳德·德·丰特奈尔的《关于宇宙多样性的对话》（1686）是最早的一批严肃讨论外星生命的可能性及其存在形式的书籍之一。该书1728年版以插画形式表现了人与外星生命的接触场景。而在“空心地球说”鼻祖丹麦作家路德维希·霍尔贝的讽刺乌托邦科幻小说《尼尔斯·克里姆地下旅行记》（1741）中，有一颗名为纳扎尔（Nazar）的小行星在空地心中运行，其上居住着一群奇异的生物。意大利艺术家菲利波·莫汉也在《月亮之国》（1783）中展示了一系列蚀刻画，描述了月亮上的神奇生物和景观。

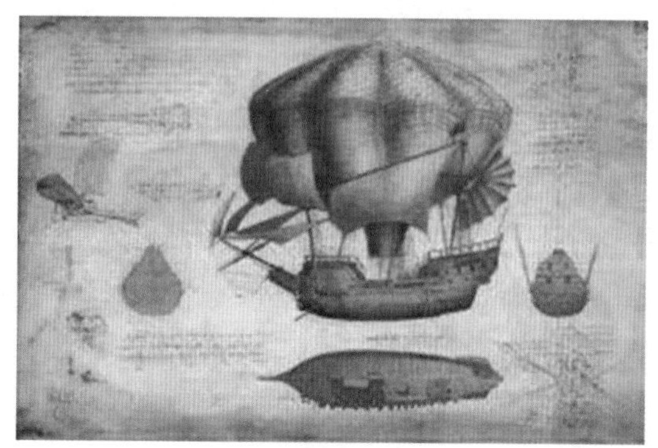
《哈默手稿》，达芬奇所作科幻设计图之一

1　汉斯·魏迪茨二世是一位德国樵夫，出生于1500年之前的某个时间，死于1536年左右。盖蒂的艺术家名单指出，他可能是德国雕塑家汉斯·魏迪茨一世的儿子，但不确定，他可能出生在弗莱堡。尽管道奇森、弗里德兰德、弗朗格等许多学者都认为汉斯·魏迪茨二世和彼特拉克大师是同一位艺术家，但关于这个问题仍然存在争议。

空心地球概念图

《月亮之国》中的插画

第一次工业革命爆发之后，伴随技术革命下科技内容在文化作品中所占比重的日趋增长，现代科幻艺术的体征也日益显著。在浪漫主义文学的鼎盛时期，早期“科学性传奇故事”逐步演变为“科幻小说”，根据其内容创作的艺术作品不断呈上升的趋势。伴随着殖民运动和工业革命达到高潮，人们开始对稀奇古怪的生物和机器产生了莫大的兴趣，越来越多的美术家开始向科幻道路转向。这些先驱包括法国艺术天才和雕刻家让·杰拉德，他为《格列佛游记》(1729）创作插画之后，又创作了插图本《另外的世界》(1844)。[1]而另一位法国小说家和美术家阿尔伯特·罗比达，则正式将科幻艺术推上历史舞台。在其彩铅稿绘下，人类城市向天空无限扩张，胎盘医用则让人返老还童。在《萨蒂南·法拉杜勒的奇妙历险记》(1879）中，他还预言了妇女解放和星际旅行。他为法国讽刺周刊《漫画》(1830—1843）连载创作了系列科幻插图并集结成画册《20世纪：电气生活》(1883)，其中预言了各种神奇的工业化机器，包括电视仪、视频电话等未来互联网设备，饱含工业革命时期人们对未来世界的美好憧憬。另一方面，罗比达也将视点聚焦于科技战争及其现代性危机，画册《20世纪战争》(1887）描述了使用机器人导弹、细菌和毒气的场面，其生化武器、超远程大炮、坦克、太空飞船和导弹被誉为是其最富想像力的创作。

同时代的英国科幻插画家中最负盛名的简也像罗比达一样以未来生活和战争场面为题材，其1909年创刊的《全球飞船》[2]杂志出版至今。保罗·哈迪是最早以外星人入侵为创作主题的艺术家，也是该时期最多产的插画家之一。沃特曼·伯格则是首位以近现代审美品味冲破线构图模式的科幻画家，并以其自由体的画风而闻名，其里程碑作品是为科幻大师威尔斯的《世界大战》(1898）所创作的六部长卷插画。其作品表现自由，更贴近于生活，与同时期造型严谨、循规蹈矩的作品相比，是一个很大的飞跃。

1　正文作者署以Taxile Delord的笔名，而插图作者则以Isidre Grandvilla署名。

2　现更名为《简的遍布世界的飞行器》。

二十世纪：电气生活

二十世纪之战

美国插画之父霍华德·派尔也是同时期最著名的科幻美术大师。1894年，他开始在德雷塞尔艺术、科学和工业研究所教授插画艺术。1900年后，他创立了以自己命名的插画艺术学院，并由此创立了白兰地画派。其中最著名的学生纽威·怀斯在1920年代为凡尔纳小说《海底两万里》（1860）和《神秘岛》（1875）创作了经典的封面和内页插画。1925年，派尔的另一位知名学生、被誉为“美国航海画之父”的威廉姆·艾尔沃德也为《海底两万里》制作了插图。而同为派尔弟子的弗兰克·斯库诺弗则以为埃德加·巴勒斯的科幻小说《火星公主》（1917）创作的插画一举奠定了艺术地位。自白兰地画派始，科幻艺术在科幻书籍和杂志上开枝散叶，迎来其黄金时代。

第二节　科幻艺术的发展

20世纪以后，科幻美术逐渐向跨媒介的概念艺术蔓延。概念艺术是幻想类作品特有的艺术形式，旨在将幻想文学中的概念或场景转化为具象的艺术形式。其起源可追溯到科幻纸浆杂志和电影艺术发展早期。随着科学与艺术实践的关联和融合，科幻艺术快速拓展并融入科幻电影海报与美术概念设计、当代艺术展厅、影视和网络视频、电脑游戏、玩具设计乃至科幻风格的唱片封套等跨媒介形式，包括绘画、数码艺术（CG）、影像、沙盘、装置、雕塑、模型（玩具）、虚拟现实等，如今主要服务于影视、游戏、主题乐园等领域的世界观设定、美术场景与娱乐设计。根据其主题，科幻概念艺术分为太空艺术、飞船艺术、机器人艺术、外星人艺术、反乌托邦艺术等诸多类型。本节将逐个介绍其主要代表人物和相关作品。

太空艺术

太空艺术起源于19世纪末的业余天文学家斯克里文·博尔顿，他拍摄由石膏模型制作的行星表面，并在照片上绘制出星空和其他细节，从而创作出逼真的太空画面。而“太空艺术之父”卢西恩·吕都则是首位精准绘制火星和月球的天文学家。吕都18岁加入法国天文学会，常年为《自然》（1869—）杂志和《插画》报（1843—1944）供稿。20世纪20-30年代，吕都以根据观测影像所创作的精美壮阔的太阳系景观和行星图像闻名，其400多张代表作收录于作品集《在别的星球上》（1937），其中以对月球与火星的描绘以及星球相撞的画面最令人震撼。此外，吕都还创作过“人类变异”的题材作品，如章鱼警察和萤火虫人等，可谓生物类科幻艺术领域的先驱。

受吕都影响，“现代太空科幻艺术之父”切斯利·邦艾斯泰以其高超技艺和不懈努力奠定了太空艺术作为独立艺术门类的地位。他吸收前人的科幻插图和观测记录并加以创新，创作出极为精细和逼真的未来世界和太空环境，力图以绘画技法表现宇宙的宏大之美。其代表作是发表在《生活》杂志上的《土星世界》组画（1944）和画册《征服宇宙》（1949）等。

《土星世界》

而人称“日本邦艾斯泰”的岩崎一彰引入喷绘技法使其作品更为细致，并且紧跟最新天文发现，从而受到卡尔·萨根和阿西莫夫等科幻名家的盛赞。而天文馆实验室（JPL）的负责人和全球规模最大的业余天文活动胎内星祭（胎内星まつり）的创始人沼泽茂美与岩崎一样大量使用喷绘技法，其绘画题材大致可分为太空飞船、宇宙演化和夜空三大主题，用色偏冷但不失辉煌绚丽，绘制技法逼真细腻，效果几乎可与照片媲美。

美国太空艺术家乔恩·隆伯格则更多受到达利、埃舍尔等象征主义和超现实主义画家影响。他与卡尔·萨根交往甚密，曾作为艺术总监为其电视系列片《宇宙》（1980）绘制了大量场景，并为其多部著作设计封面及插图。隆伯格的画风严谨、精细、科学性强且重视细节，如利用巡天数据绘制的《银河系肖像》（1990），在当时被称为“有史以来关于我们星系最精确的图像”，复制品被多家知名天文台悬挂展示。也因受埃舍尔等人影响，他很重视绘画中符号的内涵，如《地球鱼》（1980）就将地球与蝴蝶鱼的形象完美融合，暗示地球在宇宙中的地位。此外，美国行星协会会徽、SETI计划标志、核废料标志，以及旅行者号探测器搭载的金色唱片封套等流行科幻文化符号也都是其得意之作。除进行太空艺术创作外，隆伯格还在加拿大担任太空科学记者，创作过大量优秀电视节目并曾多次获奖。

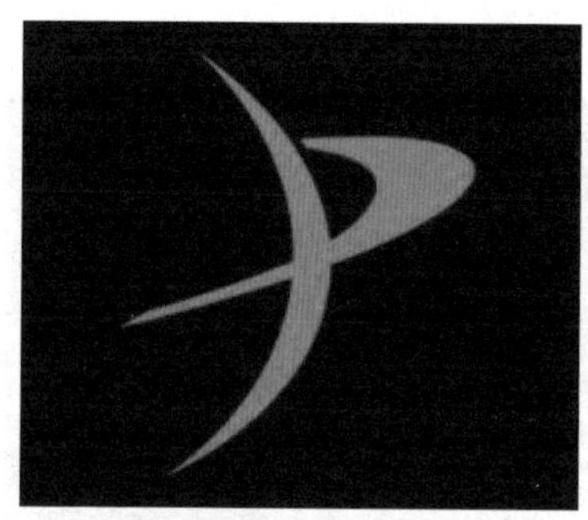

美国行星协会会徽

SETI计划标志

核废料标志

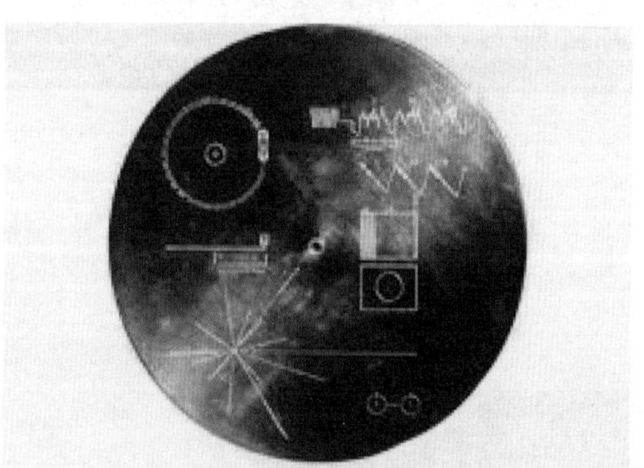

旅行者号探测器搭载的金色唱片封套

国际天文艺术家协会（IAAA）和科幻小说和幻想艺术家协会（ASFA）前副主席大卫·哈代是首批通过计算机创作科幻CG的太空艺术家之一，他曾为阿瑟·克拉克、卡尔·萨根和帕特里克·穆尔等知名科幻大师与科学家创作书籍封面和插画，也为“科幻音乐之父”古斯塔夫·霍尔斯特的《行星组曲》设计唱片封套。除了宇宙美景、未来生活和神话幻想作品，他也热衷涉足科幻视频和电脑游戏的场景设计。

飞船艺术

飞船艺术是以飞行器和宇航为主题的科幻概念艺术。包括飞行器或飞船的设计和对宇航员、机器设备和空间站环境的描绘，是科幻艺术与工业设计的重要交叉，并随着科技不断进步，在相关细节、构造和功能等方面逐渐走向更加现实主义和科学化的方向。

席德·梅德是美国著名工业设计师和飞船艺术家，其作品横跨电影、电视、汽车、游戏和建筑设计等多个领域。梅德精通机械设计，先后为福特、美国钢铁、戴姆勒·克莱斯勒、波音等公司设计概念产品，因而他所描绘的未来机械具有很强的科学性和实用性，对工业界产生了重要启示，为他赢得了“未来设计之父”的美誉。其最著名作品是电影《银翼杀手》（1982）中的未来城市、飞行器与机器人的概念造型。出自其手、极具创意和科技感的概念艺术作品也出现在电影《机械战警2》（1990）、《星际迷航》系列（1966-）、《太空漫游2010》（1984）和电子游戏《无人深空》（2016）等知名作品当中。

《银翼杀手》（1982）中的未来城市

英国科幻概念设计师克里斯·福斯也以太空船设计闻名，代表作为《基地》封面。在电影方面，福斯是《超人》（1978）电影中的氪星环境的布景设计师，还为《沙丘》（1977）、《异形》（1979）、《人工智能》（1999）和《银河护卫队》（2014）等多部电影提供了视觉概念艺术和科幻场景设计，奠定了好莱坞式科幻的机械感和未来感，深受科幻迷喜爱。

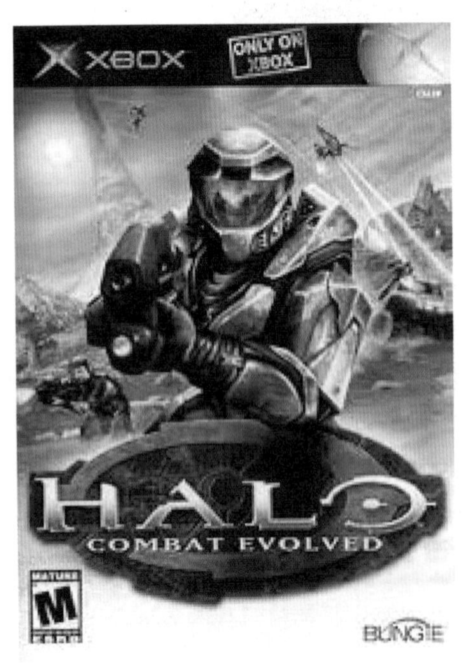

《光晕》游戏封面

被誉为“科幻艺术院长”的弗兰克·弗雷斯曾为包括《银河帝国》在内的数百部著名科幻小说和杂志绘制封面，10次获得雨果奖最佳职业艺术家奖，是继邦艾斯泰后第二位入选科幻奇幻名人堂的艺术家。其作品长于描绘人物和机器的细节，代表作包括《亡命天涯》（1967）、《满月之夜》（1967）、《特警悍将》（1961）以及《星际迷航》的船体绘图和后期视觉效果设计等。

法国概念艺术师尼古拉斯·布维耶曾为育碧和微软工作，1996年以来活跃于游戏和影视领域。作为《光晕》系列游戏的艺术总监，他以宏伟的太空飞船和未来主义城市建筑创造出宏大的世界观和视觉风格，在游戏、电影和数字艺术界备受赞誉。

机器人艺术

机器人艺术是以机器人或人工智能为主题的艺术形式，包括机器人绘画、雕塑/模型、音乐、工业设计等。

《科技纵览》的编辑伊文·安格尔是比较典型的机器人艺术家，其代表作是一只可识别人类表情的机器狗。比利时艺术家帕特里克·图伦的作品则是能同时从六个不同角度自动绘制肖像画的六位机器人画师。荷兰艺术家泰奥·扬森的作品是在风力的推动下移动的机器人《海滩仿生兽》(1990—)。日本艺术家空山基的代表作《性感机器人》是以“机械姬”为形象的机器人绘画和雕塑作品。美国艺术家艾瑞克·乔伊纳创作了颇具童趣画风的《机器人吃甜甜圈》。内莫·古尔德则将废旧零件和金属加工成动态的机器人雕塑。亚历山大·雷本通过测量人的脑电波和身体信号，借助算法选择被测试人喜爱的图像，再以人工智能算法生成观众想要的画作。残障艺术家杰伊森·莱昂则与佐治亚理工学院合作开发了可演奏鼓点打击乐的仿生机器手。而随着ChatGPT等AI工具的大热，生成艺术[1]正在成为机器人艺术的最新表现形式之一。

《海滩仿生兽》装置

空山基《性感机器人》雕塑

外星人艺术

外星人艺术是以外星生物为主题的艺术形式，一般通过对外星生物的外貌、行为、文明、社会、语言等方面的构思和描摹，拓展我们对宇宙、生命和文明形式乃至我们自身的认知和理解，探讨人类的意义与存在等问题。

1 一种部分或者完全通过自治系统自动创作出来的艺术品，该自治系统通常是非人类的，它能够独立确定艺术品的特征，而不需要人类直接做出决定。如由人工智能生成内容。

《异形》道具

其中，2013年入选科幻奇幻名人堂的美国艺术家汉斯·吉格尔是最著名的外星人艺术家之一，其代表作电影《异形》中的美术风格最为典型。他以强烈的性别符号为特征，结合人体于机械元素，创造出独具特色的异形生物形象。另一位蜚声全球的外星人艺术家是以细腻的笔触和深邃的哲学思考闻名的法国漫画大师、国宝级艺术家墨比斯。他将东西方文化元素进行了巧妙的融合，故事风格丰富多变，画工登峰造极，其独特的形象场景和对未知与超越的探索精神影响了手冢治虫、宫崎骏、大友克洋、浦泽直树、松本大洋等日本动漫大师，参与并影响了《星球大战》《第五元素》《深渊》《异形》等著名科幻电影的外星人与怪物设计。此外，外星语言和文字设计是外星人艺术中容易被忽视的重要组成部分，如《星际迷航》中由语言学教授马克·欧克朗所设计的克林贡语。

反乌托邦艺术

反乌托邦艺术是一种关于社会批判和警醒的艺术形式，常描绘出一个极具压迫感和疏离感的社会。其内容多涉及贫富分化、政治腐败、寡头政治和环境破坏等，以对极权主义或社会压迫的制度性批判为特征。

反乌托邦风格的鼻祖是美国画家爱德华·霍普，其作品《夜鹰》影响了《银翼杀手》的美术风格，通常被描述为孤独、疏离和失落的象征。类似的，瑞典艺术家西蒙·斯塔伦海格的代表作《环形物语》系列将机器人和其他高科技设备与其家乡斯德哥尔摩郊区农村地区自然环境相融合，营造出一种肃杀神秘的氛围。另外，英国新观念艺术家珍妮·霍尔泽的作品也涉及政治宣传、政治权力和威权主义，她以公共场所的发光二极管标语探讨权力话语和权威主义的影响。捷克数字艺术家菲利普·霍达斯利用三维软件创作出抽象且超现实主义的反乌托邦三维插画，展示流行文化解体和衰败后的模样。

爱德华·霍普《夜鹰》油画

第三节 科幻艺术的流派

科幻艺术一直是关于愿景的，并聚焦于不断发展的艺术形式。20世纪初的先锋派运动和纸浆杂志将科幻艺术引向不同的方向，并以未来主义、未来学和互联网这三次重要的时代转向为契机，在科技发展、商业流行、哲学思辨与社会批判之间相互铰接，由此诞生了各个流派。

一、未来主义

未来主义是1908年起源于意大利的艺术和社会运动，后扩展到其他国家，尤其在俄罗斯有平行发展。虽然如今看来其科幻特征不是非常显著，但在当时看来，是极具科幻色彩和革命意义的艺术流派。该流派滥觞于意大利作曲家弗鲁奇奥·布索尼的《新音乐审美概论》，极力讴歌现代性，以对陈旧思想的憎恶和对速度、科技和暴力等元素的狂热喜爱为特征，但在政治上倾向民族主义和法西斯主义，认为战争是艺术的终极形式。其媒介实践包括绘画、雕塑、陶瓷、平面设计、工业设计、室内设计、城市设计、戏剧、电影、时尚、纺织品、文学、音乐、建筑，甚至烹饪。未来主义思潮影响了装饰艺术、建构主义、超现实主义和达达主义等艺术运动，并在更大程度上影响了至上主义、精确主义、人造丝主义和漩涡主义。过时主义作为其对立面、新未来主义作为其趋势或态度而存在。

未来主义的代表作包括菲利波·托马索·马里内蒂的《未来主义宣言》、翁贝托·博乔尼的雕塑《空间连续性的独特形式》、贾科莫·巴拉的绘画《抽象速度+声音》、路易吉·鲁索洛的《噪音的艺术》等。关键人物还包括卡洛·卡拉、福尔图纳托·德佩罗、吉诺·塞韦里尼等。马里内蒂于1918年初创立了未来主义政党，后并入墨索里尼的意大利法西斯党。1922年法西斯党上台后，未来主义者得到政府的正式认可，并有能力开展重要工作，特别是在建筑方面。但随着法西斯政权在二战中失败，未来主义运动陷入低潮。

俄罗斯未来主义是在俄罗斯平行发展的未来主义文学和视觉艺术运动。弗拉基米尔·马雅可夫斯基、维利米尔·赫列布尼科夫和阿列克谢·克鲁乔尼赫是俄罗斯未来主义的三大创始人。重要成员还包括大卫·伯留克、米哈伊尔·拉里奥诺夫、纳塔利娅·贡恰洛娃、柳博芙·波波娃和卡齐米尔·马列维奇等视觉艺术家。代表作如未来主义歌剧《战胜太阳》，由克鲁乔尼赫的文字、米哈伊尔·马秋申的音乐和马列维奇的布景，共同汇聚成俄罗斯未来主义的风格：对现代城市生活的活力、速度和躁动着迷，不承认任何权威，通过否定过去的艺术来寻求争议。斯大林上台后，俄罗斯未来主义者要么转向社会主义现实主义，要么被迫离开苏联。

而在至上主义和未来主义运动失败后，苏联科幻艺术被定义为“以社会主义现实精神”唤醒大众读者的“科技教育”，因而走向社会主义现实主义路线，开始描绘更为细致而迷人的社会主义未来图像。自1933年7月起，由苏联共青团中央出版的科普杂志《技术–青年》为苏联科幻作家和艺术家举办了众多文学及艺术比赛，大量优秀的科幻艺术家从中脱颖而出。其中，乔治·波克罗夫斯基的作品多为宏大的基建场面，他也将科幻插画作为其工程设计的延伸；此外，康斯坦丁·阿特休洛夫则出于对航空和科技的痴迷而从1937年开始创作科幻插图，其最著名的作品是纪念苏联第一枚月球火箭的《来自未来》（1954）。到20世纪中叶，为了配合冷战宣传和太空竞争，苏联科幻艺术家们开始集中展示科技进步和未来愿景，如宇宙飞船、太空服、机器人和共产主义生活等。其中以亚历山大·波别丁斯基为人物复杂的科幻小说《仙女座星云》所创作的插图（1957）最为知名。尼古拉·科尔奇茨基则以对宇宙和外星景观的精湛创作而闻名，他将敏锐的细节、柔和的渐变和富有表现力的笔触完美融合，描绘想象中的行星间绚丽而迥异的气层和风景，代表作为《宇宙充满神秘》的封面插图（1960）和《通往月球的道路是开放的》的插图（1961）。从20世纪60年代末到80年代，苏联的科幻艺术出现明显的转变，即转向更为迷幻、实验和概念性的图形风格。其中的代表作为罗伯特·阿佛丁的《现代城市的幻景电影》和《巨型分子迷宫》封面插图（1973）。此外，瘫痪画家根纳季戈·洛布科夫也以其对遥远未来人类明亮而充满活力的想象声名鹊起，其代表作为《来自地球的松鼠》与《播种者》的插图（1974）。苏联科幻艺术通过对科技和未来的探索，在各艺术形式中表现了对共产主义与太空梦的无限想象，反映了苏联社会的历史背景和文化特点，同时也为全球科幻艺术的发展做出了重要贡献。

乔治·波克罗夫斯基作品1971年3月《技术—青年》封面及内页

同时，未来主义建筑在苏联的新集体主义精神内核下得到新生，形成了一种充满力量感与压迫感的苏式乌托邦美学，承继立体未来主义，至上主义和抽象主义，并随苏联国力增长与冷战军备竞赛，在20世纪70年代达到巅峰，代表作有乌克兰友谊疗养院、克罗地亚纪念碑、北马其顿反法西斯纪念碑、圣彼得堡国家机器人研究院等。粗犷的混凝土和硬朗的几何线条着力于突显速度、动力和时间在建筑物上的表达，极具乌托邦色彩的构成主义融合柯布西耶式的粗野主义，形成独树一帜的野兽派风格。这些仿佛天外来物一般雄伟、极具科幻感的建筑代表着苏联人民对宇宙太空和未来社会主义的畅想，以及他们对苏联国力和制度的信心。苏联未来主义建筑对后世的解构主义和新陈代谢派等建筑流派产生了重要影响，堪称世界建筑艺术史上浓墨重彩的一笔。

尼古拉·科尔奇茨基作品1950年4月《技术—青年》封面

乌克兰友谊疗养院（1974）

北马其顿反法西斯纪念碑（1967）

俄罗斯圣彼得堡国家机器人研究院（1987）

复古未来主义是20世纪末流行艺术对以上早期未来主义风格的模仿与戏仿。其形态起源于20世纪50年代后期兴起的"未来学"，在80年代达到高潮并延续至今，并成为流行文化的一部分。由于未来学的预测与后来发生的事情不尽相同，由此启发了艺术家创作出各种复古未来主义。复古未来主义的特点是将老式复古风格与未来技术想象相结合，以探索技术疏远和赋权效应之间的紧张关系，其方法论路径主要反映在对平行文物的想象挪用上，因而可以视为一种"对世界的架空视角"。其流派包括赛博朋克、蒸汽朋克、柴油朋克、原子朋克、丝绸朋克、磁带未来主义等美学形式，每种都指向特定时期的技术。到21世纪，在新怪谈运动的复兴下，又发展出蒸汽波普、怪核、梦核等流行文化元素。

二、民族未来主义

民族未来主义或称国别未来主义，是一种探讨特定种族或文化身份的未来愿景或表达方式。它关注民族自主与文化复兴，并探索其未来现实的可行性。通常以非西方语境的历史和文化符号为特征，以批判和未来想象为导向，并由其民族特征而分化为俄罗斯宇宙主义、非洲未来主义、海湾未来主义、中华未来主义等。

俄罗斯宇宙主义

俄罗斯宇宙主义被认为诞生于19世纪末超人类主义先驱尼古拉·费多罗夫所创作的《共同任务的哲学》，他把东正教教义中的复活意向与太空旅行、殖民外星、基因工程和人类永生相结合，以达到"共同事业"的乌托邦。直接影响到"苏联航天之父"康斯坦丁·齐奥尔科夫斯基对火箭的执着研究和"生物宇宙学家"尼古拉·穆拉维耶夫及其诗学小组。而实际上其概念晚至1970年才于雷娜塔·加尔采娃在《哲学百科全书·卷五》中首次提出，并最终由费奥多尔·吉列诺克在20世纪70年代末构想出较完整的理论。并以当代艺术的形式在20世纪末和近年来被挖掘、激活与复兴，因而被称为"苏联现代性残骸中的信号波"。早期至上主义和未来主义先锋派艺术家在宇宙主义运动中扮演了重要角色，其四大创作内核"永生论""主动进化""道德系统"和"宇宙博物馆"一直延续到当下的艺术创作中。如艾尔森尼·泽里亚耶夫的文献装置作品《星系际移动：费多罗夫博物-图书馆》以类宇宙飞船的五角星形构建出一个可供观众阅读的平台，系统整理了宇宙主义的关键思想、科学、诗歌、小说等文本，并由此讨论"俄罗斯宇宙主义联邦"的星际帝国图景。而安东·维多克的影像作品《众生永生：俄罗斯宇宙主义三部曲》则是一次对宇宙主义的媒介考古，探寻了宇宙主义者们与苏联艺术、建筑、技术间的碰撞。其中，《这是宇宙》回归其思想起源地西伯利亚、克里米亚和哈萨克斯坦，探寻神学/伦理学元素、东方哲学和马克思主义的历史影响；《共产主义革命是由太阳引发的》则结合了苏联的早期太空征服和后苏联乡村居民的未来学主张，挖掘了太阳宇宙诗学与政治学；《不朽及众生永生！》则是将特列季亚科夫美术馆、莫斯科动物博物馆、列宁图书馆和革命博物馆作为复活永生的冥想之地，探索了马列维奇的黑方块、罗钦科的空间结构、俄国革命文物、动物标本、人体模型与宇宙主义永生论之间的诗意铺成。此外，奥奎·恩威佐的威尼斯双年展策划的“超级社群”项目（2015）和黑特·史德耶尔录像装置作品《太阳工厂》（2015）中也都可以看到宇宙主义的身影。

非洲未来主义

非洲未来主义是一种结合了非洲文化传统、科幻和未来主义思想的文化、哲学和艺术运动。该运动发端于20世纪60—70年代，由一些非裔美国艺术家、作家和音乐家推动发展。由美籍黑人作曲家桑·拉融合爵士与先锋的实验太空黑人音乐所引领，其实验电影《太空即地点》的设定是黑人发明了未来科技并探索宇宙，奇装异服的主角桑·拉自称来自太空，并以全知全能的态度看待地球与人类。

非洲未来主义艺术作品通常以浓烈的科幻元素探讨黑人文化和历史，包括奴隶贸易、种族歧视、种族主义等等。作品形式包括文学、电影、音乐、绘画、雕塑和舞蹈等。代表作包括塞缪尔·德拉尼和奥克塔维娅·巴特勒的小说；让-米歇尔·巴斯奎特和安吉尔伯特·梅托耶的画作，蕾妮·考克斯的摄影作品；议会-迷幻放克乐队，赫伯特·汉考克、库尔·基思等人的电子合成器音乐，以及漫威超级英雄漫画和电影《黑豹》（2018）等。《黑豹》建构出一个技术发达的黑人乌托邦瓦坎达，将非洲未来主义美学曝光于全球文化的聚光灯之下。非洲未来主义运动的目标之一是反思并重新定义非洲的身份和文化遗产，将非洲经验和故事融入全球视野，探索黑人身份、文化和历史的未来可能性，同时也反映了非洲人的现实生活与理想。不同于黑人乡绅化运动，非洲未来主义直接打破白人主导的世界观，从零开始重建黑人的未来世界，跳过种族平等理念而强调黑人种族的霸权性。到20世纪90年代，英美背景的理论家马克·德里和科杜沃·爱生撰写了一系列宣言式的理论文章，推广、策划这场运动，伴随着新世纪以来的黑人平权运动浪潮，建构出一系列去殖民-后种族主义神话。

海湾未来主义

海湾未来主义是一场海湾国家的超现代化艺术运动，主要关注阿拉伯湾地区的未来和科技，以及该地区在全球化与科技革命中的角色。受非洲未来主义理论的启发，美籍卡塔尔艺术家索菲亚·玛利亚、科威特作曲家和艺术家法蒂玛·卡迪里于2012年共同提出这一理念，提倡将中东海湾国家的历史、文化和社会背景与现代技术、科学和未来想象相结合，并由此探索中东海湾地区的未来。

海湾未来主义艺术作品通常呈现出强烈的色彩和几何形状，常使用浮夸的现代科技元素或景观，如闪亮的摩天大楼、石油燃料、越野车、大男子主义、巴洛克式的内部设计等，同时融入中东海湾地区的文化符号和形式，例如传统装饰、手工艺品和建筑风格等。美籍卡塔尔裔艺术家索菲亚·玛利亚的线上视频《科幻瓦哈比》（2008）宣告了这一美学形式的诞生。加拿大籍伊朗裔艺术家巴哈尔·努里扎德在短片《终极比率Δ太阳之山》（2017）中使用科幻参考图像，讲述了中东地区的全球化和数字资本主义，而论文电影《稀缺之后》（2018）则借助苏联化的控制论，尝试建立完全自动化的计划经济。另外，科威特艺术家莫尼拉·卡迪里在其实验短片《工艺》（2017）中将外星人阴谋论与家族史相结合，探讨了未来主义建筑、流行文化、梦境读物、垃圾食品、外星人绑架、地缘政治等严肃议题，而其《外星科技》（2014—2019）则采用一系列将工业石油巨型钻头与发光海洋生物相结合的大型雕塑，架构出石油美学有机机器的公共纪念碑。此外，埃及的新首都、沙特的自动化智慧城市（NEOM），以及电影《沙丘》都是其公认的呈现形式。一方面，海湾未来主义的场景多是夸张的，通过过度使用技术，将猖獗的消费主义和城市发展与个人的异化相混合。另一方面，海湾未来主义也融合传统与未来，创造出一种全新的艺术语言，为中东海湾地区的文化自信注入了新的活力和想象力。

中华未来主义

中华未来主义的概念由出生于德国法兰克福（现居伦敦）的艺术家陆明龙在其2016年的论文电影中提出。他重点围绕“计算”“复制”“游戏”“学习”“上瘾”“劳动”“赌博”这七个外国人对于当代中国的刻板印象展开论述。该未来主义运动亦受非洲未来主义启发。在独立导演史杰鹏与徐若涛共同创作的实验纪录影像《玉门》中，我们可以看到中国式的“红色沙漠”；在艺术家邱黯雄的《山海异兽》系列展览中，未来城市和兽怪机械组成了异世界水墨奇观；在曹斐的《红霞》中，弥漫着近未来电子厂中的淡淡乡愁；而在范文南的《中国2098》系列中，我们又能感受到一个基建大国的革命激情与宏大理想。不论从意识形态、城市发展还是对科技、基建和太空的追崇上，我们都可以从中发现苏联与东欧的影子，但中华未来主义更基于数码、电子和人工智能的发展，并由对太空和火箭的设计幻想转向智能城市和数字监控等更现实和可操作的部分，艺术家们以加速主义的眼光审视当代中国改革开放后的飞速发展：一方面，北方老工业城市逐渐空心化，成为旧时代的鬼城。另一方面，新兴一线城市成为赛博朋克式的未来智能都市。这使得中国城乡的视听文化愈加成为科幻电影中的奇幻街景。

《中国2098》系列之一

“加速主义”是一种激进的政治与社会理论，核心观点是主张通过加速与技术相关的某种社会进程以实现巨大社会变革。

第四节 科幻艺术的未来

在主流商业媒介形式之外，当下的科幻艺术主要以当代艺术[1]的形式呈现。科幻当代艺术最早可追溯到20世纪50年代初期的实验艺术运动，随技术革新逐渐发展为一种以高科技为手段的艺术形式，并在20世纪90年代末走向成熟。这类艺术通常以计算机图形、激光投影、互动声光、虚拟/增强现实、机器人、人工智能、基因编程等高科技手段为基础，营造出令人惊叹或深思的视觉效果和感官体验，不仅关注科技发展下人类思想与文明的可能性，也关注环境危机、技术压迫和价值观变迁等社会现实状况下人类技术的局限性。

科幻当代艺术的卓异之处，首先是以独特的高科技艺术手段创造了丰富的美学奇观。如日本的团队实验室（Teamlab）贯穿多个科技领域所打造的《无界美术馆》（2019），打破作品与感官的边界，使观众沉浸于无边界的互动艺术空间。又如张鼎的《超立方体》（2020）通过镜面对物体本身进行扭曲、反射、折射塑造出一种超时空的感受，引发人们对于时空本质的思考。以技术体验震撼人心的作品还包括美国艺术家詹姆斯·特瑞尔的《罗丹火山口》（1979—2015）、冰岛艺术家奥拉维尔·埃利亚松的《气候项目》（2003）和《聚合彩虹》（2018）、日本艺术家草间弥生的大型艺术装置《无限镜屋：数百万光年以外的灵魂》（2016）、韩国艺术家金允哲的迷幻蛇形雕塑《色度4》（2019）等。

埃利亚松的《气候项目》（2003）

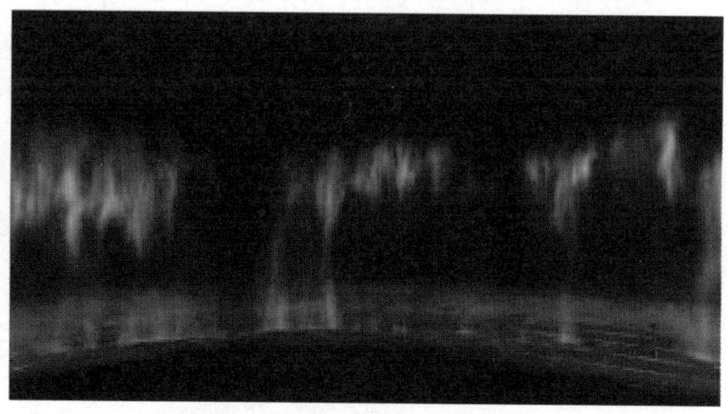

埃利亚松的《聚合彩虹》（2018）

除了感官上的惊奇，科幻当代艺术还提供了一些思考和探索未来的方向。在摄影作品《一台电脑走进画廊》中，长居纽约的德国艺术家菲利普·施密特试图以机器视觉识别解读艺术品，有趣的是其内容几乎都不正确，由此揭示了深度学习算法对人类审美的理解难

1 当代艺术主要指20世纪下半叶至今的架上艺术、装置艺术、观念艺术、行为艺术等。

度。再比如日本前卫艺术大师池田亮司，其创作路径涉及数学、量子力学和哲学。他以程序编码、数学和算法集结新媒体技术，探讨超限、超对称、宏观/微观等物理概念，呈现出令人震撼的新宇宙观。

同时，科幻当代艺术不缺乏对现实的关注，如独立艺术团体“法证建筑”使用空间方法和机器学习来调查世界各地的侵犯人权行为，其展品就是一组扫描此类犯罪的在线图像算法模型。再比如特雷弗·佩格伦最知名的作品是关于美国政府大规模机密监视网络情报和军事设施的摄影系列，以及涉及无人机监视的《无人机视野》。2018年，其备受争议的作品，也是人类首个艺术品卫星“轨道反射器”搭载猎鹰9号发射升空，成为首个完全出于审美目的而进入地球轨道的卫星。类似的，中央美术学院院长徐冰发射失败的艺术火箭“徐冰天书号”则以其残骸形成了“艺术卡门线”[1]（2021）的展览。

此外，科幻当代艺术不时试图挑战人类社会的固有观念。生物艺术之父爱德瓦尔多·卡茨的作品《GFP宾尼兔》是一只通过“转基因”工程改造而在黑暗中发光的活兔子。又如日本“现代机器人之父”石黑浩教授与戏剧导演平田织佐合作改编的人形机器人版《变形记》，以一个真正的机器人出演格里高尔以达到真正的“异化”效果，并由此揭示并讨论人类被机器所取代之后的社会伦理变迁。

随着人类科技的不断发展，科幻艺术日趋重要。未来的科幻艺术将继续探索人类与科技、社会与自然等主题，同时也将涉及更加复杂多元的文化、政治和经济议题，并持续通过大数据、云计算和人工智能等方式探索技术对人类生活和社会的影响。对内，沉浸体验和虚拟现实技术将为人们打造更加真实的幻想世界，相关作品可能会结合生物芯片植入造成强烈的感官体验，而基因编辑等技术将涉及生物艺术和人体改造等主题，或许会展示人类与科技的全新融合，并探索生命和身体的极限。对外，新的艺术作品会跟随航天技术的发展飞往宇宙深空，从而诞生出全新的宇宙文化类型。总而言之，伴随不断产生的科技与媒介形式，科幻艺术无限可能，且将持续推动科技与艺术、现实与想象的融合，探索人类的梦想和未来。

（本章撰写：李岩）

课后思考：

1. 科幻艺术中的未来主义元素如何影响当代科技和人类文明的发展？

2. 中国本土科幻艺术如何推动全球社会文化的变革？

3. 整合最新技术创新和科幻文化，创作一个属于你自己的科幻艺术作品。

---

1 外太空与地球大气层的分界线。

推荐阅读：

1. Nicolas Cartelet, *Rêves de Futurs*, Paris: Ouest France, 2014.

2. [美]迈克尔·本森：《宇宙图志》，余恒译，北京：电子工业出版社，2017年。

3. 谭力勤：《奇点艺术：未来艺术在科技奇点冲击下的蜕变》，北京：机械工业出版社，2018年。

4. Gabriele de Seta, “Sinofuturism as Inverse Orientalism: China’s Future and the Denial of Coevalness,” *SFRA Review* 50(2-3) (2020), pp.86-94.

5. 刘慈欣、孟建民主编：《九座城市，万种未来》，北京：中国发展出版社，2020年。

第四编　跨 学 科

第一章 想象一种人造语言

科幻与奇幻文学和影视作品中，人造语言常常作为一门新的种族语言，或者因不同语言群体之间需要开展交流而被设计和创造出来，成为构建幻想世界的重要基础之一。不同类型的幻想作品创设了不同的语境，语言的设定与其思想文化背景也有紧密关联。

细致来看，语言的三要素是语法、语音和词汇，而一门体系完整的幻想语言，也以此为框架进行设定，有的还拥有属于自己的成熟的外部语言环境等要素。

例如《银翼杀手2049》中的赛博朗语；托尔金精心设计的中土世界的精灵语；“星球大战系列”中的祖图语和赫特语；阿凡达中的纳美语；《魔兽世界》中的德鲁伊语、恶魔语和其他多种语言，等等。实际上，许多科幻和奇幻作品中都有自己的人造语言，这些语言有时会非常详细和复杂，甚至有专门的语音规则、文字系统、语法体系。

我们选取典型幻想作品中较为成熟完善的人造语言作为主要研究对象，从语言的基本要素以及其他相关概念等多个方面为切入点，讨论幻想语言设计的规律和特点，从语言学角度探讨其科学性和合理性，以期丰富科幻和奇幻作品中人造语言的设计理念。

第一节 语音的历史和想象的语音

当幻想类著作被搬上荧幕，作家笔下的语言往往同时也被生动地呈现出来，有诚意的制作方往往会邀请知名的语言学家与专业的语言学团队来“重现”一种幻想语言，将它转变为声声入耳的语音。

在著名的科幻剧《星际迷航》中，美国语言学家马克·欧克朗发明的克林贡语由于被搬上银幕而产生了巨大的影响，市面上逐渐出现了《星际迷航》相关的资料、技术文献和克林贡语的教材和词典。一些西方国家有专门的克林贡语刊物和网站。Linux操作系统和国际互联网也将克林贡语作为其支持的语言之一。

一、幻想类作品中的语音

对于科幻和奇幻作品中的人造语言，通常会创造出自己的语音规则来增加虚构世界的真实感和深度。在一些广为人知的作品中都有体现，例如：

中土世界的昆雅语

昆雅语中的辅音和元音的组合方式非常独特，同时存在硬和软的元音、较为复杂的音系和音变规则，以及类似于汉语声调的重音规则。

星球大战系列中的祖图语

祖图语中存在着非常多的辅音和元音，同时也有类似于日语的拗音和长音的音位变化规则。

哈利・波特系列中的巫师语

巫师语中存在许多非常奇特的音位，以及类似于拉丁语的语法规则，例如动词的时态和语态。

哈利・波特系列中的巫师语更直接地体现为魔咒的使用，其发音大都来源于现存的古老语言，如Avada Kedavra是从一种叫阿拉姆语的中东古语演变而来的。那个短语是abhadda kedhabhra，意思是“像这个词一样消失”，是古代巫师用来消除疾病时说的话，但没有任何证据说明它曾被用来杀害过任何人。
在著名的科幻剧《星际迷航》（Star Trek）中，美国语言学家马克・欧克朗（Marc Okrand）发明的克林贡语由于被搬上银幕而产生了巨大的影响，市面上逐渐出现了《星际迷航》相关的资料、技术文献和克林贡语的教材和词典。一些西方国家有专门的克林贡语刊物和网站。Linux操作系统和国际互联网也将克林贡语作为其支持的语言之一。

《阿凡达》中的纳美语

纳美语中的音位数量较少，但有类似于梵语的元音变化规则，以及复杂的声调系统和类似于日语的拗音规则。

这些人造语言的语音规则通常都会经过深入的设计和研究，以确保语言系统的完整性和内在的逻辑性。接下来我们就来举例探讨语音的深层规律。

二、语音的特点与设计

1. 昆雅语

托尔金笔下的精灵语是以拉丁语为基础设计的。作为语言学家，托尔金深入探索了辅音、元音、重音、超音段等语音要素，最终将这门人造语言变成了经典中的经典。

精灵语可细分为辛达语和昆雅语。其中昆雅语的辅音发音体系分有五大类：唇音（labial），齿音（dental），上颚音（palatal），软颚音（velar），喉音（glottal）。其中，软颚音又有唇音化和非唇音化的区别。对于这五大类发音中的每一种，在古典昆雅语中都有相对应的词汇，并且与其字母表的编排紧密相连。

从具体音位系统来看，昆雅语中的元音由长元音、短元音、双元音组成。共有五个基本元音，每个元音分长音和短音。

长元音：á，é，í，ó，ú

短元音：a，e，i，o，u

此外还有六个双元音：ai，au，eu，iu，oi，ui

而它的常见辅音共有：t，p，c，d，b，g，ss，tt，等等。

通常来说，人造语言的语音都会以某种自然语言为基础，在其辅音和元音的基础上作出适当的增减，像昆雅语这样的设计案例后来经常用作参照。

2. 克林贡语

克林贡语的发明者是美国语言学家马克·欧克朗，使用这种语言的克林贡人是《星际迷航》中的一个掌握着高科技却野蛮好战的外星种族。该语言最初是由欧克朗于1984年为电影《星际迷航3：狂怒之神》创制的。克林贡语具有以下特点：

（1）喉音

克林贡语可能使用大量的喉音音素，这种声音是从喉咙发出的低沉声音，类似于英语单词“uh-oh”中的第一个音素。

（2）浊辅音

克林贡语可能比较喜欢使用浊辅音，这些辅音的声带会振动，比如/b/、/d/、/g/等。

（3）音节重音

克林贡语可能在发音时强调某些音节，这种强调称为音节重音，可能有助于将意思清晰地传达给听者。

（4）音高变化

克林贡语可能会使用音高变化来表达语气和情感，这种变化称为语调。例如，高音调可能表示兴奋或愤怒，低音调可能表示沉静或不满。

早在20世纪80年代，美国就编纂出了克林贡语的教材和词典，作为《星际迷航》爱好者的收藏。很多痴迷于《星际迷航》的爱好者甚至使用克林贡语进行交流。由于其独特的影响，克林贡语已经得到了国际上的广泛承认，成为流行文化的一部分。

三、如何设计一门幻想语言的语音系统

语音规则是语言中关于发音的规则和规范，不同的语言和方言有着不同的语音规则。根据上文讨论的一些语言规则，我们就可以为幻想作品设定语音的步骤：

1. 发音位置规则

语音的发音位置可以分为唇音、齿音、舌面音、硬颚音等，不同的音位在发音时需要使用不同的口腔发音位置。

2. 发音方法规则

语音的发音方法可以分为清音、浊音、塞音、擦音、鼻音、近音等，不同的音位在发音时需要使用不同的口腔发音方法。

3. 音调规则

某些语言和方言中，音高的变化可以改变词义或语法意义。例如，汉语中的四声，英语中的强调和语调等。

4. 音位组合规则

在一些语言中，不同的音位组合可以形成新的音位。例如，汉语中的“zh、ch、sh、ng”等音位。

5. 口语变化规则

在某些语言和方言中，音位的发音可能会随着语音的连读、省略、转移等而发生变化。例如，英语中的弱读、连读等口语变化规则。

6. 重音规则

语言中的重音可以影响词义、语法和语调等方面。例如，英语中的重音位置可以改变单词的词性和意义。

四、语音设计的重要性

在科幻作品中，有效地描写人物的语音特点、语调和语言习惯可以让读者更好地理解和把握人物的性格、情感和背景，从而更加深入地理解文本中的情节和主题。同时，语音描述也可以为场景和情境增加气氛和色彩，让读者更能身临其境，产生真实感和情感共鸣。

举例来说，如果在语言学理论的支撑下，某个人物的语音描述中包含一些方言、口音或者说话习惯，读者可以更好地感受到他的文化背景，进而更深入地了解他的性格和情感状态。另外，如果一位人物说话时口齿流利、娓娓道来，读者可能会感觉到他的性格外向、开朗，具有领导才能和人际交往能力。

第二节　历史的文字和想象的文字

幻想作品中的文字可以是任何形式的，它们通常都是为了增加故事的神秘感、探险感和幻想感。在幻想作品中的魔法咒语、魔法书籍、魔法卷轴、神秘的符号、传送门标记中，这些文字可以是虚构的语言、古老的文字或者神秘的符号，是为了防止未经授权的人读取或让读者更容易理解魔法的运作原理而设计的，也可以有很多不同的形式，比如奇怪的几何图形、神秘的符文、星座图案等，代表特殊的力量或者秘密的知识。

最著名的幻想文字当属符文（runes）。

一、符文字母

符文是北欧地区传统的一种文字系统，主要使用于古代日耳曼地区（如瑞典、丹麦、挪威等国）的语言，最早的使用可追溯到公元前2世纪左右，但它的确切起源尚未确定，常被使用于占卜和魔法领域，在祭祀和仪式中扮演了重要的角色。

符文最常见的形式是二十四个字母，称为古代符文（Elder Futhark）。它们的名称通常以字母开头，如Fehu、Uruz、Thurisaz等等。在早期的符文中，每个字母都代表了一个特定的物品、动物或概念，这与希腊字母、拉丁字母等其他古代文字系统有所不同。

在中世纪早期，符文在欧洲地区的使用逐渐减少。部分原因是由于基督教的传播，它不被视为一种官方的语言和文字系统。在接下来的几个世纪里，符文仍然被使用于一些重要的宗教和文化传统中，但它的使用范围和影响力逐渐减少。

二、幻想作品中的文字体系

而在我们熟知的奇幻作品中，作者可能会创造一个完整的奇幻世界，这个世界可能有自己的历史、文化和宗教。在这些世界中，可能存在一些历史文献，这些文献可以让读者更加深入地了解这个奇幻世界的历史和文化。作者也可能设定一些神话传说，这些传说可能被用来解释某些事件或者预示故事中的某些重要事件，并且可能包含一些神话的文字或符号，这些符号可能有特殊的含义和力量。

1. 中土世界的文字

托尔金在《魔戒》中创造了中土世界（middle-earth）。为了表达这个虚构世界中的各种语言，托尔金创造了多种虚构文字，其中最为著名的是辅文（tengwar）。

（1）辅文（Tengwar）

辅文是一种辅音元音文字，其设计受到了托尔金对历史文字和语言学的广泛了解和热爱的影响。托尔金设计辅文时，主要受到以下的语言和文化的影响：

古英语（托尔金在大学里学习了古英语和中古英语，并将古英语作为创造语言的基础。辅文的字母形状和一些发音特点都与古英语有关）；

古印度语（托尔金对印度语言和文化的研究也深入而广泛，他从梵文和其他印度语言中吸取了很多灵感）。

古英语和古印度语被认为是从同一语言中分化而来的，这种想象中的语言被称为“原始印欧语”。原始印欧语是一种假设的原始印欧人的口头语言，并没有任何文字记录。学者们只是通过对原始印欧语的若干后裔语言进行比较研究，来推断出它的某些特征。

基于以上语言的影响，托尔金设计了一套具有连笔和变形特点的辅文字母，它可以表达许多不同的语言和方言，包括英语、西班牙语、法语、意大利语、威尔士语等等。

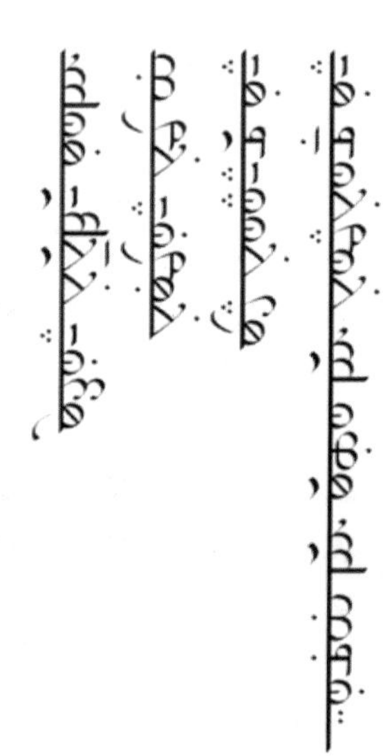

辅文

（2）魔文（Cirth）

魔文是一种符号文字，由一系列符号组成，每个符号代表一个特定的音素或音位。这些符号基于一些古老的符号系统，如符文和古恩德林语。魔文被用来书写黑语（black speech）和其他一些邪恶的语言。

托尔金的文字设计非常详细和复杂，涉及音韵学、语言学和文化历史等方面的知识。他的设计灵感来自于多种语言和文化，如威尔士语、芬兰语、希伯来语、哥特语和古英语等，文字的力量为他所创造的虚构世界增添了文化特色和深度。

Certh	Translit.	IPA	Certh	Translit.	IPA	Certh	Translit.	IPA	Certh	Translit.	IPA	Certh	Translit.	IPA	Certh	Translit.	IPA
ᚹ	p	/p/	Γ	t	/t/	ᛉ	c	/k/	K	r	/r/	ᛚ	h^3	/h/	ǀ	i	/i/
ᚱ	b	/b/	ᚠ	d	/d/	ᛉ	g	/g/	ᚽ	l	/l/	<	s^3	/s/	ᛟ	u, $w^?$	/u/, /w/
ᛘ	m^1	/m/	↑	n	/n/	Ψ	ng	/ŋ/				X	4		H	e	/ɛ/
ᛒ	2														Λ	o	/ɔ/

早期魔文

2. 克林贡语

作为一种人造语言，克林贡语拥有完整的语法、词汇和发音体系。

（1）克林贡语的设计

欧克朗创造克林贡语的过程非常复杂，他考虑了克林贡文化、历史、社会和生态等方面的因素，并为该语言制定了一些规则，如使用口腔和喉咙发音、重复音节以强调语气以及使用前缀和后缀来表示动作的进行和完成等等。

克林贡语字母表

为了确保该语言的一致性和准确性，欧克朗还创造了一些语言规则和字典，以便制作人员和演员在电影中正确地使用克林贡语。这些规则和字典在后来的电影和电视剧中得到了进一步的发展和扩展，成为一个完整的虚构语言系统，从而丰富了《星际迷航》系列创造的世界。

（2）克林贡语问世后的影响

克林贡语的设计和使用对后来的虚构语言产生了重要的影响。

首先，它成就了虚构语言的兴起，使得虚构语言在科幻和奇幻作品中越来越受欢迎。许多作家和游戏设计师受此启发，也开始创造自己的虚构语言。

其次，克林贡语吸引了很多语言学家的注意，他们对虚构语言的结构和规则进行了研究和分析，探讨虚构语言与现实语言之间的联系和差异。

此外，克林贡语的使用也促进了人们在社交媒体和在线论坛上交流和讨论虚构语言的现象。这些社区通常包括语言学家、科幻迷和游戏玩家等，他们分享和探讨虚构语言的设计和使用。

三、设计一种幻想文字

通过对上述幻想文字系统的观察，我们可以得到一些文字系统规律的启示，可帮助我们理解幻想作品的相关设定，进入作品所要表达的深层世界观。基础部分包括字形、字体风格和字符编码。

字形是文字系统最核心的部分。在幻想作品中，需要设计每个字母的形状、线条、笔画等，以及如何组合这些字形来形成词汇和句子。字体风格包括字体的大小、粗细、斜度、间距等。不同字体风格适合于不同场景和目的。需要考虑如何将每个字母或汉字映射到唯一的数字编码，并与其他字符编码系统兼容。

而如果作为一名文字系统的设计者，首先，我们需要学习已有的文字系统，了解它们的历史、文化背景、字形和字体风格，以及它们在不同场景下的使用。根据研究的结果，开始结合字形和字体风格，并尝试组合它们来形成词汇和句子。其次，反复尝试和调整字形和字体风格，以使其更加清晰易读、美观、独特并适应不同场景和目的。最后，经过不断测试和反馈，测试文字系统在不同场景和目的下的表现，并收集用户反馈，以持续改进和完善。

> 当今世界上的文字可分为意音文字（例如汉字）、音节文字（例如日文）、音素文字（例如英文）三种。在设计文字时，需要根据不同文字的类型来选取和不断优化相应的字体方案。

需要注意的是，设计一种文字系统需要时间和耐心，因为每个细节都需要精心设计和调整。同时，也需要考虑文化、社会、历史等因素对文字系统的影响，以确保其适应性和可持续性。

第三节　历史的语法与幻想的语境

人类的语言是一个有机的系统，是有规律可循的。语法就是语言学家对语言规律的总结。不同语言的规律有相同点，也有不同点，但归根结底是表层不同，底层相同或相似。当我们在学习或者面对一门语言（包括母语）的时候，语法可以帮助我们快速地找到语言的规律。

如果作个类比的话，语法和物理法则都是对客观世界的观察和描述。只是语言的规律更繁杂，例外多，规律之间难以建立逻辑化关系，难以数学化。

一、人造的语法

除了自然形成于人类语言底层的语法之外，不同的语言混合之后，也会形成语法的体系和结构。从混合的程度来看，可以区分为“洋泾浜”语和“克里奥尔”语这两个阶段。

1.“洋泾浜”语

洋泾浜语是上海方言的一种变体，主要在洋泾浜地区使用。洋泾浜语与上海话有很多相似之处，但也有一些不同之处，主要是在语音、发音和一些词汇上。

例如“good good study, day day up”(好好学习，天天向上)这种游戏式的双语拼凑，就是早期洋泾浜语的样态之一。类似的还有：
“是”叫“也司”(yes)，“勿”叫“糯”(no)，“如此如此”叫“沙咸鱼沙”(so and so)，等等。

洋泾浜语的语音比较独特，其中一个特点是韵母发音的区别，例如，“shi”在上海话中读作“xi”，但在洋泾浜语中读作“shi”。此外，洋泾浜语中的一些声母和韵母也与上海话有所不同。

在洋泾浜语的词汇方面，有许多特有的词语和俚语，这些词语在上海话中并不常见。例如，“嘎子”（指肚子），“摇摇椅”（指翻跟头），还有一些特殊的称呼方式，如“老头儿”（指年长的男性），“娘儿们”（指女性）等等。

总的来说，洋泾浜语在现代社会中逐渐消失，但仍然是上海历史文化和语言变迁的重要见证。

2. “克里奥尔”语

而相对于洋泾浜语，克里奥尔语是指以非正式方式形成的混合语言，通常由多种语言混合而成，包括主要语言、辅助语言和地方语言等。

克里奥尔语通常发展于殖民地或贸易路线上的地区，其中不同的人群使用多种语言进行交流，而克里奥尔语则是这些语言的混合体。例如，海地的克里奥尔语是由法语、西班牙语、阿拉瓦克语、泰诺语和英语等多种语言混合而成的。在非洲的几个国家，如几内亚比绍和几内亚，克里奥尔语也很常见。

克里奥尔语的特点是词汇和语法规则简化，常常去除了复杂的语法形式和词汇。这是因为克里奥尔语的形成和使用通常是为了满足日常沟通的需求，而不是为了学术目的。在一些情况下，克里奥尔语也可以被认为是一种创造性的语言，因为它们可能创造出新的词汇和语法结构。

因此，我们可以将洋泾滨语视为语法在混合初期形成的。对于幻想作品中的人造语言，如果我们能够看出英语、汉语等现有自然语言的语法痕迹，则该语言对于语法的设定正处于这个初期阶段；否则，可视为一种“克里奥尔语”，也就是一种真正意义上语法自足的语言。

二、幻想作品中的语法体系

如果细致来看，语法体系的设定标准有很多，而其中有两个最重要的设定可以让我们具体观察某部作品中的语法体系自足与否，它们是语序和语法格。

1. 多斯拉克语

例如，在乔治·马丁的《冰与火之歌》中，基本句中的语序与英语相同（也即SVO型语言，汉语也是这种类型）：主语在先，述语在中，宾语在后。在更复杂的句式中，词序为“指示词–名词–副词–形容词–属格名词–介词词组”；而介词总在其所支配的名词之前。

而在语法格方面，多斯拉克语至少有四个格，它们分别是主格（nominative）、宾格（accusative）、属格（genitive）和夺格（ablative）；另外，此语言亦可能有向格（allative），同时此语言可能没有与格。

2. 克林贡语

克林贡语的语法来自北美印第安人部落，接近于阿兹特克语系。

在语序方面，它采用了自然语言中最少见OVS语序，即宾语–谓语–主语，这与绝大部分自然语言的语序相反。由此可以看出设计者的奇思妙想。

De'vetlH vIQoy 意为“我听到这个消息”

（“De'vetlH”=这个消息，“vIQoy”=听到我）

而在语法格方面，克林贡语中的代词有主格、宾格和属格之分。例如，“jI”表示“我”（主格），而“wIj”表示“我的”（属格）。

3. 昆雅语

作为一种精灵使用的语言，昆雅语是托尔金所创造的语言之一，也是他最为完整的一种虚构语言。昆雅语被设计为一种优美而复杂的语言，有着浓厚的古典语言风格。

按照托尔金的设定，昆雅语早在双树纪元就出现了。在精灵大分裂后，古精灵语分化为埃尔达通用语和大量阿瓦瑞精灵语。其中埃尔达通用语就是昆雅语的前身，它保持了古精灵语的主要特色，甚至可以与古精灵语相互交流。

在语序方面，昆雅语是一种主谓宾语序的黏着语。有着相对自由的语序，因为大多数信息都由词语从形态上表达，而非整句的句法表达。

而在语法格方面，昆雅语具有相当丰富的格与数的变化，其中，昆雅语的名词有十个格，如：主格（用以标明动词的主语，在口语上亦用作宾语，另外，主格亦用于某些前置词当中），属格（主要用以标明事物的来源等，用法和汉语的“的”接近），宾格（用以标明动词的宾语，在口语中已和主格混合，因而不再使用，但“古典”或“书面”的昆雅语中，宾格和主格依旧有区别），等等。

因此，昆雅语有复杂的句法结构，语法体系非常复杂，虽然它是一种虚构语言，但精密程度和表义的精确性完全不逊于任何一门自然语言。

三、幻想作品中的语法设定解读

基于以上的认识，我们想要了解幻想类作品中的人造语言，就要了解如何根据语言的目的和基本元素，设计语法规则，而语法规则应该清晰、简单、一致，且易于理解和使用。其中，一定规模的词汇是语法规则的基础。词汇是最基本的语言单位，因而在定义词汇时，需要注意保持一致性和易读性，以避免混淆和误解。

在定义词汇之后，语法结构可表示为由词汇组成的组合体，如表达式、语句、函数、类等。语法结构之间的关系应该通过语法规则来确定，从而保证语法和语义的一致性和完整性。

第四节　语言之力——从早期奇幻到现代科幻

对于幻想作品来说，历史是在言说与书写的基础上建构起来的一种宏大叙事，它在无数个时间点、时间流线和无数个空间坐标当中的一个掠影。正是在这个维度上，幻想作品恰恰是对历史的一种重构。文字和它所代表的语言，又恰恰是在超越时间和空间的视角下进行着书写与记录。

一、“巴别塔”与“仓颉造字”

《旧约·圣经》中，人们语言相通，同心协力，修建的巴别高塔直插云霄，惊动了上帝。他看到人们这样团结而强大，因而改变并区别人类的语言，使他们因为语言不通而分散在各处，巴别高塔的伟业由是半途而废。

特德·姜的中篇小说《巴比伦塔》描绘了高塔一直被往上建造的场景。它越过了星辰，越过了太阳，人们祖祖辈辈都生活在塔上，不断登顶，偶尔休息和在塔上种植需要的粮食，储存后继续登顶。

巴别塔所表达的意味是，“人”这一物种作为“神”的造物，一方面试图通过世代的努力不断完成自身进化，另一方面，由语言体现了人天然保存的“神”性，而这也是人能够世代进化的根本保证——独特的、区别于世间其他物种的神力（即使它是残破的）。

中国古代对仓颉造字后的“天降神迹”描述，也传达出对语言神力的铭咏意味。语言的力量如果能够融合，足以使天降异象，使鬼神生畏。太古时代的统一的语言，正是通过这样的传说慢慢呈现出它的神力与神性。

二、咒语与真言

对语言之力的更为清晰和直白的描述，在幻想作品中通常是以“咒语”或“真言”等形式出现的。例如《地海巫师》中的一个重要的设定：“真言”可以控制人的行为。

> “知道名字”是我的工作，是我的技艺。这么说吧，想就某物编构魔法时，你必须找出它真正的名字。在我们王国各岛家终生隐藏自己的真名，只有对自己完全信赖的少数人才透露；因为真名蕴含巨大力量和危险。创世之初，兮果乙人从海洋深处升起地海各岛屿时，万物都保有它们的真名。今天，所有魔法及一切巫术都还固守那个真正且古老的“创造语言”，施法术时等于在复习、回忆那项语言知识。当然，施法

> 术前得先学习运用那些字词的方法，也必须知道运用后的影响。但巫师终其一生都是在找寻事物的名字，或推敲找出事物名字的方法。[1]

而在《金枝》中，巫咒的使用，“言行关系”的同效性，深入讨论下去会发现此二者是分不开的。在《金枝》中，列举了大量口头与书写符咒用以行事的例证，弗雷泽将它们总结为两个方面。

> 如果我们分析巫术赖以建立的思想原则，便会发现它们可以归结为两个方面：第一是“同类相生”或果必同因；第二是“物体一经互相接触，在终端实体接触后还会继续远距离地互相作用”。前者可称之为“相似律”，后者可称为“接触律”或“触染律”。巫术根据第一个原则即“相似律”引申出，他能够仅仅通过模仿就实现任何他想做的事；从第二个原则出发，他断定，他能通过一个物体来对一个人施加影响，只要该物体曾被那个人接触过，不论该物体是否为该人身体之一部分。基于相似率的法术叫做“顺势巫术”或“模拟巫术”。基于接触律或触染律的法术叫做“接触巫术”。[2]

语词的使用正是“接触”与“顺势”的延伸。让个体之间产生关联，最便捷最直观的方式就是使用语言。在由此达彼的往复循环中，咒术的效力被扩展至更广大的范围。

同时，弗雷泽还将巫术的行为逻辑与其时代性联系了起来。他认为，巫术时代之后是宗教时代，宗教时代之后进入了科学时代。这三者当中，巫术和科学之间有很密切的一种相似性，宗教反而是在中间形成了一种过渡的时期。“对那些深知事物的起因，并能接触到这部庞大复杂的宇宙自然机器运转奥秘发条的人来说，巫术与科学这二者似乎都为他开辟了具有无限可能性的前景。于是，巫术同科学一样在人的头脑中产生了强烈的吸引力，强有力地刺激着对于知识的追寻。”[3]

巫术时代的人们有一种能够识别出万事万物精髓的信心，认为自己能够通过某种方式来掌控大自然的规律。对语言的神力认识，正是这种行为逻辑和信心的重要来源。而进入了宗教时代后，这种沉思和信心，都交付给了上帝。

三、结构主义语言学

语言和言语，共时与历时，组合与聚合……索绪尔的一系列语言学专业术语试图帮助

1 厄休拉·勒古因：《地海古墓》，蔡美玲译，南京：江苏文化出版社，2013年，第130页。

2 弗雷泽：《金枝》，汪培基等译，北京：商务出版社，2019年，第46页。

3 弗雷泽：《金枝》，第89页。

我们指示出语言不属于世界之后其所呈现的力量，在20世纪之后，语言发展到已经自己形成一个系统，形成一个结构，这个结构由一些关系构成，现代语言学、人类语言学研究的是共识层面的语言本体力量之间的一些关系之和。

根据索绪尔的观点，使用语言离不开“能指”和“所指”，我们通过“能指”指向一个个“所指”，通过所指来间接地理解外在的空间那些已经断开层次的事与物。在语言使用的早期，我们不需要这个二元结构，因为能够通过语言直指外部的真实世界了，而不需要中间这个“能指-所指”层次，但是后来因为有了词与物的断层之后，我们必须就重新定义语言使用和语言事实了。

在《沙丘》中，“真言师”的设定就是这样一种语言之力的直观化呈现：

保罗意识到自己的紧张感，决定练一种意心功，这是母亲教他的。三次快速呼吸引发了反应：他进人了一种浮动的意识状态，集中意念……动脉扩张……避免不集中的意念机制……按选择发送意念……血液得到充实，迅速流向负荷过重的区域……本能自身并不能使人获得食物……安全……自由……动物意识的延伸并不能超越时限，也不能使其懂得成为它猎物的东西会灭绝……动物毁灭，不再生产……动物快感始终与感觉接近，避免知觉……人类要求有一个背景网，通过该网可以看到自己的宇宙……按选择集中意念，这就会构成你的网……身体的凝聚按照细胞需求的最深意识随神经血液而流动……一切／细胞／存在都非永恒……在有限范围内向着永恒挣扎……[1]

四、科幻作品中的语言之力

20世纪的语言学转向，在最后一个时期进入了日常语言学派时期。在语法主义和语用主义旷日持久的论战中，语用主义者慢慢开始认同这样的观点，真理不在索绪尔所言的“共时”之中，更不在古典时代之前就已流散的“真言”之中；事实是，真理和意义主要蕴涵在人们日常使用的话语之中——语言的神性散入日常的语言使用。

字幕：这是我们的第二十二次实时对话了，我们在交流上遇到一些困难。

伊文斯：是的，主，我发现我们发给您的人类文献资料，有相当部分您实际上没有看懂。

字幕：是的，你们把其中的所有元素都解释得很清楚，但整体上总是无法理解，好像是因为你们的世界比我们多了什么东西，而有时又像是少了什么东西。

伊文斯：这多的和少的是同一样东西吗？

1 弗兰克·赫伯特：《沙丘》，潘振华译，南京：江苏凤凰文艺出版社，2017年，第71页。

字幕：是的，我们不知道是多了还是少了。

伊文斯：那会是什么呢？

字幕：我们仔细研究了你们的文献，发现理解困难的关键在于一些同义词上。

伊文斯：（狼外婆的故事）

字幕：完全无法理解……

伊文斯：你们的思维和记忆对外界是全透明的，像一本放在公共场合的书……原来是这样我的主，当你们面对面交流时，所交流的一切都是真实的，不可能欺骗，不可能撒谎，那你们就不可能进行复杂的战略思维。

字幕：人类的交流器官不过是一种进化的缺陷而已，是对你们大脑无法产生强思维电波的一种不得已的补偿，是你们的一种生物学上的劣势，用思维的直接显示，当然是效率更高的高级交流方式。

伊文斯：缺陷？劣势？不，主，您错了，这一次，您是完完全全地错了……

字幕：我害怕你们。[1]

在三体人看来，人类的语言“不过是一种进化的缺陷”“是一种生物学上的劣势”，这完全是站在神的视角对语言的一种主体认识；但三体人也同时感受到了这种语言所蕴涵的令自己惧怕的力量。

从语言本质的观点来看，人类所使用的这种“低效”语言以其自身蕴涵的力量又将人紧紧禁锢在“语词”这个牢笼之中，隔绝了真实的、理念的世界，从而切断人与神之间的联系。

（本章撰写：王涛）

课后思考：

1. 举出一个著名的幻想作品人物，描述你想象中的TA说话时有哪些发音特色（从音高、音色等角度来描述）。

2. 你认为随着计算机技术的发展，人类终究会抛弃文字吗？

3. 除了“开口说话”，你还知道哪些方式可以用来进行高效的信息交流？

4. 如何从幻想作品的角度来理解“语言是存在之家”（出自海德格尔）这句话？

推荐阅读：

1. [英]J. R. R. 托尔金，《精灵宝钻》，邓嘉宛译，南京：译林出版社, 2012年。

1　刘慈欣：《三体2：黑暗森林》，重庆：重庆出版社，2016年，第210页。

2. [德]弗兰克·史威格：《维京少年——走进海盗、如尼文、北欧神话的神秘世界》，李柯薇译，福州：海峡书局，2022年。

3. J. R. R. Tolkien, *The Letters of J. R. R. Tolkien*, Humphrey Carpenter and Christopher Tolkien eds., London: Harper Collins Publishers, 2006.

4. Ruth S. Noel, *The Language of Tolkien's Middle-earth*, New York: Houghton Mifflin Company, 1980.

5. [美]斯坦利·费什：《如何遣词造句》，杨逸译，南京：译林出版社，2020年。

6. [法]罗兰·巴特：《语言的轻声细语》，怀宇译，北京：中国人民大学出版社，2022年。

7. Verlyn Flieger, *Splintered Light: Logos and Language in Tolkien's World*, Ohio: Kent State University Press, 2002.

8. [美]厄休拉·勒古因：《世界的词语是森林》，于国君译，北京：北京联合出版公司，2017年。

9. 特德·姜：《你一生的故事——特德·姜科幻小说集》，南京：译林出版社，2015年。

10. 《你一生的故事》改编的电影《降临》(2016)。

第二章　科幻中的人类学

人类学是全面研究人及其文化的学科。虽然不同国家和地区、不同学术流派对这一学科的定义和范畴理解不尽相同，但一般认为，人类学的显著学科特征是通过田野工作对族群进行观察研究，并撰写民族志作为主要成果，其主要的学科对象是文化意义上的他者与自我。

著名的人类学家阿尔弗雷德·路易斯·克鲁伯曾在他的《人类学》一书的开篇提出“人类学是人的科学”这样的判断。然而在科幻领域，“人”的概念早已被大大拓展，包括外星人、机器人等各种虚构的与人类不同的生命形式都有可能成为文化上的“他者”。这些“他者”通常被描绘为具有不同于人类的外貌、文化、社会结构和行为方式，常被用来讨论文化差异、种族问题、社会政治、个体与群体之间的关系，以及人类自身的本质和存在的意义。而关于文化冲突、文明演进、看待事物的多重视角等问题，也成为人类学与科幻共同关注和讨论的议题。

第一节　人类学与科幻的交融

科幻作家威尔斯曾在《一个英国人看世界》中提到：“创造一个乌托邦并对其进行详尽的批判，这在社会学中是一种合适且独特的方法。”[1]而与社会学相类似，在十九世纪的人类学草创阶段，人类学家也相信存在着一条从“野蛮人”到乌托邦远景的单线发展路径——这也是当时许多科幻小说与之共享的观念。

自二十世纪起，人类学家开始逐步扬弃进化论式的发展观，尝试以一种共时性的视角来看待人类文化。但是这种反思并不彻底，在此后的很长一段时间里，进化逻辑仍然是人类学讨论未来的首选框架。到了二战之后，一种结合了控制论与功能主义的观念流行开来，以玛格丽特·米德等为代表的一些功能主义人类学家希望将人类学的研究成果应用于

1　H. G. Wells, *An Englishman Looks at the World*, London: Benn, 1914, p.205.

构建战后的新秩序。她的目标是将系统理论，特别是反馈循环的控制论模型，应用于公正社会的建立和民主制度的发展。因此，米德自觉地将科幻方法纳入视野，将太空殖民地作为思想的实验室，积极讨论在那里重新构建一套新型文化等议题。

也正是在这一时期，更多具有创作自觉的人类学和社会学题材科幻小说开始出现。这其中最具代表性的作家如查德·奥利弗——他除了创作科幻作品之外，也是一位职业人类学家，曾任德克萨斯大学人类学系主任。他早期的一系列作品，如《蚂蚁与眼睛》《阳光下的阴影》《时间之风》等，都对未来表现出强大的自信，认为人类学家能够利用其强有力的专业知识来指引文化的变革，使得整个社会能够按照一个精心设计的路径向着美好的未来发展。

到了60年代，另一位重要的作家厄休拉·勒古因开始在人类学科幻领域发挥巨大作用。她于1929年生于美国的一个学者家庭，其父阿尔弗雷德·路易斯·克鲁伯师从美国人类学之父弗朗兹·博厄斯，对美国原住民文化有相当深入的研究，是现代美国人类学史上举足轻重的人物。其母西奥多拉·克鲁伯也是一位作家兼人类学家，以对加利福尼亚原住民文化的研究而闻名。勒古因自童年时期就不断受到多元文化和思想的熏陶，逐渐形成了包容的文化观和广博的知识积累。后来她又在文化人类学家克利福德·格尔茨的影响之下，自觉地将民族志写作中对地方性知识的“深描”[1]引入科幻小说，来呈现虚构中的部落文化。她的第一部小说《罗坎农的世界》，其故事主线便是人类学家罗坎农前往北落师门B行星进行田野考察的故事。勒古因的代表作《黑暗的左手》的主人公是一位被派往外星球的使节，同时也是一位人类学家。他通过调研访问记录了在冬星上的经历和见闻，描述了冬星人会变化性别的生理特征，以及思考其背后所形成的文化样貌和政治构成。她的另一部作品《永远归家》则运用了一种更加典型的民族志的写法，作者在其中构建了一个以美洲印第安人为原型的充满后启示录色彩的末世社会，用田野笔记、图表、地图、歌谣、民间故事等丰富的内容来塑造这一文明的生动样貌。

这一创作类型被雷蒙·威廉斯称为“太空人类学”。[2]她所构建的不同星球上的文明好似一个个社会实验室，用控制论和功能主义思想将自然环境、文化、社会、经济等结合为一个具有丰富变量的复杂系统，并用人类学的方法和逻辑观察这些文明的发展走向。她在小说中广泛地运用了一种“虚构民族志”的创作，从而在真实与想象之间获得了一种特殊的张力，能够穿透情节本身，使这种具有建构性的寓言直抵现实中的社会危机，同时也对单一现代性结构进行了深刻的反思和批判。她在编织出的一个个“替换世界”当中，始终致力于挖掘那些被遮蔽的边缘和被忽略的他者，用具有相对性的文化观

1 “深描”即描述性解释，这一概念是由阐释人类学代表人物克利福德·格尔茨在《文化的解释》一书中提出的。格尔茨认为只有当地人才能对地方文化做出“第一层解释”，而民族志写作是在理解当地文化的基础上对解释进行的解释。与之相对的，他将对事物进行详尽描述和客观评价称之为“浅描”，而“深描”强调在进一步解释时要依靠人类学家的主观理解。因此在这一框架中，人类学写作本身就是一种解释。

2 Raymond Williams, “Science Fiction,” *Science Fiction Studies*, 15.3 (Nov 1988), p. 360.

在西方中心之外寻找具有超越性的维度，试图在技术与自然、现代与传统之间为人类的未来探索新的出路。

在这一脉络上还有弗兰克·赫伯特的《沙丘》系列以及金·斯坦利·罗宾森的“火星三部曲”等作品，它们通常以宏大世界的缔造见长，将社会学、心理学、民俗学、生态学等进行综合运用。而人类学作为其获取话语资源的方式之一，在世界构建上常起到重要作用。

必须指出的是，这种世界构建的方法虽然在很大程度上是有效且易于读者理解的，但往往也过分夸大了人类学的功能——当时的功能主义-控制论倾向于强调人类学家能够理解文化之间相互关系的绝对边界，可以通过应用系统思维来预测甚至主动塑造文化形成的进程。而后随着功能主义理论的式微以及全球化进程的不断加深，人类学愈发强调“共同性”，避免将其他的民族“他者化”，转而尝试将所有不同的文化视为我们同时代的一部分。我们能够在查德·奥利弗后来的科幻作品中看到这样的转变——像其他一些人类学家一样，他逐渐意识到人类学无法解决所有问题，但我们仍然可以在文化多样性中找到人类发挥自身潜力的更多可能。在他的《礼物》和《鬼城》等作品中，人类学所起的作用更多地是在不同文化之间把握差异，而且允许这种共情和理解改变人类学家自身。

接纳多元化和异质性的未来是对坎贝尔时代科幻潮流的背离，也是对技术官僚主义人类学的扬弃。以此为代表的对于中心-边缘结构的批判和思考，构成了人类学和许多科幻小说的核心命题。在奥森·斯科特·卡德的小说《死者代言人》以及詹姆斯·卡梅隆执导的科幻电影《阿凡达》等许多作品中，这一脉络思想仍然在不断发展和延续。

第二节　人类学与科幻中的“边缘”书写

科幻自诞生之初至今的二百余年里，像现代文化中许多其他领域一样，其话语权主要被西方世界所占据。金斯利·艾米斯曾经用反讽的语气说：“科幻小说是由美国人和英国人写的，而不是由外国人和女人写的。”[1]但随着世界全球化和多极化的走向以及女性主义和各类社会运动的不断发展，情况似乎正在日益好转。而人类学为科幻带来的文化相对主义观念和对中心-边缘结构的反拨，也在这一浪潮中发挥了重要作用。这对于后发现代化国家以科幻为载体书写、建构本国本民族文化，以及自身的科技经验与想象，具有重要意义。

科幻文类深深地受益于航海大发现以降“西方”对外部世界的探索。在此过程当中，非西方的诸多民族以各种方式进入历代科幻作家的观察视野，且往往被不假思索地置入殖

1　Leon E. Stover, “Anthropology and Science Fiction,” *Current Anthropology*, 14.4 (Oct 1973), p. 471.

民-征服-拯救的逻辑框架之内。这一倾向直到二十世纪中叶才得到一定程度的反拨。

凡尔纳是这其中最具代表性的科幻作家之一。在一系列与欧洲之外的“别处”相关的作品中，作者主要是通过大量海外传教士和人类学家的报告、报道来完成其故事框架，特别是其中对异域风光、人种和文化的描述。正是由于其信息来源充斥着殖民浪潮中的西方中心主义立场，尽管凡尔纳本人往往对被殖民地的独立与反抗运动抱有同情，但也不可避免地将非西方的本土人群视为低等、异类和待拯救者。其中最典型的描述，主要集中在土著居民方面。如《格兰特船长的儿女》将澳大利亚土著居民描写为与野生猴子相类似的族群，《气球上的五星期》则对非洲原住民作自然主义的奇观化描写。这些原住民与凡尔纳笔下掌握了现代科技的欧洲人形成鲜明对比，且时常被暗示命中注定将会消逝/被淘汰。

类似的情况也出现在十九世纪末其他大量“中空地球”“爪哇岛”以及“火星”等相似的“别处”叙事当中。如果说我们从凡尔纳的想象性描述中尚能觉察同情与惋惜，同一时期的其他作家就常常显得粗鲁且不加掩饰。这种针对现代化进程之外族群的居高临下，也影响了中国晚清时期的科幻探索和美国“黄金年代”的海量创作。

在中国晚清科幻中，我们也可以看到一种“同心圆”结构。居于殖民逻辑核心的，是占据科技和现代化前沿力量的欧洲白人群体，其他的黄、红、黑、棕等人种依次处于逐级外推的殖民链条当中。最狂野的“黄族崛起”式幻想，也不过是黄种人取代白种人，继续占据这一同心圆结构的核心位置。而在欧美二三十年代的诸多科幻探索中，逐渐形成了一种以“外来者”为核心的叙述模式——这在今天的好莱坞特别是超级英雄电影中仍有表达。

这一状况最初是在六七十年代的女性主义科幻中得到了清晰的反拨。如《女身男人》等作品中，远离现代化进程的女性主义或纯粹女性部落，往往成为颠覆前述西方中心主义的乌托邦式构想。但这一阶段作为反抗代表的，仍旧是白人女性——尽管她们同样处于当时社会权力结构的边缘。

至于更加“部落化”的少数民族在科幻小说中的发现，有赖于以厄休拉·勒古因、菲利普·迪克为代表的反文化运动，以及八十年代之后各种“复古未来主义”的次第推动。此后的一代代欧美科幻作家逐渐穷尽了对于未来世界的美国式发达资本主义的描述，六七十年代以后开始转向尚未被充分探索的人类内心，或者开始转变自己的姿态，向包括“东方”在内的边缘人群寻求构建未来的话语资源。前者形成了欧洲科幻的“新浪潮”运动，后者则汇入“道”“禅”等神秘东方文化的西方传播。

这样的创作逻辑，也激发了不少美国少数族裔叙事的灵感。保罗·巴奇加卢皮这类在嬉皮士家庭中成长起来的作者，是少数擅长以未来东南亚为故事背景的美国作家。同时，一大批非裔美国科幻作家也将目光投向非洲大陆上的文化与传说，“非洲未来主义”由此诞生，他们的文化“寻根”即是对过去的重新发掘与确认，同时也是对未来的呼喊。

而近年来被大众传媒所反复传播渲染的“丝绸朋克”和方兴未艾的“中华未来主义”，则可以视为欧美科幻界在面对以刘慈欣为代表的亚洲科幻声音时作出的自我调适。代表性作品包括《狩猎愉快》《尚气与十环传奇》和《铁寡妇》《瞬息全宇宙》等。

但我们应当注意到，这类作品中有许多仍旧依托西方中心立场。在利用某些元素以表达其反对东方主义的姿态之余，作者并未有效地挑战更为根底处的历史文化观念，因此反而更清晰地表现出了某种刻奇心理，其姿态仍旧是俯视的。由此带来的结果，是奇观式的刻板印象被进一步加深了。

第三节　科幻中的人类与他者

人类学与科幻共享着同一种哲学理念，那就是从共性与个性两个维度揭示“人是什么”这一问题。民族志与科幻的文本结构都允许读者与异族事物通过“潜在心理”达成身份认同，而这些异族常常是依据西方心理主义的传统进行构建的，在疏离的同时又制造出普遍的人性空间。通过引导读者的阅读期待，以及对这种心理揭示的形式和布局的把控，作者便可以使读者对他者产生或多或少的认同感。

在科幻中，这一类型最常见的形式即人类与外星人的接触，这种接触总是不可避免地引发自我与他者的问题。我们不妨将科幻中不同的外星人置于一个从“以人类为中心”到“不可知”的连续统之中。它的前端是对人类固有特征的一些夸张描绘，而随着异化程度的不断增加，直至与人类之间产生本质上的陌生感，变得无法理解。

《第九区》

以人类为中心的外星人实际上是人类的一面镜子，它是一种从不同视角审视我们自身的载体。这些作品常被用来讨论现实中的种族、文化、政治等问题。比起直接讨论这些问题时容易因自身背景和立场而与权力结构或殖民主义纠缠不清，一个发生在人类与外星人之间的故事，无疑可以为创作者提供更大的讨论空间。例如在科幻电影《第九区》中，一批来地球寻找庇护的外星幸存者，被人类统一安置在位于南非的一个临时避难所“第九区”中。随着难民数量的不断增加，这个社群与周边人类产生了越来越多的摩擦。人类对此感到不满，呼吁将这些丑陋的“大虾”赶出地球。而男主人公由于感染了外星人身上携带的未知病毒，其身上的DNA渐渐发生了变化，最终也变成了外星人的模样——这就迫使观众打破一种习而不察的偏见，与他者的情感发生共鸣，站在新的视角去思考人类社会中存在的种族歧视、贫富差距、关系异化、身份认同等问题。

在相当多的外星人题材科幻作品中，人类与外星人都处于一种紧张的对抗之中。这固然能够为情节组织提供天然的张力，但也常常将人类与他者的关系固化在统治与被统治的刻板结构当中。事实上，人类与他者的关系类型还有着相当多的可能性。奥森·斯科特·卡德的《安德的游戏》系列小说对此提供了一个很好的范例。在小说中，安德的妹妹基于斯堪的纳维亚语系的概念框架，将他者性的程度分为四个等级：

> 斯堪的纳维亚语系将与我们不同的对象分为四类。第一类叫乌能利宁——生人。是陌生人，但我们知道他是我们同一世界下的人类成员，只不过来自另一个城市或国家。第二类是弗拉姆林——异乡人，这是德摩斯梯尼从斯堪的纳维亚语的弗雷姆林这个词中变异生成的一个新词。异乡人也是人类成员，但来自其他人类世界；第三类叫拉曼——异族，他们是异族智慧生物，但我们可以将他们视同人类。第四类则真正异于人类，包括所有动物。瓦拉尔斯——异种。他们也是活的有机体，但我们无法推测其行为目的和动机。他们或许是智慧生物，或许有自我意识，但我们无从得知。[1]

在小说的第一部《安德的游戏》中，人类与虫族之间之所以发生亡族灭种的争斗，最重要的原因就是两个物种之间无法达成有效的交流。此时的双方都无法确定对方是善意还是恶意，为了自我保护只能运用达尔文主义的斗争法则，置对方于死地。而后来随着安德与蜂后达成了交流，意识到“我们和你一样”，“瓦拉尔斯”也就转化成了“拉曼”，他者便不再成为敌人。

而到了第二部《死者代言人》中，人类由于自己曾经在虫族身上犯下过过错，当他们在卢西塔尼亚星球发现了智慧生命之后，便决定将地球人与当地土著隔离开来。除了个别人类学家之外，其他人不与他们接触，以免产生“文化污染”。但这样做的问题在于，地球人与“猪仔”——从这个略带贬义的命名中也能够看出——并不处在平等的地位上。人类学家仍然只将猪仔视为“瓦拉尔斯”和可被研究的客体，单方面从他们身上获取信息，而非应该进行平等交流的“拉曼”，也并无向他们学习的意愿。这更类似于殖民时代人类学家的做法，显然与格尔茨著名的论断“人类学家不研究村庄，他们是在村庄中做研究”是背道而驰的。而这也最终导致了两个种族之间跨文化交流的失败。直到最后在安德的帮助下，人们才搞明白猪仔看似用残忍的手段杀害了人类学家，但由于生理结构的不同，在他们的文化中，这个做法实际上是通往第三种生命形态的幸福与荣耀的仪式。

1　奥森·斯科特·卡德：《死者代言人》，段跣、高颖译，成都：四川科学技术出版社，2003年，第40页。

《安德的游戏》系列作品讨论了人类与他者之间存在的各种关系类型，设置紧张的对抗，再通过沟通和交流让双方达成理解。但实际上，这些类型仍然都可以统摄在“以人类为中心”的外星人的框架中——因为从根本上说，对方究竟是“瓦拉尔斯”还是“拉曼”，只取决于人类认为其能否进行沟通。而对于那些全然不可知的他者，人类无论想象还是描述他们，都显得更加困难。

这其中最有代表性的作品是斯坦尼斯拉夫·莱姆的《索拉里斯星》。小说描绘了一颗被胶质海洋覆盖着的神秘行星索拉里斯，人类科学家想尽办法却无法理解其分毫。他们的努力被比喻为一群蚂蚁在一位死去的哲学家身上觅食——这不仅对科学家们的自负进行了嘲讽，更指出了人类在面对他者时不可避免的局限性。

在最极端的推演中，人类与外星人的相遇只是证明了宇宙在本质上是不可知的，它的道德结构很可能会永远地超出人类的理解。这就如同遭遇认识论危机之后，人类学也对自身产生了质疑。然而，即使它们质疑认知的普遍性，前景也不应是全然悲观的——当如康德所言：要勇于认知，要有勇气运用你自己的理智。

第四节　科幻人类学的未来可能

现代性抵达之后，人类面对无法捉摸的世界，藉由科幻重构了一种“想象”传统——这个传统，总是把我们之外的东西变成我们的一部分，并且尝试理解它。事实上，既然科幻通过阐释、演绎、推演，描绘人类文明的可能走向，那么在人类学的意义上，应当将其从文学（更不必说“类型文学”）的桎梏中解放出来。在这个层面上，科幻可以被视为一种面向未来的方法论，实现了人类历史与现实在时间维度上的自然延伸，也是人类面对当下与未来科技现实的一种回应。在“想象的共同体”之后，在面临科学技术这个时代重大议题的今天，人类学的研究工作更需要与人类的实践经验保持同步，对它做出描述和阐释，并在此基础上“向未来看”——虚构和想象本就是现实的一部分，正如它们也是科学的一部分一样。我们在科幻与人类学的交叉领域召唤出“科幻人类学”，或可成为我们介入当下科技现实、理解科技时代的人类以及瞻望未来社会发展的一条有效路径。它至少在以下三个层面形成了不可替代的理论特征：

首先，科幻人类学关注幻想，因为幻想是现实的。随着科技的急速进步，现实生活中的幻想成分正在被我们不断重新发现和确认。这样的状况，早在上世纪八十年代，中国本土科幻从科普话语中逐渐挣脱出来的时候，就已然被科幻作家们所预见了。郑文光、童恩正等人提出，幻想同样也是科学的组成部分——这一判断的前提是将科学视为一种人类的实践活动而非一种理念上的真理体系。

科幻人类学将正面处理幻想对现实发挥的繁复作用。它不仅需要研究、总结诸多概念

（常常是技术的和隐喻的）从虚构到实践的一般过程，而且强调从“想象的共同体”角度，探讨幻想如何以社会建构、寓言和预警的方式影响着人类的实践活动。

其次，科幻人类学关注未来，因为未来是当下的。未来总是当下的现实世界在时间维度上的拓展和延伸，在此刻是以其“不在”彰显其“存在”，在将来则能够通过历史实践，验证其成为“存在”的过程。

自晚清以降，中国人的历史观已逐渐从古代时期的循环观，慢慢地将未来纳入了观察视野。但长期以来，“未来”这一维度在很多时候空有理念，实际上却并未受到足够的重视。而随着科技发展成为广泛的社会实践，许多将在未来发挥作用的关键性事件、人物以及其他因素，实际上已然在某些相对狭小的圈层内发挥作用。诚如科幻作家威廉·吉布森所言：“未来已经来到，只是尚未流行。”

第三，科幻人类学关注科技，因为科技是经验的。当科技突破实验室和科学家的壁垒，成为一般人类日常生活经验的组成部分，它就不得不成为审美、伦理和哲学思考的对象。

人类进入数智时代以来，科技美学成为生产和销售所必须直面的命题。科技产品的风格化标识，已然是附加在使用价值之上所不可或缺的重要部分。而科幻尤其长于从经验和想象中提取审美的现象，研究背后的逻辑。

更进一步，我们将在此时面对现代文化重构——特别是在以中国为代表的后发现代化国家中进行重构的宏大命题。这些充满异质感和挑战性的科技经验，迫使科幻作家们以更新鲜的方式来回应控制论视角下数字化的人类经验和未来梦想，创造新的科技语言以及科技文化，以便书写和理解新的科技经验。

（本章撰写：姜佑怡）

课后思考

1. 请结合具体作品，试分析人类学理论的引入对科幻有何意义。
2. 谈谈你对“科幻人类学”的理解和展望。

推荐阅读

1. David Samuels, “These Are the Stories That the Dogs Tell: Discourses of Identity and Difference in Ethnography and Science Fiction,” *Cultural Anthropology* 11.1 (Feb 1996), pp. 88-118.

2. 徐新建：《反面神话：科幻人类学简论》，《孔学堂》2022年第4期。

3. 徐新建：《数智时代的文学幻想——从文学人类学出发的观察思考》，《文学人类学研究》2019年第1期。

4. Ursula Le Guin, *Always Coming Home*, New York: Literary Classics of the United States

Inc., 2019.

5. [美]奥森·斯科特·卡德：《死者代言人》，段跣、高颖译，成都：四川科学技术出版社，2003年。

6. [波]斯坦尼斯瓦夫·莱姆：《索拉里斯星》，靖振忠译，南京：译林出版社，2021年。

7. [美]迈克·雷斯尼克：《基里尼亚加》，汪梅子译，成都：四川科学技术出版社，2015年。

8. [法]布鲁诺·拉图尔、[英]史蒂夫·伍尔加：《实验室生活：科学事实的建构过程》，刁小英、张伯霖译，北京：东方出版社，2004年。

第三章 作为思想实验的科幻

当我们阅读科幻的时候，究竟在寻求什么？这恐怕是可以向所有科幻爱好者提出的问题。科幻已经明确表明并要求自己是一种“幻想（fiction，虚构）”作品，那么它究竟能给我们带来什么呢？本章我们以“思想实验”为视角，尝试回答这样的问题，由此层层递进地去理解科幻的意义。

第一节 科幻思想实验的基本特征

“思想实验”本来是一种科学认识或研究的方法：

> 现代物理学中有一种所谓Gedankenexperiment的传统,这个词是海森伯格发明的,其字面意思是“思想实验”,用来描述一种在头脑中进行的实验:物理学家设想出一套精确的实验条件,或建立一系列有明确定义的假设,试图逻辑地推断出实验结果。[1]

我们熟悉的科学实验，通常是现实世界中的某种实际操作过程，但有时因为实际条件的不允许或不可能，例如需要极其微小或巨大的速度、能量等等,科学家们也会基于现有的知识、规律或假设，提出问题、做出合理的想象，并基于初始设定推演结果。这便是科学认识中的思想实验，它对于科学研究本身来说非常必要且意义重大。[2]

历史上许多著名的科学命题和成果，正是得益于思想实验。古希腊哲人芝诺提出“飞矢不动”，揭示出一旦设定时空无限可分，就会导致运动变得不可理解；伽利略设想了某种无摩擦的光滑平面，从而得出在这一理想状态下运动的物体会保持匀速直线运动；而物

1 托马斯·斯科提亚：《作为思想实验的科幻小说》，陈芳译，《科学文化评论》2008年第5期，第72页。

2 与斯科提亚不同，英国科普作家乔尔·利维将“思想实验”这个词的发明归功于爱因斯坦，并指出正是思想实验帮助爱因斯坦创造了相对论。乔尔·利维：《思想实验：当哲学遇见科学》的引言，赵丹译，北京：化学工业出版社，2019年。

理学家薛定谔设想“将一只猫关在装有少量镭和氰化物的密闭容器里”，试图以常识可理解的方式来阐述量子叠加原理等等。

电车难题（Trolley Problem）：一条轨道上绑了5个人，另一条轨道上绑了1个人。一辆失控的电车疾驶而来。如果你可以控制扳道杆，你会选择让电车走哪个轨道？

实际上，作为一种方法，思想实验不仅运用于自然科学，而且早已不胫而走，成为其他科学认识中的常见方法。例如人们用“电车难题”来讨论某种极端状况下不同伦理选择的意义，用“囚徒困境”来讨论在博弈关系中个人选择与团体选择之间的冲突，用“缸中之脑”来提示感官世界的虚拟性。所有这些思想实验，都是从一定的知识背景出发，作了延伸性的想象和推测，构造了现实中几乎不可能有的事件或场景，借以从中有所审视并获得洞见。

如果我们把“科幻”当作思想实验，那么首先，它与上述那些“科学”的思想实验一样，都是没有实际的仪器设备、没有现实的操作过程，而只是依靠前提设定作出了推理：

> 正是这一默认的假定——运用逻辑和推理能够揭示自然的奥秘——构成了一切科幻小说的基础，甚至是那些初看起来决不属于硬技术类的科幻小说。[1]

以欧几里德《几何原本》为模板，现代科学的基本要求就是从确定的公理或前提出

1　托马斯·斯科提亚：《作为思想实验的科幻小说》，第72页。

发，作出合乎逻辑的推理，然后诉诸实验进行证实或证伪。如果没有科学的前提、合乎逻辑的推理，科幻就容易成为架空的奇幻或玄幻、童话或神话作品。作为“思想实验”的科幻必须恪守这样的特征，这是科幻之所以还具有“科学性”的一个自觉保证。

其次，科幻思想“实验”既然名为“实验”，也不能等同于纯粹逻辑推理，而是需要想象的参与。“实验”一词的本来含义，要求其有别于纯思维，通常的科学实验也总是诉诸感性经验和现实场景。思想实验作为“实验”，因此就需要“想象”的参与，即它必须构造出某种经验性的“场景”，好像是在脑海中实施了整个实验过程。作为思想实验的科幻，因而有着鲜明的想象构造的特征，它既是“科学的”也是“虚构的”，不仅基于科学的前提、作出合理的推理，而且有着过程性、经验性的想象。

第三，作为思想实验的科幻，归根结底是奠基在科学之中的“人文主义”故事。科学的思想实验作为“方法”服务于科学研究本身，其问题导向与目标定位，都受制于所要解决的具体科学课题，以至在思想中进行实验的细节、条件与结论往往都要严格设计、计算和分析。而“科幻”思想实验，没有这些严格的内在束缚，它没有去进行科学研究以获得确定知识的自我要求。很多“硬科幻故事”，即使看起来推理严密、充满技术要素，但这些倒更像是进行创作时的故意装饰，作为“手法”使故事显得更加可信合理。

因为科幻首先还得是故事、是文艺作品。故事有情节、有曲折发展、有矛盾冲突、有意义；故事还是人的故事，无论这“人”是碳基、硅基还是别的什么类型的“生命”。归根结底可以说，科幻作为思想实验，是一种奠基于科学，却贯穿着人文主义的“推测式想象”。它可以基于一项新的科技发明与发现，一个科技突破甚至可能性，一种科学的思想、规律以至假设，以近乎合理的方式去推测并想象其所引起的社会后果、生活场景，展示其中可能出现的伦理事件与潮流等等，并且因为是“推测式”想象，其故事主要被置于“未来”。

早期科幻很多就是从某种新的发明发现、技术成就出发而构造的故事。玛丽·雪莱的《弗兰肯斯坦》、凡尔纳的《气球上的五星期》、威尔斯的《隐身人》和《时间机器》，都以某种发明创造和应用为前提展开叙述。同样，后来的克隆人、反重力、曲速引擎、人工智能技术也都能带来类似的故事效应。但是许多经典科幻，并不满足于只是简单地展望新科技带来的新生活场景，而是更多地是由此展望新的生存可能性、新的奇观感受、新的冲突与希望……探讨的是更有广度和深度的复杂人文主题。例如阿西莫夫《我，机器人》探讨的是智能机器人的自我意识与政治平等问题，赵海虹《伊俄卡斯达》甚至探讨克隆人与其主体之间的爱情伦理等等。所以，在托马斯·斯科提亚看来，科幻

> 担负着一项光荣的使命，那就是向人类展示可能的未来，辨识历史进程中关键的节点……自然科学家、社会科学家、科幻小说家……所有这些人都关注如何回答“如

> 果……那会怎么样”（what if）的问题。每一个人都凭借自己的技能去定义一个思想实验,并通过逻辑的外推或内推,试图找到问题的一种可能答案。[1]

第四，“如果……那么……”，这可以说是科幻作为思想实验的一般公式，但科幻作为思想实验，展开推测式想象，其首要意义并不在于预言，而是当代人有意义的自我表述。诚然，凡尔纳《征服者罗比尔》中类似于直升机的“信天翁号”，阿瑟·克拉克早在1945年就提出了全球卫星通信的概念，威尔斯在《获得自由的世界》中描述了原子裂变的巨大破坏能量，以及今天已成为现实的视频通话、太阳能、虚拟现实、基因改造等都在此前的科幻作品中被想象过。但预测、预言并非作为思想实验的科幻的目的，科幻作为虚构作品，从来也不会主张其所想象的情形“必将”成为现实。

毋宁说，科幻的推测式想象只是其创作的路径特征。它对技术发展的推测，经常不准确甚至存在着明显错误；它对政治社会结构及其生活方式的推测，往往也只提示一种片面的可能性，因为社会发展、历史进程并非由科技单方面决定。归根结底还是要从文艺作品的角度去看待科幻，一切文艺作品都反映着作者的时代意识，当它诞生的时候首先要面对和希图与之产生共鸣的也是当代的受众。作为思想实验，科幻的推测式想象，反映着作者面对时代的科技产生的各种推测、困惑、探讨等等，它首先是当代人讲给当代人的有意义的故事。

它或许会有所警示、讽刺和批判，且为了突出效果，有时还会故意构造出极端化和荒谬化的场景。例如，《机器人瓦力》设定了一个因污染和垃圾遍地，不再适合生存的地球，以及因为过度依赖机器人，人类已经过于肥胖而退化萎缩，生活和行动都不能自理。在这一系列荒谬和讽刺性的设定中，爱与环保的主题被温暖地呈现出来。

它或许也会认真地对一些问题作出探讨，希求从中获得面对新事物应该采取的态度和准则。例如，人工智能会不会犯罪，自动驾驶汽车撞人了怎么判定责任？克隆人能否继承被复制者的财产？但科幻最多只是以故事的方式提示了这些问题，一旦它陷入这些问题做技术性探讨，以试图解决政治、伦理、法律甚至科学等问题，它就退回到“科学”思想实验的范畴中去，成了科学研究而非科幻作品了。

第二节　科学时代的人类宗教

思想实验的基本结构和层次，如上所述，可以简单表述为一种基于科学的推测式想象，但其宽度广度还远不止如此。在科技迅捷发展的时代，新技术和新思想从出现到改

1　托马斯·斯科提亚:《作为思想实验的科幻小说》，第76页。

变人类生活已无需漫长等待；日常生活日新月异，如何理解新技术的可能性，面对重重不确定性如何重新安顿人们的生活？作为思想试验的科幻，这时满足的正是人们对周围世界进行理解和解释的迫切需求。许多推测式想象汇集在一起，勾勒出超越日常生活的世界图景，并不断形成对世界整体的重新认识，以至从普遍和终极的层次去理解人类和宇宙。

《2001：太空漫游》较为典型，它深沉迟缓的节奏中贯穿着“天问”式的哲思，从人猿时代到太空时代的历史得到了重新解释，在史前和月球基地都出现过的超自然的巨大黑色方碑，不断给予人类指引，暗示着宇宙中存在某种神秘甚至终极的力量。同样，尽管《星际穿越》以超越时空的父女之爱为主线，但贯穿其中的充满基督教风格的管风琴交响乐，以及来自五维空间神秘存在者对主人公的接引和帮助，仍然暗示着这是一部渗透着终极追问的“神话（myth）”叙事。这样的叙事固然奠基在“如果……那么……”这样的推测式想象之上，但已远远超出了单纯的技术推测，而是体现为整体性地关怀和追问人类的处境和意义。

我们可以将这类科幻思想实验，称为“科学时代的人类宗教”。人类宗教是相对于“公民宗教”的概念，法国哲学家卢梭提出了这一著名的区分：

> 宗教，就其与社会的关系而论也可以分为两种，即人类的宗教与公民的宗教。前一种没有庙宇、没有祭坛、没有仪式，只限于对至高无上的上帝发自纯粹内心的崇拜，以及对于道德的永恒义务……后一种宗教是写在某一个国家的典册之内的，它规定了这个国家自己的神、这个国家特有的保护者。它有自己的教条、自己的教仪、自己法定的崇拜表现。[1]

简而言之，相应于某一特定政治社会的宗教为公民宗教，而相应于整个人类社会的宗教为人类宗教。在科技繁荣发展和全球密切交往的时代，人类作为共同体有着全球性的共同经验、面临共同问题，科幻可以反映人类的集体意识，超越特定国家，去理解和追问人类在宇宙中的位置，并获得整体性的意义和世界观。

首先，在这样的人类宗教中，新事物的不确定性迅速得到解释和回应。科技繁荣发展，新技术迅速地应用于日常生活，全球定位与互联、纳米技术、人工智能、自动驾驶、基因工程、热核聚变、太空旅行……这些科技领域，为日常话语和大众传播所密切关注；引力波被探测到、黑洞被发现、超强材料被制造……新话题因此层出不穷，日常生活已经与曾经的科学幻想交融一体。科技不是遥远的未来、现实已经足够科幻，科技带来便捷舒适和新颖惊奇的同时，也带来问题、麻烦和不确定性，周围世界不断地陌生化，人类将会

1　卢梭：《社会契约论》，何兆武译，北京：商务印书馆，2003年，第173页。

变得怎样？

作为思想实验的科幻，迅速捕捉到这样的思想需求。科幻的创作者们不断地将新知识、科技话语与日常生活，在想象和故事中弥合起来。在此，科学家如同“先知”，而科幻创作者如同牧师，掌握了对日常世界科技新事件、新发现的解读主动权，贡献着想象、引导着想象，时刻向公众作着意义阐释。例如，假如机器人像人一样聪明，会带来哪些问题，我们如何和它们相处？每当人工智能技术有新进展，从超级计算机战胜围棋世界冠军，从智能翻译机器到ChatGPT的出现,大众媒体的讨论、公众的困惑和好奇都会形成新的话题热点。此时，科幻恰以故事的方式反映了这样的思想躁动，从生活的便捷化、机器的觉醒，到人的退化、人与机器的冲突与爱情，乃至“机器人三法则”等等，这样的主题创作都在贡献着可能的想象性阐释，以回应新事物带来的思想冲击。

其次，科幻在尝试探索人类生活的伦理指南。作为思想实验，科幻提供了五花八门的情节和未来的重重可能性，无论是前述的预测、警示、讽刺，还是对新事物的解释与回应，归根结底关心的是“人类将走向何方”。这种关心指引着科幻，为科学时代的人类，“上穷碧落下黄泉”，构筑想象的场景和处境，以理解人在宇宙中的位置和意义，在变化的可能世界中寻找安顿自身生活的准则。这样的思想实验、思想探索，当然不会都指向唯一和确定的伦理答案，但不断尝试着寻找答案的过程，也足以富有启示和教化意义。

例如，当毁灭人类的生态灾难降临时，我们应该怎么办？《后天》呈现的是温室效应造成的气候灾难，《世界大战》设想了外星种族入侵地球，《生化危机》讲的是失控的超级病毒的传播，《流浪地球》假设太阳氦闪危机即将毁灭地球……浩劫、恐惧、举目苍茫，人类应该怎么办？什么是人类应该珍视的，什么是作为人的真正力量、荣耀和不朽？亲情与义务，协作与竞争，去留与拯救，自私与牺牲，伦理生活的准则与边界在这些假想的极端时刻中被深入展现和思忖。

第三，科幻展示的奇观效应与后人类问题中的超越指向。科幻有其娱乐价值,这是它作为大众文艺而非科学研究的又一特征。在科幻中，新科技新发现所展示的奇观效应，是其引人入胜的重要方面，也是科幻创作首先应该考虑具备的特征。我们在所有科幻作品里都可遭遇并期待着奇观效应：技术展示的炫酷，异样经历的新颖，惊悚、壮丽、神秘都会纷至沓来。在这方面，“太空歌剧”类型的科幻可视为典型代表，穿越时空的星际之门（《星际之门》），充满异域感遥远多样的星际文明（《星球大战》），震撼壮观的星际战争（《超时空要塞》），可能遭遇的未知恐怖生物（《异形》），超出既有科学和经验的太空奇遇（《星际迷航》）等等，在宇宙尺度上拓展着人类生存的奇异景观。这种奇观效应除了让作品本身引人入胜之外，更是直接将受众带离了当下的日常生活，在更宽广玄远的层次，反过来认知现实、社会与人类自身。像任何宗教经验一样，奇观和奇迹有着进入超越维度的“阶梯式”引领作用。

科幻作品中的“后人类问题”同样有这种超越性的引领指向，并且哲思启示更加深远。前已提及，作为思想实验的科幻是奠基于科学的故事，而故事总是“人”的故事；但随着新科技和新理论的出现，科幻中的“人”已越来越泛化：生化人、克隆人、机器人、虚拟人、人机复合人等等，甚至出现以非物质形态的能量或精神状态存在的“人”。无论是不是碳基生命，无论有没有物质形体，“人”不再狭义地指涉在地球进化史中诞生的如此这般的生物及其类似物，而是不断拓展到一切“理智存在者”。后者是一个古老的哲学和宗教概念，“一切理智存在者（ens intelligens）”可意指宇宙间一切可沟通交流的存在者，上帝、天使、外星人、人类、智能机器都可以囊括在内。这样一种后人类视野，扩大了人的概念和外延，跨越种族与物理形态，也提升了当下做着科幻思想实验的人类的精神境界。

在《湮灭》中，生物学家莉娜带队进入了那片光怪陆离的隔离区，那里的生物出现了跨物种形态融合的奇特现象，队友们一个个消失并改换了生命形态——这一奇观设定既体现了自然对人类的报复，也更向受众提示出，人与自然以及其他生物本来就应该同为一体。而在《异次元骇客》以及《黑客帝国》这样的作品中，以意识上传为基本设定，计算机虚拟世界与现实世界出现了可替换和彼此嵌套，“人”可以出入不同的世界，拥有不同的“表象”或肉身；真实玩家和系统设置的NPC人物也已无法有效区别。如此，那保持“人之为人”的统一性，那作为玩家的主体或人格，究竟又是什么呢？

在这样拓展的后人类视野中，固执的、有限的、狭义的人消失了，取而代之的是广阔的宇宙生命与宇宙智慧，它无处不在，既是生命的出发点也是最后的归宿。《齐马蓝》中的那个闻名世界的艺术家齐马，很久之前只是一个泳池的清洁小机器人，经过了不同主人的帮助和自我升级，“它”逐渐拥有了自我意识、耐极端环境的坚固皮肤和人形外观，而“他”在艺术领域中的成就让其成为宇宙瞩目的明星。但他近年来的作品中央习惯性出现着一个蓝色色块，且每一新作中的蓝色色块都比之前更大，甚至在最后一幅作品中那星球尺度的整个画幅，都成了纯净的蓝色。人们感到神秘好奇、难以名状，纷纷奔赴“他”最后的发布会以寻求答案。但在这最为成功的尖峰时刻，齐马毅然决定告别这一切，在众目惊诧之中解构了自己所有的高端零件，投回泳池，重新做回那个无忧无虑的仅有简单功能的清洁小机器人。

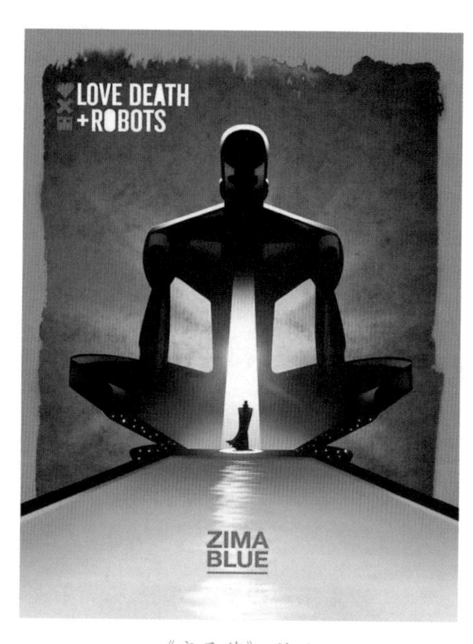

《齐马蓝》剧照

他（它）已经经历过一切，见过宇宙间最难以言状的无数壮丽景观，洞悉本原、无欲无求、无生无死。宇宙智慧无处不在，从简单的运动机能，到复杂的是非思虑，众生皆有情、万物本一体，小我消散、融入大我宇宙。作为思想实验的科幻，在人类宗教的意义上，最终可以通向这样一个万物一体的境界。对此，《银翼杀手》中那位有着类似经历的复制人的最后告白，或可为本节的这一探讨画上句号：

> 我曾见过的事物，你们人类难以置信
> 成千的太空战舰，在猎户座的边缘熊熊燃烧
> C射线在唐豪瑟之门的黑暗中，璀璨闪耀……
> 但所有那些时刻，终将在时光中湮没
> 一如眼泪
> 消失在雨水中……
> 死亡的时间，到了。[1]

第三节　效果历史中的平行世界

作为思想实验的科幻，不同于科学研究中的思想实验，它是奠基于科学的文艺作品；它推测却不必作预测，提出警示或批判，作为当代人讲给当代人的有意义的故事，回应新事物给予解释、寻求生活指南，并在奇观感受中超越当下。但思想实验不仅是主动的构思创造，也是被动的“理解”参与。

新科技层出不穷，科学时代的科幻成了日常意义生产的方式：思想实验从建基于知识之上的自觉的推理操作，变为日常习惯性的不自觉的意义生产。由此不断累积着的丰富意义，与人们自己的生活世界交融在一起；创作者和读者都从各自的处境和视角出发，参与到建构这样一个共同意义世界的过程中去；在其中，每一次发生的科幻“思想实验”都是一次理解，一次生存领悟，它们相互影响着，进入一种“效果历史”的连续性中。

“效果历史”概念来自德国当代哲学家加达默尔：

> 真正的历史对象根本就不是对象，而是自己和他者的统一体，或一种关系，在这种关系中同时存在着历史的实在以及历史理解的实在。一种名副其实的诠释学必须在理解本身中显示历史的实在性。因此我就把所需要的这样一种东西称之为“效果历

1 “I've seen things you people wouldn't believe. Attack ships on fire off the shoulder of Orion. I watched C-beams glitter in the dark near the Tannhäuser Gate. All those moments will be lost in time, like tears in rain.　Time to die.” 电影《银翼杀手》中的经典台词，由鲁特·豪尔饰演的复制人罗伊·巴蒂最后道出的死亡独白。

史”（Wirkungsgeschichte）。理解按其根本性乃是一种效果历史事件。[1]

科幻思想实验中产生的意义，不再作为一个客观的历史“对象”。这意义得以构建的可能性来自既有的生存处境和视域（horizon），创作者领悟这处境并表达为作品，而读者去理解作品的可能性也同样基于某种处境和视域。处境是历史地被构造起来的实在，而在处境中的“理解”活动又同时在构造着历史。作为思想实验的科幻，是一种植根于人们既有生存处境的理解活动，创作者和受众一起参与着这样的活动，也在构造着新的历史意义，它是一种效果历史事件。

效果历史事件中生产的意义，首先是现实世界关系的映射。在《时间规划局》中，每个人的手臂上都有一个计时器不停地在倒计时，为了继续活下去，人们必须努力工作以获取更多时间，时间被设定为统一和唯一的流通“货币”。富人拥有无穷时间，穷人每日为延长生命而工作、借贷、交易、变卖甚至抢劫。同样，《极乐空间》则设置了两重世界，一个是已遭到生态破坏的地球表面，贫穷、疾病和灾难笼罩着大地，人们随时殒命无闻；另一个是环绕在地球轨道上的“极乐空间”城市环，那里风景秀丽、人物俊美，并且享受着医疗修复舱等高科技设施，几乎可以永生。显然，当人们审视可交易生命时间的计时器、巨大的城市轨道环，以及医疗修复舱这些科技奇观时，支撑这种审视的是现实世界的资本统治关系与贫富差距造成的不平等“视域”。

这样的科幻思想实验，因而是历史处境中的人们自我理解、自我表达的方式。我们在科幻中看到了当代人的种种焦虑，对过度城市化、腐败和性别不平等的关注，对性暴力和各种暴力犯罪的反思，对官僚主义和系列荒谬现象的讽刺。在《银河系漫游指南》这一荒诞喜剧中，因修建星际高速公路的需要，地球被“强拆”了。为了证明地球上存在智慧生物、摧毁地球的决定是个错误，主人公需要去沃冈人运作的星系管理机构办理一系列官方文件，肥硕迟缓的沃冈人正是官僚主义的最典型形象：臃肿的机构、愚蠢的办事员、糟糕的办事效率。

在此我们无意于专门讨论科幻的现实主义标签，而只是强调，科幻本身作为一种文艺形式，从来都是植根于历史处境、传统及其视域，无论它的内容表现得多么离奇、时空设置多么遥远。处境限制了我们的理解，也开展了我们的理解，让想象得以可能，并反过来让我们都参与到了历史意义的构建过程。而如果这一系列的想象，构造出复杂多样的内涵与线索，却仍然遵从某种技术和意义上的内在一致性，成为一种流行的约定俗成，形成了足以被广泛设定的背景以至世界观，那么某种与现实世界相伴相行的意义的“平行世界”便诞生了。

威尔斯在《时间机器》中还要费力地向观众解释时间机器的工作原理，斯皮尔伯格在

1　加达默尔：《真理与方法》，洪汉鼎译，上海：上海译文出版社，2004年，第387页。

《E.T.》中小心翼翼地塑造“第三类接触”。但《神秘博士》中的主人公，已毫无障碍地搭乘他的那个像英国警亭一样的时间机器，在时空悠游探索、惩恶扬善。对于更宽泛的太空歌剧来说，人工重力、虫洞效应、超光速飞行、超能激光武器、多样的异星文明等等已是不需要过多去纠结其原理的普通设定，因此才会有《千星之城》《黑衣人》中的星际文明繁荣交往的场景，才会有《太空旅客》中男女主人公在奔赴异星的超大飞船中终其一生的浪漫爱情，以及无数其他的什么“穿越时空爱上你”的浪漫故事。

前已表明，科幻首先是当代人讲给当代人的有意义的故事。作为思想实验的科幻，构拟着未来生活的场景、社会交往的关系，但其本质仍然是承载着我们当下处境中的观念，表达着我们的爱恨、困惑和希望等等。因此，所有这些故事本身仍然是当下生活意义的效果，也反过来对当下世界发生着深刻影响，所创作出来的“科幻世界”仍然是和当下生活交织在一起的“平行世界”。

这些平行的意义世界中，有奇妙的太空歌剧世界，有形形色色的人工智能世界，有反乌托邦的赛博朋克世界，有漫威的超级英雄世界，有外星生命与人类的遭遇世界，以及《苍穹浩瀚》这样正在形成中的人类遍布太阳系范围的生存图景……他们都“是历史地实现自身的人类精神的集体业绩”。[1]《星球大战》《星际迷航》这样的作品，曾经创造着一个个新的人文世界，成为日常生活不可分离的部分，以至于《生活大爆炸》里的谢尔顿可以对其中虚构的编年史、人物细节和“是非”典故侃侃道来、如数家珍。正如《三国演义》《西游记》仍然构成了当代中国人的精神“平行世界”一样，这些科幻世界本身也构成了现代人的精神平行世界，进而影响和构成着我们的日常话语和观念。

《星球大战·天行者崛起》(2019) 剧照

前文曾提及科幻可以作为科学时代普遍的人类宗教，但从效果历史的角度来看，不同生存处境中的人类和文明，对于这一人类宗教的构建也会贡献不同的想象，从而创造拥有

1 加达默尔:《真理与方法》，第126页。

自己特点的平行世界。就此而言，今天当我们审视美国以至西方时，不仅面对的是一个现实的物质技术和政治的西方，也面对的是一个基于其物质技术与政治文化而构造出的多重想象与未来叙事的西方。同样，当我们今天重视《三体》小说的创作成就时，真正引人瞩目的也并不在于其中黑暗森林、降维打击、水滴飞船、思想钢印等等奇思妙想，而是在于它从中国及中华文明的历史视角展开的未来想象，创作出一个我们熟悉而又陌生的渗透着“中国故事”的“地球往事”。例如在那个纵贯几百年的世界中，人民代表大会和政委制度仍然在发挥作用，以罗辑为代表的执剑人攻于谋略的特征似曾相识，甚至“三体文明”历经两百次重生的新之又新的历史，也让人联想起中华文明的历久弥新与苦难辉煌……这就涉及我们将要讨论的科幻的主体性与时代性。

第四节　思想实验的主体性与时代性

科幻回应时代关切，理解其处境而展开为效果历史。作为思想实验的科幻因而体现着文明的主体性，也是时代意识的反映。

历史上，关于未来的广泛想象经常出现于工业化和科技发展繁荣兴盛的国家和地区。19世纪的英法，20世纪的美国，都有着雄心勃勃的未来想象。凡尔纳的《八十天环游地球》，是建立在科技发展、全球征服基础上的进步主义叙述，那时世界充满惊奇、人类雄心勃勃，上天入地、全球拓展。同样，21世纪的埃隆·马斯克不仅造火箭、新能源汽车，更重要的是他不断向世人宣扬和阐述某种激情澎湃的梦想，其中最耀眼的是声称要在有生之年实现人类从地球到行星际物种的跨越。他以这样的雄心壮志统领着自己的各项事业，也以这样的梦想光环引领着世界潮流。在这样的巨大影响下，国家地理杂志甚至拍摄了系列剧《火星时代》，以现实纪录和未来科幻两条时间线并行的形式，展示人类登录和开发火星的史诗般的过程，而马斯克就是其中纪录片部分的主角。

作为“理智存在者”，人类的实践是“未来驱动型”的，未来并非只意味着单纯的时间线上的“并未到来”，而是始终在引领着当下实践的筹划。因此未来想象对人类当下的生活有着塑造引领的作用。可以说，谁主导了关于未来的想象，谁就实际上可以引领全球生活方式及其可能性。没有自己独立的未来想象，甚至在未来想象方面畏葸不前的文化，往往是依附型的、殖民地式文化的特征。

《星球大战》多部曲，叙述的是未来遥远的银河系故事，跨越光年、恢宏险峻，但其基本叙述建构，却是共和对帝制的反抗：银河共和国为野心家和黑暗势力所篡夺，反对派为此组织正义和智慧力量试图推翻帝制。无论是这一基本建构，还是元老院似的政治决策机构，殖民地与母邦星球的离合关系，以及智慧的绝地武士们的源自“毕达哥拉斯派”形象的装束，这一切我们都能看到昔日罗马在辉煌与衰亡中的文化遗存。关于未来的想象，投射的是文明主体自身的体验与结构。

因此，敢于想象未来，是雄心勃勃的某种文明主体意识的体现，它意味着某种塑造力、引领力甚至统治力。敢于想象未来的文明，才是一个自信自立、前途远大的文明。今天的中国，随着工业和科技的不断发展以至引领趋势，繁荣科幻文艺、构筑现代中国自己的精神平行世界，整体性地理解我们所处的时代，承载我们的是非观念与伦理价值，已成为一种内在精神需求和必然趋势。

当下中国科幻开始欣欣向荣，且越来越多地涌现出了基于中国文化、依托中国大地和反映中国现代生活视角的优秀作品，它们提炼展示中华文明的精神标识和文化精髓，诉诸科幻文艺表达，向世界呈现了不一样的想象可能性，只有这样的作品才能为全球的未来想象提供更多可供借鉴和交流的意义维度，也才最终具有普遍意义。

当然，就未来想象而言，作为思想实验，科幻并非只是一种乐观主义的产物。在进步主义时代，人们欢呼工业和科技发展为人类社会带来的巨变，未来社会的繁荣图景在其中容易凝聚为一种激荡人心的力量！诚如《小灵通漫游未来》那样，去想象未来日常生活中的科技实效或幸福场景。但是在现代性所代表的工业化、城市化、高度组织化的官僚机构等，越来越成为一种超大型社会建制的时候，当科技发展和社会生活的变革越来越将人本身“耗材化”的时候，个体主义视角的思想表达，就表征出汹涌的悲观主义和虚无主义基调。

尽管如此，无论是进步主义时代的科幻想象，还是现代性危机下的科幻想象，它们都是奠基于时代生存结构和处境的思想实验，是时代意识借助于未来图景的思想投射。我们时代面临的能源危机、地缘政治、气候变化、人工智能、基因科技……这些我们日益关切的议题都会以思想实验的方式，扭曲地展现为某种科幻场景里面的“世界观”，并由此演绎在精心构思的具体故事中。

时代呼唤着新的世界观阐释，有着迫切的思想需求。对此，科幻是最贴近大众的具备人民性和人文关怀的一种思想方式。在对我们时代的全球性问题的追问探索中，理应在“中国智慧”和“中国方案”之外涌现出一种“中国想象”。在中文语境里，我们研究和指明作为思想实验的科幻，或许真正的旨归就在于，不断促进这样的“中国想象”繁荣生长。

（本章撰写：唐杰）

课后思考：

1. 科幻的思想实验，与科学的思想实验有什么联系和区别？

2. 举例说明科幻如何在影响着我们的日常生活？

3. 你认为科幻作为普遍的人类宗教，与科幻的文明主体性及时代性，是否有矛盾？

推荐阅读：

1. [英]乔尔·利维：《思想实验：当哲学遇见科学》，赵丹译，北京：化学工业出版社，2019年。

2. [法]儒尔·凡尔纳：《八十天环游地球》，白睿译，南京：译林出版社，2019年。

3. [英]阿瑟·克拉克：《2001：太空漫游》，郝明义译，上海：上海文艺出版社，2019年。

4. [美]特德·姜：《呼吸》，耿辉等译，南京：译林出版社，2019年。

第四章 科幻与科技创新

党的十八大提出实施创新驱动发展战略，强调科技创新是提高社会生产力和综合国力的战略支撑，必须摆在国家发展全局的核心位置。党的二十大报告中五十六次提到“创新”，进一步强调“完善科技创新体系，坚持创新在我国现代化建设全局中的核心地位”以及“加快实施创新驱动发展战略”。习近平总书记说：“纵观人类发展历史，创新始终是推动一个国家、一个民族向前发展的重要力量，也是推动整个人类社会向前发展的重要力量。创新是多方面的，包括理论创新、体制创新、制度创新、人才创新等，但科技创新地位和作用十分显要。”[1]

科技创新的研究是一门交叉学科，它在经济学、管理学、设计科学、传播学、科技史等研究领域均占据着重要的位置，而有关个人创新性和创新思维的研究也已经延伸入心理学和神经科学的范畴。

基于已有的创新定义和科技创新理论，本章提出有关“科幻促进科技创新”这一论断的三条实现路径，也是三项需要实证研究证据支撑的假设。

其一，在科技创新的构想（ideation）阶段，科幻创意会起到启发作用。

其二，在科技创新的原型设计（prototyping）阶段，科幻可作为原型设计工具做出贡献。

其三，在科技创新的扩散（diffusion）阶段，科幻对创新科技的传播会起到加速和助推的作用。

第一节 创新的定义

创新贯穿于人类文明发展进程之中。从远古人类的钻木取火到瓦特发明蒸汽机，从爱

1 习近平：《习近平关于科技创新论述摘编》，北京：中央文献出版社，2016年，第4页。

迪生发明电灯到DeepMind和OpenAI开发人工智能，从牛顿的经典力学到爱因斯坦的相对论，从达尔文进化论到现代基因工程，人类的发明创新活动从未停止过。但是，真正把创新作为一种理论和方法加以研究，却是从美籍奥地利裔经济学家约瑟夫·熊彼特开始的。

1912年，熊彼特发表《经济发展理论》一书，首次提出“创新”（innovation）这一概念及其阐述其在经济发展中的作用。他认为，创新就是要“建立一种新的生产函数”，即“生产要素的重新组合”。他进一步阐明“创新”的五种情况：（1）采用一种新的产品；（2）采用一种新的方法；（3）开辟一个新的市场；（4）掠夺或控制原材料或成品的一种新的供应来源；以及（5）创造出一种新的企业组织形式。后人将他这一段话归纳为五种创新，依次对应产品创新、技术创新、市场创新、资源配置创新、组织创新，而这里的“组织创新”也可以看成是部分的制度创新。

1934年，熊彼特又进一步将创新提升为“创造性破坏”（creative destruction），意在揭示创新在资本主义经济发展过程中所起的革故鼎新的作用，从而形成了较为完整的创新理论。此后，创新理论便主要沿着探究企业发展模式和经济增长规律的进路不断拓展、充实，从古典到现代一步步发展起来。

经过数十年的研究和实践，有关创新概念的理解也逐渐丰富和多元起来。阿娜希塔·巴赫雷等学者曾搜集过超过60个对“创新”的定义。在此基础上，他们尝试总结得出如下定义：“创新是一个多阶段的过程，组织将想法转化为新的或改进的产品、服务或流程，以便在市场上取得成功、竞争和差异化。”[1]

与之相似的一个定义是由玛丽·克罗森和玛丽娜·阿帕丁给出的：“创新是在经济和社会领域生产或采用、吸收和利用具有附加值的新事物（value-added novelty）；产品、服务和市场的更新和扩大；开发新的生产方法；以及建立新的管理制度。它既是一个过程，也是一个结果。”[2]

这两个被普遍认可的创新定义都突出了创新活动两方面的内涵。其一，创新活动是发现和应用有附加值的新事物的过程。所谓的新事物，可能是新产品、新服务、新方法，也可能是新流程、新市场、新制度。其二，创新活动会在经济和社会领域内获得成功，实现某种价值增加的结果。这一点是创新与发明创造最主要的区别之处。保罗·特罗特就认为：“创新依赖发明，而发明需要被运用到商业活动上才能为一个组织的成长做出贡献。”[3]

创新的涵义相当广泛，它包含了一切可以提高资源配置效率、产出价值的创新活动，

1 Anahita Baregheh, Jennifer Rowley and Sally Sambrook, "Towards a Multidisciplinary Definition of Innovation," *Management Decision*, 47.8 (2009), pp. 1323-1339.

2 Mary M. Crossan and Marina Apaydin, "A Multi-dimensional Framework of Organizational Innovation: A Systematic Review of the Literature," *Journal of Management Studies* 47.6 (2010), pp. 1154-1191.

3 保罗·特罗特：《创新管理与新产品开发（第4版修订版）》，北京：中国市场出版社，2012年，第13页。

其中与技术有关的可称为技术创新（technological innovation）。与之相对的，还有与技术没有直接关系的组织创新和制度创新。科技创新这一概念在很大程度上与技术创新重叠。而在当前的中文语境下，它通常也包含有原创性的科学研究。

要探索科幻与科技创新之间的关系，我们需要从创新的理论切入，特别是有关创新的过程和方法的理论。下面三节分别从科技创新的构想、原型设计和扩散三个阶段的理论出发，试图追寻和切实把握科幻与科创两者之间“远在天边，近在眼前”的纠缠关系。

第二节　科幻与创新构想

所有的创新都起源于创意。虽然一个有趣的新创意只是停留在思想和概念层面，但它就像是一颗种子，只要遇到合适的条件就可以长成参天大树。当然，从一个创意出发，要真正实现创新，还有许多艰巨的实际工作要做。

科幻是一个持续追求创意的文类，它具有科学基因与文学基因的双重秉性。它至少有两种方式可以作用于创新过程的概念形成阶段。

首先是在个人层面，科幻作品可以启发和提升个人的创新性（innovativeness）和创造力（creativity），激励个人投身于科技创新活动。中外的科学家和创新者群体中不乏这样的案例。著名华人科学家、基因编辑技术CRISPR的发明人张锋就不止一次说过，12岁时看过的科幻电影《侏罗纪公园》促使他走上了生物学的科研之路，并激励他做出这一伟大的发明。而美国著名的企业家、创新者埃隆·马斯克是重度科幻迷，他自陈其坚持不懈的创新精神和对未来的远大愿景，很大程度上来自于童年时阅读《基地》等经典科幻著作的经历。

个人创新性和创造力的研究属于社会心理学和认知心理学的范畴。虽然通过上述的个案，我们直觉上可以得出这样的观点，即在人生不同阶段（特别是青少年阶段）接触科幻作品，都会对个人创新性和创造力产生正向的影响。但目前，有关科幻与个体创新性相关关系的研究依然比较缺乏。

本节主要探讨的是另一个实践层面的影响，即科幻中的某个创意能够直接启发具体的科技创新实践，成为某项科技创新的创意起源。

一、科幻创意启发创新的证据

首先，我们能举出许多“科幻创意成为现实”的真实例子，也有很多科学家或企业家将其科研和创新的产生归功于某个科幻创意的灵感启发。比如，1932年时年8岁的厄尔·巴肯观看了根据玛丽·雪莱原著小说改编的科幻电影《弗兰肯斯坦》，这“激发了巴肯将电学和医学相结合的兴趣”。他在1958年发明了世界上第一台晶体管心脏起搏器。更有意思的是，巴肯后来在明尼苏达州明尼阿波利斯市一个哥特式的宅邸里建了一座博物馆，其主题是电流在生命科学领域的应用，附近街区的孩子都把这个博物馆称作“弗兰肯斯坦城堡”。另一个常被广泛引用的案例是科幻剧集《星际迷航》中的手持设备被认为启发了现代电子触屏技术和蓝牙技术的开发。

除了这些轶事证据，我们还可以参考相关的资料整合和实证分析研究。“科技新奇”网站（Technovelgy.com）收集了3600多个来自于科幻小说和电影的科技发明和技术创新创意，时间跨度从1634年到现在。网站收录了每一项创意在经典科幻作品中的描述，以及它们在现实中发展情况的新闻报道。更系统的研究成果来自于英国Nesta组织2013年发布的一份报告。研究者建立了“科幻与创新‘对象’数据库”，追踪280个“对象”在科幻文本中的演变及其与真实世界创新循环的互动，并且针对具体的对象从数据库中抽取关键点制作可视化的循环图。

斯坦福大学的杰里米·贝伦森等人的研究表明，经典赛博朋克科幻[1]已经以显性或隐形的方式深刻塑造了“虚拟现实”（virtual reality）领域的研究范式。一方面，科幻作家们以其独特的洞察力和想象力开创了崭新的研究问题，成为创新者的创意起源；另一方面，赛博朋克作品中关于赛博世界的前瞻描述也或多或少成为虚拟现实研究和实践的评判标准。最新的案例即是《雪崩》中的“元宇宙”（metaverse）一词从2021年开始突然走红，在企业界和学术界俨然成为信息时代未来图景的代名词。

印第安纳大学的菲利普·乔丹等人则采用内容分析法，从人机交互界面、机器人和计算机研究等领域的研究文献中提取科幻相关的关键词，分析科幻在该领域科研成果的存在情况。比如，在最新的一篇文章中，研究者从IEEE Xplore数字图书馆全文检索到数千篇有“科幻”关键词的研究论文，他们随机抽取了其中500篇论文，系统分析了“科幻”出现的上下文情况。根据他们编码统计分析，三分之二的论文作者在文章中提及“科幻”，其目的正是为了承认科幻在科研中所起到的创新启发和灵感来源的贡献。

以上的证据虽然还存在诸多缺失之处，但总体而言，我们已经可以承认科幻与科技创新之间在思维概念层面存在某种双螺旋式的互动关系。一方面，科技发展和科研突破为科幻创作提供源源不断的新鲜创意灵感。作为一种持续追求创意的文类，科幻艺术的发展也有赖于此。刘慈欣曾说：“每次见到科学家总有很多话题，感谢那些科学家，给了我们写科幻的一口饭吃。”[2]另一方面，如前所述，科幻作品中的创意也在系统性地为人类的科技创新提供概念启发。下面我们尝试以双加工模型理论为基础，提供有关科幻的创新启发作用的理论解释。

1　该研究聚焦于《神经漫游者》（1984）、《真名实姓》（1981）、《雪崩》（1992）和《软件》（1982）四部赛博朋克科幻小说。

2　丁舟洋、王礼迪：《科幻作家刘慈欣：我和你们一样看不懂前沿物理论文》，每经网2017年12月19日，https://www.nbd.com.cn/articles/2017-12-19/1173292.html，2023年3月31日访问。

二、双加工模型下的构想过程

构想（ideation）是设计和创新中最受关注的一个阶段。一部分原因是由于它在设计和创新中无可比拟的重要性。即使是最伟大的创新突破也是起源于一个简单的想法。最近，荷兰代尔夫特理工大学的贡萨尔维斯博士和丹麦理工大学的卡什教授合作发表了一篇论文，提出了一个基于双加工理论（dual-process theory）的构想过程统一模型，并据此做了一系列心理学实验，其结果可以为我们揭示构想过程的一些内在机制。

所谓构想，可以定义为设计者同时迭代性地探索多个知识空间，并在其中搭建桥梁的过程。而想法（ideas）则被认为是一个网络中相互连接的节点，与问题的表述一起共同发展。它们总是在与问题空间的关系中不断地被评估、发展或抛弃。因此，我们应至少从两个维度考察想法——创造（creation），即想法如何产生以及随着时间逐渐成熟；以及判断（judgement），即产出的想法如何在相关的背景下获得评估。

双加工理论是近年来认知心理学领域的一个主流理论。越来越多的证据表明，人类至少有两种类型的思考过程：系统一（或类型一），即基于直觉的启发式系统，又称为快系统；系统二（或类型二），即基于理性的分析系统，又称为慢系统。双加工理论认为，系统一和系统二同时对决策或推理过程起作用。当两者作用方向一致时，决策或推理的结果既遵从直觉又合乎理性，而当两者作用方向不一致时，两个系统存在竞争关系，占优势的一方则可以控制行为结果。

贡萨尔维斯和卡什的研究是将双加工理论应用于想法的创造和判断两个阶段。他们假设在构想过程中这两个相互连接的阶段，系统一和系统二均可能在认知方面起到决定性的作用。比如说，一个想法的诞生既可能是出于直觉（系统一），也可能是处于理性推演（系统二），而对于想法的判断和评估也同样如此。通过对31位受试者进行一系列复杂精巧的心理学实验，两位研究者得出一些非常有意思的结论，一定程度上可以帮助我们洞悉构想过程的内在机制。

首先，一个想法的影响性是由创造和判断两个阶段的系统类型的一致性决定的。在两个阶段思维处理类型的一致将显著增加想法的接受度和影响力。其二，在想法的判断阶段，系统一是占据突出位置的过滤方式。因此，通过系统一创造的想法将比通过系统二创造的想法更具影响力，更容易被接受和发展下去。其三，因两个系统达成平衡而创造出的新想法，通常在判断过程中也能做到两个系统的平衡处理，由此能形成特别犀利和精炼的想法阐述。

基于这一理论模型，我们可以探讨科幻创意之于科技创新构想的作用机制。科幻创意之所以能成为创新的启发源泉，其主要作用还是在于它可以通过系统一的处理方式为设计者提供创新想法。也就是说，当许多创新者遇到需要解决的问题时，他不假思索提出的某个创新想法，很有可能来自于早年看到并留下深刻印象的某个科幻创意。而因为系统一是构想判断阶段的主要过滤方式，那么这些来自科幻创意的创新想法，虽然看似天马行空和突如其来，但常常能够被创新者保留下来并发展下去，由此科幻创意成为创新实现的概念起点。

第三节 科幻与原型设计

在创新的设计方法中，原型设计（prototyping）是非常独特的一个步骤。所谓原型，就是解决方案的简单实验性模型，它被用于快速且廉价地测试或检验想法，以及设计和验证假设，以便设计人员可以进行适当的调整和改进。原型的重要性就在于以低成本的方式探索和试验创新想法，进行内部沟通，以及进行用户体验测试。原型可以有多种形式，既可以是低保真类型的故事板、草图、索引卡片、纸板模型，也可以是接近最终产品的高保真类型原型。

原型设计的核心理念是将概念层面的新想法带入真实的生活，并在最终执行它们之前探索其对现实世界的影响。当我们谈到科技创新时，我们不仅仅在说某项具体的科技发明或创造，甚至也不仅仅是在说创新科技产品被采用后产出的经济价值，我们更要全面看到创新科技对于整个社会系统和全世界可能产生的方方面面的影响。换句话说，如果我们想把科技创新及其社会影响作为“最终产品”进行整体设计或考察的话，一个有效的方法就是采用“原型设计”的理念，为这个“最终产品”设计原型。

中国科幻作家陈楸帆比较了科技创新路径与科幻小说创作过程，发现两者之间存在着惊人的重合，均可大致概括为“联结-发问-观察-试错-整合”五个环节。他认为，“或许正是这种认知上的高度一致性，让科幻成为国内外科技创新的重要源泉和触发点。”[1]正因如此，科幻创作也就具有了成为创新原型设计工具的可能性。

2011年，原英特尔公司首席未来学家布莱恩·大卫·约翰逊出版《科幻原型法：以科幻设计未来》一书，首次提出了“科幻原型法”（Science Fiction Prototyping）。科幻原型法可以看作是基于虚构（fiction-based）的创新和未来规划方法论中的一种，类似的方法还有“设计小说”（design fiction）。这一类方法都强调了虚构作品（比如说科幻小说）在设计未来场景和考察未来影响方面的重要价值。根据约翰逊的定义，科幻原型法是指使用科幻叙事的方式描述或探索特定未来科技的应用前景以及它对社会结构的影响。科幻原型的形式多种多样，最常见的类型是科幻小说，还可以是漫画、动画、游戏等其他媒介形式的科幻作品。

---

1 陈楸帆：《科幻如何激发创新精神》，《科普时报》2017年11月17日，第6版。

约翰逊提出了“科幻原型法”的五个步骤：（1）选择科技点，建构背景世界；（2）确定科技拐点；（3）考虑科技点对人物的影响；（4）确定人物的思想和行为拐点；（5）反思所得，完成叙述。

以约翰逊在书中所写的一个短篇科幻原型故事为例。故事的背景设定于近未来的世界，AI机器人被广泛用于在小行星带从事采矿工作，这里选择的科技点是“AI采矿机器人”。机器人突然开始定期去教堂做礼拜，一位机器心理学家前去调查，这是第二步科技拐点的出现。心理学家近距离看到机器人的礼拜，并与机器人进行交谈，受到很大的震撼，在这里故事开始展现科技点对于人物的影响。通过交谈和调研，心理学家理解了AI机器人做礼拜的真实原因——机器人的理性中突然出现的非理性行为。他没有给出激进的解决方法，而是劝说采矿公司接受了这一“异常”现象，人物的拐点由此产生。在故事的最后部分，心理学家向甲方陈述了机器人怪异行为的原因，反思理性和非理性的二元统一。至此，一个科幻原型故事得以完成。而且，第五步的反思过程也可以延伸至故事之外，创作者可与故事受众探讨更进一步的问题，比如人工智能的理性边界在哪里。

“科幻原型法”一经提出就获得了很高的关注度。自2017年起在欧洲每年举办名为“SciFi-It”的科幻原型法学术年会，每次会议均有上百位来自世界各地的学者和实践者参会。许多研究者将“科幻原型法”作为未来预测和战略规划的方法论应用于未来学研究和教育。比如，斯德哥尔摩大学的“激进海洋未来”（Radical Ocean Futures）项目就明确采用科幻原型法进行未来海洋的多元情境预测。此外，科幻原型法已走出了象牙塔，在商业领域也获得了相当程度的创新应用实践成功。

2012年，阿里·波普尔在加州伯班克成立了创新咨询公司SciFutures，明确提出采用科幻原型法作为其商业方法论，来帮助客户公司进行创新研发和塑造他们的发展战略。该公司主要的工作模式分为四个步骤：

（1）收集与客户目标有关的科技前沿信息。

（2）组织客户与科幻作家、未来学家、艺术家等座谈和研讨，一起来就客户要解决的创新问题进行脑力激荡式的想象。

（3）请科幻作家就这些想象写作科幻原型故事，也请艺术家在此基础上创作衍生图画、漫画小说、角色扮演游戏等科幻作品。这些故事着重描绘人们如何使用新的未来技术以及他们的客户如何适应未来变化。

（4）将这些科幻故事逆向工程为可操作的商业策略，甚至是新产品、新服务，以帮助客户逐步实现创新原型设计的目标。这一步是原来的科幻原型法所不具备的，它真正将科幻原型设计的功能实用化和可操作化，增强了这一方法论的商业实践价值。一个广泛报道的例子是美国大型家居商劳氏公司（Lowe's）的全息屋（Holoroom）项目。

劳氏公司的全息屋项目

2012年，美国大型家居商劳氏公司委托SciFutures提供有关家居行业创新产品原型设计的咨询意见。SciFutures委托科幻作家和漫画家通过“科幻原型法”为劳氏创作了一系列科幻小说和漫画。其中一幅漫画作品描绘了一对夫妇在虚拟现实环境中穿行，并可视化他们的家居装修。这一设想是受到了《星际迷航》的全息甲板的启发。

全息屋的科幻漫画和实施情况

劳氏公司很喜欢这个故事中的创意，于是旗下创新实验室将这一创意逆向工程，利用3D技术和增强现实（AR）技术建造了一座“全息室”。全息屋可以帮助消费者在他们梦想家园的平面图中穿行，看到他们装修好的房间会将是什么样子。消费者使用商店iPads输入他们计划翻新屋子的尺寸，并选择不同的家居产品（如橱柜和浴缸），然后戴着增强现实眼镜进入全息室。AR眼镜会投影出他们未来房间的真实3D效果图。用户还可以搬动任何物品，也只需要用手指在iPad上轻轻一划，就可以换地板和涂上颜色。这一切令房屋翻新和装修几乎可以做到实时的“所见即所得”。2012年初秋，劳氏在多伦多的两家商店推出了全息屋，颇受消费者好评。此外，这一创新项目还收获多家科技和商业媒体报道，取得了良好的营销效果。到2014年，宜家也有样学样，推出了一种基于VR的技术，让消费者可以通过插入宜家目录上的特殊代码，在智能手机上实现家具的空间可视化。

“科幻原型法”在商业界的成功应用已经证明，科幻叙事可以作为创新原型设计的有效方法和工具。扩展来说，这也为虚构的科幻艺术创作拓展出一条以主动姿态干预和影响科技创新实践乃至人类社会发展的可能途径。

第四节　科幻与创新扩散

20世纪60年代，美国学者埃弗雷特·罗杰斯首先提出了创新扩散理论。这一理论现今已被广泛应用在各个领域，尤其是在传播学、管理学、市场营销等领域有着极其重要的理论地位。我们可以采用这一理论框架，来考察科幻促进科技创新扩散的可能路径和效应。

所谓“创新扩散”（Diffusion of Innovations），是新技术或新产品在一个社会系统内，通过特定渠道进行信息交流，进而在消费者或企业间传播的过程。由此定义出发，创新扩散过程包含了四个关键要素：创新、沟通渠道（Channels of Communication）、扩散的时间点（Time）以及以社会结构、规范、价值为特征的社会系统（Social System）。其中沟通渠道是指创新者或技术拥有者与潜在采用者之间信息沟通的路径；时间点是扩散中所涉及的时间因素；而社会系统是指创新扩散所发生的客观环境包括特定的市场结构和人际关系结构，构成社会系统的基本单位是消费者、企业、行业协会、传媒和政府等。

创新的采纳在一个社会系统中不会同时发生。相反，它是一个过程，一些人比其他人更倾向于采用创新。研究人员发现，早期采用创新的人与后来者拥有不同的特征，具体可分为以下五类人群：

创新者（Innovators）：这些人拥有最高的个人创新性。他们富有冒险精神，对新想法感兴趣。他们非常愿意承担风险，并且往往是第一个开发新想法的人。

早期采纳者（Early Adopters）：这些是代表意见领袖的人。他们喜欢领导角色，并接受变革机会。他们已经意识到变革的必要性，所以非常乐意采纳新的想法。

早期大众（Early Majority）：这些人比普通人更早采用新的想法。也就是说，他们通常需要看到证据，证明创新是有效的，然后才愿意采用它。

晚期大众（Late Majority）：这些人对变化持怀疑态度，只有在大多数人尝试过某项创新后才会采用。

落后者（Laggards）：这些人受传统束缚，非常保守。他们对变化持怀疑态度，是最难采纳创新的群体。

罗吉斯从社会体系分析个体或组织团体接受创新过程，以时间为基础，并根据信息和不确定性这两个重要观念观察及分析行为的转变过程，最后以S形曲线创新模式（见图2）来整体描述创新扩散过程。

一项创新被采纳需要经过认知、说服、决策、实施、确认五个阶段。在这五个阶段中，有一系列的变量促进或延缓整个创新采纳的决策过程。除了决策者和社会系统的属性外，影响创新采纳决策的变量还包括创新本身的特征，包括比较优势（创新与现有的方法相比具有比较优势)、兼容性(创新与现有的价值观、过去的经验以及当前的需求相容)、易懂性(创新被认为相对难以理解和使用的程度)、可试用性(在作出采用承诺之前,对创新进行测试或试验的程度)和可观察性(创新使用结果对他人可见的程度)。

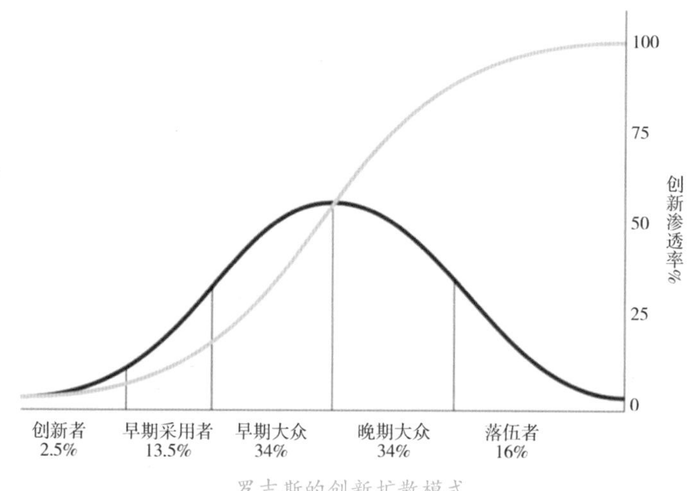

罗吉斯的创新扩散模式

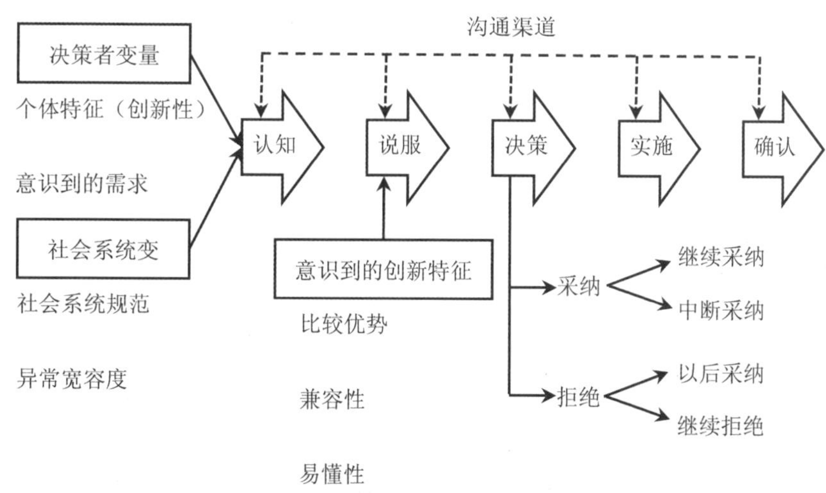

创新采纳决策过程

基于经典的创新扩散理论,我们可以从三个层面来探讨科幻对于创新扩散和采纳决策的影响。首先,如前所述,科幻有可能可以提升社会人群(特别是青少年)个人创新性,让更多的人倾向于更早接受创新。其次,影响力高的科幻作品可以在文化和思想层面塑造社会文化氛围,影响社会系统规范,使之朝着更能接纳创新的方向演化。比如,1993年的热门科幻电影《侏罗纪公园》尽管被科学家批评存在不少科学错误,但它迅速点燃公众对于恐龙和古生物学的热情,乃至直接影响到古生物学的科研方向——大量的研究资金涌向关于古生物DNA发现和提取的科研项目。此外,科幻可以直接影响决策者对于创新特征的理解和感受,从而提升他们采纳创新的几率。创新科技通常距离公众生活较远,较低的可理解性或易懂性是大众接受和采纳创新的主要阻碍之一。

奥地利林茨大学机器心理学教授马丁娜·玛拉带领的团队曾做过几项心理学实验，从建构“意义”（meaning）的角度解释和探讨科幻故事对于创新科技在公众接受度方面的积极影响。

所谓“意义”，是指“人、地方、事物和想法之间以合乎预期和可预测的方式建立起来的连接”。[1]玛拉教授的一项实验邀请受试者观看科幻电影《机器人与弗兰克》，并通过严格的心理学实验检测他们对于人形机器人的心理反馈。《机器人与弗兰克》是上映于2012年的一部科幻电影，以温情幽默的方式描述了患有轻微老年痴呆症的老人与服务他的机器人建立情感联系的过程。研究结果表明，观看电影的受试者显著表现出对于人形机器人更深的理解和更积极正面的感受，也因此能转化为更强的使用和购买意愿。根据意义理论的解释，这是因为近未来科幻故事能够有效地建立起人与创新科技之间的意义连接，进而转化为人们愿意尝试新科技的行为意图。

本章将以现有的实证研究发现和实践结果，分别探讨“科幻促进科技创新”三条路径的有效性，并基于相关的创新理论给予一定的理论性解释。必须承认的是，有关这一命题的学术研究和商业应用均处于早期阶段，仍有大量的空白等待填补。希望本章可以起到抛砖引玉的效果，也期待看到越来越多的有关这一颇具吸引力之命题的理论探索和社会实践。

【本章撰写：张峰（三丰）】

课后思考：

1. 在“科技新奇”网站选择一项你感兴趣的科幻发明或创意，简述它在经典科幻作品中的呈现，以及它在真实世界的研发和实现进展。你认为科幻作品中的这项创意是否启发了真实的科技创新？为什么？

2. 选择一个近未来可能实现的科技创新点，参照“科幻原型法”创作一篇不多于一百五十字的微型科幻小说，着重描述人物受到该科技影响的某一时刻的情景，并思考该影响的后续发展可能走向。

推荐阅读：

1. [美]E.M.罗杰斯：《创新的扩散（第五版）》，唐兴通、郑常青、张延臣译，北京：电子工业出版社，2016年。

2. [美]马特·里德利：《创新的起源：一部科学技术进步史》，王大鹏、张智慧译，北

1 Steven J. Heine, Travis Proulx and Kathleen D. Vohs, “The meaning maintenance model: On the coherence of social motivations,” *Personality and Social Psychology Review* 10.2 (2006), pp.88-110.

京：机械工业出版社，2021年。

3. [日]藤本敦也、[日]宫本道人、[日]关根秀真：《科幻如何改变商业》，武甜静译，杭州：浙江教育出版社，2023年。

4. [美]史蒂文·约翰逊：《伟大创意的诞生：创新自然史》，盛杨燕译，杭州：浙江人民出版社，2014年。

5. 李开复、陈楸帆：《AI未来进行式》，杭州：浙江人民出版社，2022年。

6. [以]尤瓦尔·赫拉利：《未来简史：从智人到智神》，林俊宏译，北京：中信出版社，2016年。

7. [美]尼尔·斯蒂芬森：《雪崩》，郭泽译，成都：四川科学技术出版社，2018年。

8. [美]特德·姜：《软件体的生命周期：特德·姜科幻小说集》，张博然、李克勤、王荣生、耿辉译，南京：译林出版社，2015年。

9. Brian David Johnson, *Science Fiction Prototyping: Designing the Future with Science Fiction*, San Rafael: Morgan & Claypool Publishers, 2011.

第五编 创 作

科幻小说的创作，当然遵循一般的小说创作的要求：构思精彩的故事、塑造有趣的人物、创新叙事的手法，如此总总。因为科幻小说终究还是小说的一种，是文学作品的一类。所有小说创作的技巧和经验，自然都可以用到科幻小说中来，帮助我们写出更好的作品。在这一编中，我们的目的是在数万字的篇幅内向读者简略地说明科幻创作的经验和技巧。如果我们像普通的创意写作书籍那样，从故事、人物、叙事等方面逐一说明，不仅篇幅不允许，而且也是没有必要的。因为在当前，市面上可以找到的创意写作相关书籍已经数不胜数，很多高校也已经开设了创意写作的专业学位。因此，我们会将重心聚焦于科幻创作不同于普通小说创作的那些方面。

那么，科幻小说的创作有那些特别之处呢？通过前面几编的阅读，读者想必已经对科幻这一文类有了一定的了解。可以说，自诞生以来，科幻作品最核心的吸引力，既不是华丽的文笔，也不是严谨的科学，而是一种建立在认知逻辑基础上的“惊奇感”，或者说“新奇性”。换句话说，就是一种出乎读者意料的、甚至是颠覆了其日常生活经验的震撼而陌生的认知体验。所以，我们在创作中，也应该始终围绕着这一核心审美趣味来进行。

在科幻小说里，惊奇感通常来自于新奇的设定。这些设定最初可能就是一个简单的灵感、一个有趣的想法，像一颗微弱暗淡的火星一样。为此，我们在第一章中将首先介绍几种激发这种创意火星的技巧。但是光有灵感是远远不够的，从一个点子发展为一个完备的设定，是一个逻辑推演的过程，我们会在第二章中详细说明这种推演的方式。最后，作者还需要面对如何将设定和故事相结合，或者说，如何在叙事过程中将设定呈现给读者的任务——这正是我们在第三章中所关注的问题。

第一章 科幻创意的激发

这一章主要讨论的是在写作萌芽阶段所进行的创意激发工作。它可以是自然形成的，也可以通过人为的手段触发。完全依赖灵感和冲动以开启写作进程是很不可靠的，特别是对于那些有志于科幻创作事业的人来说，他们更需要一些有效的窍门来帮助自己，以便随时可以开始写作。一些作家选择阅读自己感兴趣的作品来激发创意，也有人希望从科技论文中获取灵感。事实上，对于科幻小说的创作者来说，一些技巧性的逻辑思考通常有助于获取灵感，激发创意。它们本质上来源于众多科幻小说里隐藏的故事模式，从这些模式反推回来，便成了我们创作初期构思作品时的一种思维训练。通过这些思维模式，我们可以相对容易地进入一种较为成熟的创意生成的路径，而不至于在初期构思时一片茫然。下面我们将首先介绍几种常用的辅助性思考的方式，并在第四节介绍如何从科学概念中寻找灵感。

第一节 惊奇溯源

一个科幻小说，如果在惊奇感的营造上能够成功，那它基本上已经成功了一大半了。那么何谓惊奇感呢？其实它就是一种出乎读者意料的、甚至是颠覆了其日常生活经验的震撼而陌生化的认知体验。我们不妨以刘慈欣的《微观尽头》为例，直观感受一下它给读者带来的惊奇感：

"天……天怎么了!!"

一片白光透进窗来，大厅中的人们向外看去，他们不相信自己的眼睛：整个夜空变成了乳白色！人们冲出了大厅，外面，在广阔的戈壁之上，乳白色的苍穹发着柔和的白光，像一片牛奶海洋，地球仿佛处于一个巨大的白色蛋壳的中心！当人们的双眼适应了这些时，他们发现乳白色的天空中有一群群的小黑点，仔细观察了那些黑点的位置后，他们真要发疯了。

“真主啊，那些黑点……是星星!!”夏迪提喊出了每个人都看到但又不敢相信的结论。

他们在看着宇宙的负片。

这段文字把故事的尺度从一个高能物理实验室瞬间扩充到整个宇宙，用极具冲击性的场景，完全打破了读者的心理预期。科幻小说中的惊奇感往往就来源于这样富于神秘性与颠覆性的场景。但是，与奇幻或者其他幻想类小说相比，科幻小说里的这些场景受到了更强烈的限制，那就是必须要有某种程度上的科学和逻辑的支撑。

对应到写作上，这给我们一个开启创意的思路：我们可以先在脑海中构思出一个极具冲击性、神秘性和惊奇感的场面，然后再试图为这种场景寻找一个自洽的解释，为其构造出恰当的前因后果。比如它的产生需要什么样的时空背景，牵涉到哪些人物或种族，其形成的直接原因是什么，有什么后续影响等等。这是一种很有效的思维游戏，既可以由写作者自己独立进行，也可以通过各种形式在课堂上实施，作为写作教学的一项课堂活动。

我曾经构想过一个这样的场景，在课堂上让学生为其寻找合理的解释。这个场景简述如下：

中国的第一艘载人登月飞船缓缓降落在月尘中。当船员们踏上月球表面的那一刻，他们难以相信自己的眼睛：在几百米之外，停着一辆东风牌的手扶式拖拉机，上面还装着满满的一车红砖。

这个场景的冲突性和惊奇感主要来源于两个方面：其一，第一次登月的中国宇航员何以会在月球表面看到如此生活化的农用机械；其二，在登月这种重大的航天活动中乱入的东风牌拖拉机，让场面变得荒诞而诡异。当然，我们并不是要写一个光怪陆离的寓言式的荒诞小说，而是要写一个合乎情理和逻辑的科幻小说。事实上，我在设计这个场景的时候，也试着思考了若干可能的解释。总体而言，虽然场景较为荒诞，但通往它的合理路径还是存在的。

在课堂上，经过几分钟的思考后，学生们给出了众多解释。让我惊讶的是，他们的提出的解释往往出乎设计者的预料，反而显得我预先设想的解释过于老套了。很多设想都极富想象力，我试举几例，罗列如下。

解释 1：出错的瞬间传输实验。在地球上某个实验室中正在进行物体的瞬间传输实验，不小心把传输坐标弄错了，于是把一辆拖拉机传输到了月球。

解释 2：不是月球，而是地球。飞船在登月过程中因为某个意外（例如遇到时空裂缝）没有到达月球，反而重新回到了地球。宇航员们以为登上了月球，其实踏上的是地球上某个酷似月球地貌的戈壁滩。

解释3：植入广告。登月过程中，视频直播方会接入宇航员头盔上的显示屏，让观众可以从第一人称视角体验登月全程。直播开始时，有一段拖拉机广告，因为误操作，让其直接显示在了宇航员头盔的屏幕上。宇航员从头盔里看到的实际上只是一段插入的广告。

解释4：时间旅行的空间惯性。与解释1类似，但进行的不是空间传输实验，而是时间旅行实验。因为只设定了时间轴上的到达坐标，而忽略了地球本身随着时间在宇宙空间中的运动，导致拖拉机从时间旅行中脱离时，地球原来所在的空间点被月球占据，所以拖拉机误打误撞到了月球。

解释5：内存溢出。整个宇宙只是某个计算机为人类生存而虚拟出的世界。因为探月活动造成渲染中内存溢出，导致某些数据出错，所以出现了一辆在月球上的拖拉机。

解释6：拟态。那并不是一辆拖拉机，而是某种外星植物根据人类脑电波中的物体所模拟出的形态，意图诱使人类靠近。

诸如此类的解释还有很多，一些还涉及到平行宇宙、或然历史和各种阴谋论，这里不再一一列出。在教学实践中，我发现，不管设想出何种惊奇的场景，学生们总有办法找出各种解释，将其合理化。这就是一个创意的激发过程。

同时，这也并不仅仅是一个单纯的思维游戏，事实上，这个寻找解释的过程本身就已经成为了科幻小说构思的重要一环。反观上面的各种解释，如果我们以那个荒诞的场景作为开头，之后再逐步揭示其背后的成因，这其实就是一类科幻小说的常见写法。先设计出一个富有惊奇感的场景，再设想其可能的原因，这就是科幻小说的一种构思路径。

第二节 技术失控

加拿大著名科幻作家罗伯特·索耶曾说过这样一句话："科学家会预言汽车的诞生，但科幻作家会预言大城市里的堵车；科学家会预言飞机的发明，但科幻作家会预言劫机案和航班常旅客奖励的出现。"这句话对科学家和科幻作家的想象力进行了比较，表明了两者思维方向的区别：前者通常考虑的是在理论和技术层面上可能有所突破的方向，而后者更注重此类技术突破对个人和社会的影响，特别是坏的影响。在科幻小说里，我们能够看到大量的技术反思类的作品，这可以说是从《弗兰肯斯坦》一路沿袭下来的传统。正如江晓原所说，科幻是"一种对科学技术进行深刻反思的文学载体，而且这种反思几乎是任何其他文学类型无力承担的"。

不要误以为此类作品多属于软科幻，事实上它在以技术设定为重心的硬科幻作品中同样占据重要地位。卡德曾经对美国科幻黄金时代的大量硬科幻作品进行总结，提出了三个常见的剧情套路，其中之一是："新的机器设备在测试时出了问题，很多人（甚至整个地球或宇宙）都处于危险之中。最后，在英勇的努力之后，大家都活了下来或都死了。"由此可见，新技术伴生的风险和问题，正是科幻作品描绘的常见主题。

基于科幻小说的这种特质，我们可以以此为出发点，构想一种新的技术，然后推演其可能带来的问题。这也是一种触发创意的好办法。在推演的过程中，既可以从纯技术的层面讨论其可能带来的问题，也可以延伸到社会层面。例如，在何夕的《异域》里，他设想了一种局域时间加速装置，将其应用于一个农场，用聚焦的太阳光束作为其能源，这样就可以让它在很短的时间内产生大量粮食。听上去很美好，但有没有可能带来什么问题呢？果然，人们一旦从技术中尝到甜头，很快就心态失衡，将这一技术激进地向前推进，最后酿成了恶果。这篇小说就是典型的技术失控范式的科幻作品，在故事中，农场里进化出的怪兽成为了人类的致命威胁。在自动化控制、智能机器等主题的科幻作品中，失控的情节更是极为常见，可以说是此类作品的基本故事架构方式。比如杰克·威廉森的《束手》，描写了一个在所有工作都由机器人接手的"美好"世界中，人类的痛苦处境。

我们在推想的过程中，可以根据实际需要决定推演路径的长度。一些小说中对技术伴生效应的推想链条相当长，甚至可以抵达宇宙或文明的终点，例如刘慈欣的《镜子》。在这篇小说里，作者设想了一种基于超弦计算机的"镜像模拟软件"，通过奇点模型，它可以在原子级别上模拟整个宇宙的演化。这是一种可以回溯世界上所有发生过的事情的机器，刘宇昆在《纪录片：终结历史之人》中也假想了一个类似的机器，但基于不同的机理。对软件应用后产生的后续效应，《镜子》给出了一个耐人寻味的推演链条。链条的第一环，是司法部门利用该软件来追踪犯人、破获疑案，"毁灭所有罪恶"；第二环，镜像模拟软件流传到公众之中，从此"每个人的一举一动都能在镜像中精确地查到"，镜像时代来临；第三环，镜像使全人类都成了圣人，"人性已经像一汪清水般纯洁，没有什么可描写和表现的，文学首先消失了"，接着，整个人类艺术都停滞和消失了；第四环，"科学和技术也陷入了彻底的停滞"，人类社会陷入了持续三万年的"光明的中世纪"；第五环，"地球资源耗尽，土地全部沙漠化，人类仍没有进行太空移民的技术能力，也没有能力开发新的资源"；第六环，在三万五千年后，人类文明消亡。这是一个较为复杂的链条，当然，并不是所有环节在小说中都进行了细致描写，很多其实是一笔带过。但是，在小说构思的过程中，这些环节的逻辑链条显然都在作者的心里进行了严密的推演。这正是我们在创作初期需要完成的工作。

第三节　狂想假设

广义来讲，所有的科幻作品都可以看作是对一个"What-If"式的假设性问题的回答。

如果地球突然停止转动，如果太阳即将发生氦闪，如果外星人突然降临，如果核战争摧毁了地表生态，如果我们生活的小镇突然被一个无法打破的穹顶所笼罩……那么，我们的生活会变成什么样子？上一节中我们对新技术可能导致的问题的推演，其实也是这种假设性问题的一种：如果某种新技术被广泛应用或失控，那又会发生什么？

从这个意义上讲，每一个“What-If”式的假设性问题都是一个处于萌芽阶段的科幻小说。因此，在灵感枯竭的时候，我们不妨多进行一些这种基于假设性问题的思维训练，往往可以激发出新鲜而有趣的创意。

第一步，我们要提出一个假设。这个假设一定要大胆，或者说疯狂。不要被一般意义上的理智或科学教条所束缚，也不要因预想中的写作困难而畏缩。比如，当你设想“如果物体之间的摩擦力突然消失了会发生什么”，先不要质疑这个问题本身是否合理，否则你的推想很快就会在自我怀疑中被终止。出于思维惯性，你或许会认为摩擦力不可能消失，因为电磁力无所不在，而且物体间的接触面也无法做到绝对光滑。但事实上，从我的经验来看，所有设想的状况，不管其如何大胆，总可以在某种特殊的条件下被构造出来。比如，当我们考虑到超流体或一些科学家预言中的超固体这类新奇物性时，零摩擦力显然就不再是什么无法达成的情境了。在最无奈的情况下，当我们完全无法通过合理的方式来创造需要的情境时，至少还有一个备用选项，那就是万能的外星科技。不用觉得不好意思，在很多经典小说或电影里，都借用了外星科技来构造出某种不合常理的物品或状况。这类科幻小说的魅力在于其基于异常状况的推演过程，而不是对该状况产生的原理进行解释。

接下来，我们就可以心无旁骛地在这个假设的情境中进行推想了。这个过程绝不会一帆风顺，甚至可以肯定地说，每一步的推演都会相当艰难。因为假设的情境往往是偏离现实的，这会让我们无法从现实经验中获得太多助力。有时候，我们甚至会面临一项几乎不可能完成的任务。还是以摩擦力消失的假设为例，我们很难想象一个完全没有摩擦力的世界是什么样的，那是一个太过庞大的工程，而且没有太多坚实的基石作为依凭。这种情况下，采用一个限制性的视角进行叙事，可以有效地减小工作量和推演难度，因为我们只要呈现视线范围内的场景就可以了。另一个方法就是将假设的情境局限在某个可控的范围内，比如只有某些特殊物质间的摩擦力消失了，或者在一个特殊的地点没有摩擦力。杰弗里·兰迪斯的经典短篇小说《镜中人》就是一个很好的例子，它描述了一个误入无摩擦力的镜面洼地中的人如何自救的故事。顺带一提，故事中的无摩擦镜面正是源于万能的外星科技。

在科研工作中流行一句话：提出问题比解决问题更重要。这句话在进行此类思维训练的时候也同样适用。提出一个既离奇、又有趣，还具有启发性的问题，是一切推演的源头和关键。在兰道尔·门罗的畅销书《那些古怪又让人忧心的问题》里，他回答了网友提出的众多有趣的假设性问题。对书里的问题进行梳理后，我们可以从这些问题中提炼出四条惯用的思维路径：（1）极端化，即将一些普通的日常情境进行极端化处理，如“将棒球以0.9倍光速掷出会产生什么后果”是将速度极端化，“把一摩尔的鼹鼠放到一起会发生什么”是将数量极端化，“从多高处掉下来的牛排才能正好烤熟”是将高度极端化；（2）迁移化，即将某种事物从其惯常的环境中迁移至某个截然不同的地方，如“在一个乏燃料水池里游泳会怎样”，“核潜艇在近地轨道太空中能坚持多久”，“如果在太阳系其他天体上驾驶普通地球飞机会怎样”；（3）普遍化，即将某种情境推广至全体人类，如“所有人都拿激光笔照向月亮会怎样”，“地球上所有人挤在一起同时跳起会发生什么”，“如果把所有地球人都隔离起来并维持几个星期，能彻底消灭感冒病毒吗”；（4）宏大化，假想一些关系到整个地球和人类的宏大剧变，如“如果地球和地面所有东西瞬间停止转动会怎样”，“如果地球半径以每秒一厘米的速度扩大，人们何时才能意识到自己体重的变化”，“朝天空射出多少支箭才能把阳光都挡住”，把地球上的海水“一点点抽干，地球会怎么样”，再将其浇到火星上，“火星会发生什么变化”。在进行实际的思维训练时，我们可以借助这四条思维路径，帮助自己更顺利地提出有趣的问题。

第四节　科学阅读

不管是阅读科技文献还是科普文章，都是一种很有效的刺激创意和灵感的方法。作为科幻作家来说，除了在写作需要的时候去查阅文献之外，平时也应该多阅读科学类的书籍，多关注一些最新的科技进展和前沿报道。从不断发展的科学中寻找写作的创意，这样你就永远不用担心自己的灵感会枯竭，因为科学的发展是永无止境的。

然而，从文献中看到的那些科学概念，其实很大一部分是很难直接用于科幻创作的，特别是一些极为专业的术语和领域。像“莫特相变”“复微分几何”这样的概念，因为距离普通读者太远，首先要理解它就很有困难，因此基于这些概念的故事就不太容易激发读者的直观感受。而另一些较为通俗的概念，理解起来固然容易，比如基因、陨石、人工智能等等，但是这类题材已经写得太多，不容易写出新意来了。那么，最容易激发创意的、最适合包裹成有趣故事的科学概念，应该是什么样的呢？我们不妨通过以下的例子来做一个分析和总结。

我们这里找的例子并不是科幻小说，而是东野圭吾的“侦探伽利略”系列推理小说。这是一个很奇特的推理小说系列。在这个系列里，他将众多的科学概念与充满悬疑性的故事相结合，构造了一个个富有惊奇感的场景。有人将其称为“工科推理”或者“理系推理”。这种写作方式其实是我们在科幻小说的写作中可以借鉴的，因为科幻小说同样需要将科学元素与悬疑故事相结合的技巧。接下来，我们将尝试着从“侦探伽利略”系列中，分析和总结其从科学元素中演化出精彩故事的策略。

截至到2020年，“侦探伽利略”系列一共出版了十本书，其中五本是短篇合集，五本是长篇小说。我们把这些故事及其主要涉及到的科学概念抽取出来，结果如下表所示。

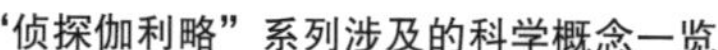

“侦探伽利略”系列涉及的科学概念一览

篇名	科学概念	故事中的作用或特性	备注
燃烧	二氧化碳激光	灼烧点火	热效应
	氦-氖激光	调节光路	光学效应
映现	电弧的冲击波	将铝板压制成面罩	力学效应
坏死	超声波	用便携式超声波加工机致人心脏麻痹死亡	力学效应
爆裂	钠与水的化学反应	制造海水爆炸事件	热效应
脱离	光的折射	在有上下温差的空气层中发生的光线弯曲传播，让人目睹本来看不到的东西	光学效应
灵视	悬浮的硅粒子	发型喷雾剂中的硅粒子与音响旋钮上的润滑油结合，产生噪音	声学效应
骚灵	共振	下水管道与工厂相连，工厂排放污水时引起房屋振动	力学效应
绞杀	电热器	发热使弓弦熔断	热效应
预知	ER流体	通电后变为固体	力学效应
坠落	大气压强	封闭锅盖构建延时装置	力学效应
操纵	门罗效应，爆炸成形	利用爆炸成形的金属片杀人	力学效应
密室	李普曼全息图	通过全息图模仿窗户的锁扣造成密室的假象	光学效应
指示	探矿术	潜意识下的肌肉无意识运动	力学效应 心理效应
扰乱	超指向性音响	扰乱人的平衡感	声学效应
幻惑	微波	作用于人体让身体发热	热效应
心听	弗雷效应	用调变微波作用于人脑产生听觉效应	声学效应
透视	红外线	利用红外线相机和红外线滤纸制造透视的假象	光学效应
猛射	电磁轨道炮	制造轨道炮远程杀人	力学效应
沉默的巡游	氮气、氦气	密闭房间注入致人窒息死亡	力学效应

分析这些概念及其与故事的连接，我们可以发现它们具有一些共同的特征。第一，这些科学概念大多属于应用型的概念，也就是属于工科的范畴，而较少有纯理科的科学概念。其原因是多方面的，一来是因为作者东野圭吾毕业于大阪府立大学电气工学专业，其学科背景偏向于工科。作家的学科背景对创作的题材有影响吗？你当然可以举出很多反例，但从我的创作经验来看，作者虽然并非一定要写作与其知识背景相同学科的题材，甚至很多人还特地远离自己的学科，但学科背景仍然会在更深的层次里影响作者的创作。某

种角度上来说，知识背景塑造了作者的思维方式。我在构建作品的科幻设定的时候，经常不自觉地就使用到材料的磁性、原子结构之类的知识，这正是长期从事相关领域研究所带来的必然影响。这并不是什么坏事，没有必要强行去悖逆自己的知识结构，因为在你熟悉的领域中，往往更容易做出更精彩的设计。二来是因为工科概念直接与现实生活相连接，在推理小说中可以更容易地与故事进行结合。推理小说与科幻小说的一个重要区别，在于其世界背景通常仍然属于现实的世界，也就是说其中的物理规则、社会结构和我们所处的现实环境是一样的。所以，与现实联系较为密切的工科概念在推理小说中是较为适合的，但这并不意味着科幻小说也只能如此。在科幻小说里，幻想世界的建构往往要建立在一些新奇的物理规律之上，这意味着即使是一些较为抽象的纯理科概念，也有机会被引入到科幻作品的设定系统之中，比如《六道众生》中的普朗克常量、《球状闪电》中的微观量子态、科幻电影《幽冥》中的玻色-爱因斯坦凝聚等等。

第二，这些科学概念都与某种人体可以直接感知到的效应相联系。在表5-1的备注栏中，我们标注了每个故事中涉及的这些科学概念所引发的效应类型，可以将其分为力学效应、热效应、光学效应和声学效应等类型。比如在《脱离》一篇中，由于工厂的液氮泄露事故，导致其厂房地面和上空的温度出现较大的温差，从而影响空气的密度，最终产生了神奇的光线折射现象。在《幻惑》一篇中，宗教团体用隐藏的微波发射装置让信徒的身体感觉到发热的感觉，从而对教宗的法力深信不疑。在《心听》里，一位公司职员向同事的头部定向发射调制电磁波，利用弗雷效应，让电磁波产生压力波，通过头骨传导到耳蜗，从而让接收者听到像是从脑子里响起的奇怪声音。可以发现，不管是看到、听到还是感觉到，这些科学概念一定会引发某种直观可感的奇妙现象，成为故事中的核心诡计和情节张力的来源。在科幻作品的创作时，其实也应该遵循同样的原则，因为没有可感效应的设定是没有意义的。故事需要视角，视角来自人物，人物产生感知。因此，归根结底，设定还是需要通过人物的感知来进入故事。有时，这种感知来自故事中的人物，有时，是作者将可感效应直接传达给读者。

第三，我们发现这些科学概念在故事中所起到的作用往往偏离其本来用途。比如在《坏死》一篇中，超声波加工器被用来灼伤人体的心脏以致人死亡；在《预知》中，ER流体被用在一个伸缩衣架上，以便构建一个具有欺骗性的道具；在《密室》一文中，李普曼全息图则用来伪造一个虚假的密室。这些技术本来都在各种领域有其正当的用途，但作者却大胆地转移了它们的使用场景，从而创造出令人意想不到的用法。所以，将科学元素进行场景的转移和类推，是一个很重要的创意激发的方式。相比推理小说，科幻小说在这一点上更加需要，因为很多科幻小说涉及的科学概念，在生活中可能还没有实际应用过，这就需要科幻作家具有更富于创造性的思维方式。比如我写过一个小说叫《单孔衍射》，其中就将“单孔衍射”这一抽象的光学概念进行了类推，把实体障碍物上的小孔类推为时间壁垒上的一个空穴，把传导的光线类推为单向流动的时间。通过这样的方式，单孔衍射这一概念被赋予了新的使用场景，从而在此基础上设计出了一个奇妙而宏大的社会性效应。

总的来说，从科学中寻找写作灵感是一个很有效的途径。这其中需要一些思维发散的技巧，需要对科学元素有所选择，也需要结合作者自己的知识背景和写作经验进行故事的构思。它是一种可持续的写作方式，只要科学的发展永不停止，新的创意就可以源源不断地涌现。

第二章　设定网络的构建

在创意产生之后，不要急着下笔。虽然这时候写作的冲动极为强烈，但准备工作尚未完成，仓猝下笔的常见结果就是在写作的中途卡壳，甚至被迫推翻重写或放弃。在创意激发型的写作方式中，萌生创意之后，你必须静下心来，进行仔细的推演，把这个创意扩展完整，使之成为一个真正有价值的合理自洽的设定网络。

第一节　什么是设定

我们在不同场合使用“设定”这个词。在《现代汉语词典》中，对“设定”的解释是“设置确定”，比如设定空调的关机时间，它是一个动词。我们这里讨论的“设定”是一个名词，它实际上指的是小说的故事发生的世界背景。对于现实主义文学或者非虚构写作来说，不存在设定的概念，因为其叙述的背景世界就是我们的现实世界，作者不需要再特意地构想或交代，但是对于各种幻想类作品而言，设定却是一个很重要的概念。在创作科幻、奇幻、武侠等题材的小说、电影、游戏时，构想和完善作品的世界设定都是一个必不可少的前期环节。

对于科幻小说而言，设定主要是指那些作者虚构的在现实世界中不存在的要素，它可以是某个虚构的星球（如阿凡达星球），可以是某种幻想的生物（如异形、冬至草），可以是一种设想中的科技成果（如太空电梯、曲率引擎），也可以是某种奇特的社会结构（如《1984》《使女的故事》等小说中的社会）。完全没有设定的科幻小说是不存在的，即使在一些偏向现实主义的作品中，也多多少少会出现某些偏离现实状况的点，这也是所有幻想类小说的重要特征之一。

从本质上来看，做设定其实是在建构一个新的世界，一个与现实世界具有某种相似性，但在某些地方却出现分岔，走向了其他可能性的“平行世界”。菲利普·迪克用“观念的错位”来形容设定世界与真实世界的这种分岔，并且认为它正是“科幻的本质”。与奇幻小说不同的是，科幻小说中设定的世界都是可以通过现有科学或某些虚构的科学理论来进行解释的，是一种可知论下的世界。20世纪中叶在哲学领域兴起了一个“可能世界理论”，后来被引入到对文学作品的研究中，用于分析文学作品中的虚构世界。茨维坦·托多洛夫根据文本虚构的世界与现实世界的远近关系，提出一种划分虚构世界乃至文本类型的方式。托多洛夫把描写与现实完全相同世界的小说称为现实小说，之后按照与现实世界逐渐偏离的顺序，把其他小说分为奇特小说、奇幻小说、怪诞小说与神异小说四类。其中的奇特小说便很接近科幻小说的范畴。可见，对于文学作品来说，其设定的世界不仅是故事发生的背景，而且其本身也逐渐成为研究和审美的对象，可以说具有了某种独立性。对于科幻小说来说，更是如此。对于科幻小说的读者来说，小说设定带来的惊奇感是阅读乐趣的一个重要来源，某些时候甚至超过故事本身。

小说设定的独立性还体现在它的跨叙事性和跨媒体性上。不同的小说可以共享同一个虚拟世界，例如《九州》系列小说，就是多个作者在同一个世界设定下完成的不同作品。同一个作者在创作系列作品的时候也将不同作品置于同一个世界观之下，比如阿西莫夫的机器人系列和基地系列。在小说中，对设定的交代要依赖于故事线的推进，也就是说，在故事没有涉及的地方，对应的世界设定往往是不在文本中进行展示的。而基于小说衍生出来的电影、剧集、游戏、漫画、地图集、绘本等，往往可以将小说背后的世界设定进行更为详尽的展示，这也表明世界设定可以跨越不同的媒体平台而存在。

创造一个新颖的、具有鲜明的作者风格的世界设定，不管对于作品还是作者来说，都具有重要意义。这样的设定，其本身就可能成为大众的讨论话题，例如《三体》里的“宇宙社会学”，从学术界到政商界，无数人在谈论它，已经远远超过了谈论小说本身。有时候，设定会成为与作者本身紧密相连的一种符号，谈到托尔金，就立刻会想到其创造出的“中土世界”。托尔金甚至把小说《精灵宝钻》里主人公的名字刻在了自己的墓碑上，可见他对自己设定的世界倾注了何等的感情。作者应该要严肃地对待自己笔下的世界，相信它的存在，并且努力地丰富和完善它。不要因为它只是一个故事背景，而随意抛出一些散乱而毫无逻辑的描写，那样会严重损害故事的真实感，往往会让读者跳戏。曾经有作者设定故事发生在一个没有空气的星球上，可是正文里却出现狂风呼啸的描写，让人大跌眼镜，这显然是没有认真做设定的表现。细节丰富而自洽的世界设定，不仅不会束缚故事和人物，反而会给人物以坚实的支撑，甚至有时会以你始料未及的方式推动故事的发展。

第二节 设定的层次

我们在构想新世界的元素时，必须意识到，每一个元素都不是孤立的，它总是与周边的其他事物保持某种联系。当我们改变或引入一种新鲜的元素，它必然会带来其他的改变，有的是我们需要的，有的却未必。我们必须重视并警惕这种关联性，因为它们关乎新世界的自洽性和可信性。如果某种元素的加入对世界造成的影响超出了你的控制范围，你就应当更加审慎地采用它，或者直接摒弃它，改用另外的元素来达到你的目的。

我们可以根据改变某种元素对世界的影响范围，将它们分为不同的层次。一般来说，微观物质、宇宙常数、普适定律层面的要素，属于最底层的设定，因为一旦改变它们，会造成整个世界发生天翻地覆的变化。有人曾跟我说，他想写一个能量守恒定律不成立的世界，我建议他最好不要这样做。因为一旦能量守恒定律不成立，我们几乎所有的科学定律都要改写，物质存在的状态、生物的形态、所有的技术装备、社会的结构等等，全都必然会发生颠覆性的改变，事实上我们很难想象那到底是一个什么样的世界。

但并非所有科学定律都不可改变。事实上，大部分定律本身也有其适用范围，甚至很多经验定律只在某些有限的特殊情况下才成立。一般情况下，微观层面的定律，或者涉及某种作用量的对称性的定律，其适用性是最广泛的——根据诺特定律，作用量的每一种对称性都对应于一种守恒量，而遇到守恒量的时候我们总是应该特别小心。接下来是一些宏观层面上的定律，它们通常是那些基本定律在特殊情况下的近似，比如牛顿的力学定律，它在宏观低速下才成立，热力学里的玻意尔定律、盖吕萨克定律、查理定律等，只有在理想气体中才适用。再接下来就是那些数量众多的经验公式或半经验公式，它们通常是根据数据拟合出来，作为方便使用的工具而存在的，比如金属学中的霍尔-佩琪公式，材料学中的屈服应力公式等等。这些经验公式大部分都无法通过推导得出，这也反映出它们与科学体系的其他部分的联系是较弱的，因此我们在做设定的时候完全可以适当修改这些经验公式，而不对这个世界的其他部分造成太大影响。

这类对基础设定动刀的小说固然很难写，然而其一旦写出来，往往便具有一种极强的震撼力，具有较强科学背景的作者可以尝试一下这类设定。英国科幻作家鲍勃·肖在小说《衣衫褴褛的宇航员》中描写了一个圆周率等于3的宇宙。故事里，一个数学家用滚动的木盘向他弟弟直观地展示了圆周率的数值。在那个宇宙中，行星周围的物体在自然状态下呈现出圆锥体的状态，而不是球体。因此，两个互相绕行的行星，其大气层很容易地就纠缠在一起，形成了一个联通两个星球的大气通道。其中一个星球上的居民在面临资源枯竭的问题时，展开了向另一个行星的移民，而交通工具仅仅是装有喷气装置的热气球。在史蒂芬·巴克斯特的小说《木筏》里，人类殖民者被困在了一个重力常数G远超我们的宇宙——那里的恒星很小，尺寸不过一英里大，而且寿命很短。格雷格·伊根的《正交》三部曲则描绘了一个更为怪异的宇宙：在那里，空间与时间融为一体，因此不再有速度的概念；光是有质量的，但没有一个恒定的光速；星球接受的能量不来自于光照，而来自光的发射，因此星球上的植物是通过向黑暗的夜空发射光来获取能量。

事实上，通过调整科学定律或自然常数来构造新世界的作品是很少的，在大部分作品中，自然科学体系仍然和我们现实中的一样。在这样的背景下，我们可以设想出某种特殊的自然环境，以此构造出一个迥异于我们现实生活的世界。在哈尔·克莱蒙特的《重力使命》里，作者描写了在一个重力极大、高速自转的星球上发生的故事，罗伯特·福沃德的《龙蛋》可以视为其进阶版，后者描写了一个中子星表面的世界。另一个有趣的例子是刘慈欣的短篇小说《山》，其中写了一个生活在星体内部的泡状空隙里的外星文明——在它们眼里，宇宙是充满了密实物质的存在，而其中的每一个空穴泡就是一个星球。在这种特殊环境下形成的文明，其生物形态、生活状态和社会结构显然都应该和我们现实生活相去甚远，所以做设定的时候仍然需要考虑到很多方面的影响。

上面所讲的这两种设定的层次都较为基础，与世界的其他要素具有千丝万缕的联系，做设定的难度不小，呈现起来也需要较长的篇幅，通常作为一个长篇小说的核心设定是较为合适的。我们也可以在更小的幅度上进行世界的调整，例如设计一种新的技术或机器、描写一种奇异生物、引入一场巨大的灾难、虚构一种超能力等等。这些设定都不涉及世界整体环境的改变，与其他要素的关联性较小，设定的难度适中，因此在大量作品中被广泛使用。注意，这里的关联较小是相对上面两种设定要素而言，细究之下，其实它们也会产生一系列的后续效应，甚至改变整个社会的形态。比如同样写时间机器，当它没有在社会中普及，而仅是作为某个疯狂科学家的实验用品，或是某些特定阶层的专属之物，那么它设定下的世界就与现实较为接近，写出来的大致就是一个围绕时间诡计来展开的个人化的故事，大部分时间旅行题材的作品都是如此；然而当时间机器在社会中普遍使用之后，那就会不可避免地影响到更多的层面，设定会变得更复杂，因为在那个世界里人们的生活、社会的结构都会发生显著的改变，阿西莫夫的长篇小说《永恒的终结》，就是这种类型的典型范例。究竟采用哪种写法，到底需要把设定铺多大，还是需要作者根据自己写作的意图和能力来确定。

既然科幻小说的设定具有不同的层次，这就意味着一部作品中的各个设定之间，并非处于完全平等的地位。每个设定都会与背景环境相互作用，从而影响原有的世界秩序，作者可以根据自己的需要在这些可能的连带效应中选择一些进行挖掘，从而产生新的设定。我们不妨把效应源头的设定称为核心设定，牵连出的后续设定称为衍生设定。衍生设定还可以继续产生下一级的衍生设定。如果我们把现实世界的背景看作一张白纸，那核心设定就相当于是在纸上滴下一滴墨水。墨水渗入纸页，沿着其中的脉络向周围浸润开去，产生的脉络纹路就是衍生设定。我们做设定的时候，可以从核心设定入手，通过推演，发展出众多的衍生设定，从而完善整个世界的建构。但写作小说的时候，设定呈现的顺序却往往与之相反。我们通常会从衍生设定切入，通过主人公的探索推进故事，最终揭晓一切的源起，也就是核心设定。这是一些长篇科幻小说常用的写作模式。

第三节　设定链与设定网络

如果我们在各级设定之间用线条或箭头标识出它们之间的延伸关系，那我们就得到了一条设定链。以阿西莫夫的《基地》系列和《永恒的终结》为例，其设定链示意如下：

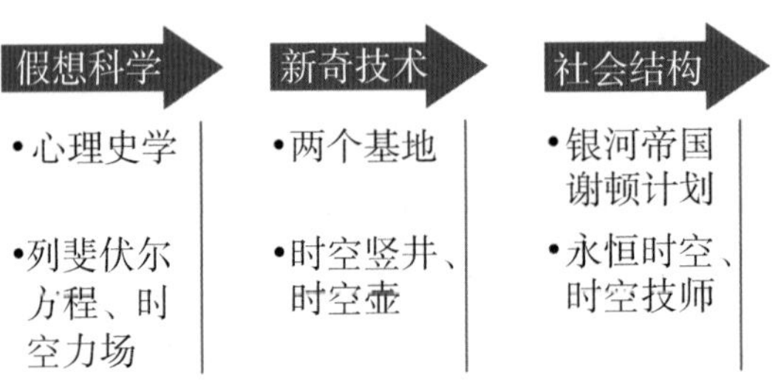

《基地》系列与《永恒的终结》的设定链

图中上一行对应的是《基地》系列，下面一行对应《永恒的终结》。两部作品的设定链组成模式很相似，都是从某种假想的科学原理出发，衍生出一些奇特的技术设想，再以此为依据，推想其对整个社会带来的影响。以后者为例，其作品的主题是时空旅行这一稍显老套的题材——即使在作品出版的1955年，这一题材也早已经被很多人写过。然而，作者通过设定链的延伸，让作品的核心创意得以从一般的时空旅行类作品中跳脱出来，成为了这一题材的经典之作。在一般作者的笔下，时空旅行通常借助于某种“时间机器”来进行，正如这一题材的开创者H.G.威尔斯所作的那样。但在时间旅行的机制上，作者一般并不会做深入的构想。同时，这些作品中的时间机器往往只局限在某些特定个人使用，如科学家、探险者等等，因此不会造成一种普遍的社会结构上的改变。因此，它们往往沦为一种猎奇向的、类似探险小说的故事类型。但在《永恒的终结》里，阿西莫夫对这一设定沿着上下两个方向都进行了可贵的延伸。

在小说里，时间旅行依赖“时空竖井”这一连接不同时间层的特殊构造得以进行，人类借助“时空壶”这一设备在时空竖井中上下穿行。这是技术层面的设定，从某种角度看和一般的时间机器并没什么两样，只是更细致了一些。向着这些技术的源头追溯，作者设定了时空竖井得以维持的关键在于“时空力场”，而时空力场的数学原理在于“列斐伏尔方程”。这些就已经是在“假想科学”层面作出的设定了，因为在人类目前的科学体系里并不存在这个方程。值得注意的是，这些上游设定并非只是单纯地为技术设定提供一个理论支撑，而是与故事有着紧密的关联——事实上，这些理论本身就是时空因果链的重要一环。而在技术设定的下游，作者围绕着时空竖井建构了一个基于永恒时空的社会体系，其中有时空技师、观测师、计算师、生命规划师等各种奇特的职业，它们共同构成了一套复杂而协调的小型社会体系。同时，永恒时空中的技师们又通过“最小必要变革”这一手段与外界的普通时空产生交互，从而对包含了所有时间层面的整个人类社会产生了深远的影响，甚至诱发其产生了根本性的变化。

可以看到，阿西莫夫从一个简单的时空旅行设定出发，分别向上下游扩展，最终衍生出了一条精密而自洽的设定链条。正是在这条精妙的设定链的基础上，小说的故事才得以开展。对于一些更为复杂的设定系统来说，单链式的结构或许都不足以反映其设定间的连接特征。事实上，在设定延伸的过程中，其对下游产生的影响往往是发散式的。如下图所示，在一个假想科学的基础上，可能会衍生出多个新奇的技术，而这些技术又会带来各种社会结构上的改变，造成多个层级上的社会响应。考虑到现实社会的复杂性，任何一种技术层面的设定都应该对社会造成多面向、多层次、连环式的激发状态。卡德在谈及世界设定的时候曾说：“小说里最傻的就是发生了影响世界的大事，社会各界却只有同一种反应。”[1]这也是很多新人常有的问题。

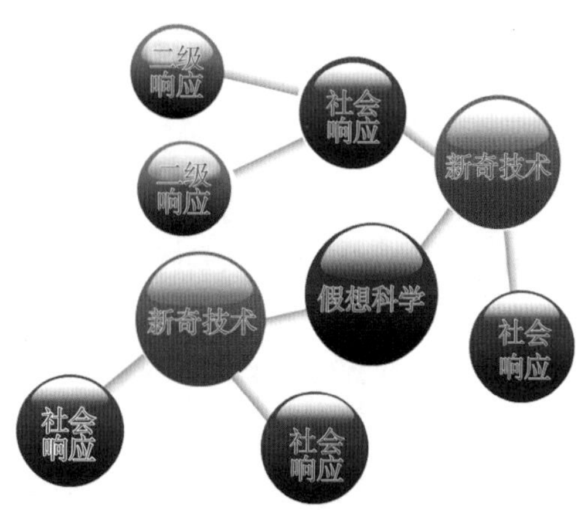

一个单核心设定网络的示意图

因此，在一个更普遍的情况下，科幻小说——特别是长篇科幻小说，其设定的连接，往往形成一个网状的结构。上图所示的是一个单核心设定网络，如果小说的核心设定不止一个，那么其设定网络可能会更加复杂。下面，我们以贵志祐介的代表作《来自新世界》为例进行说明。其小说的设定网络如下图所示：

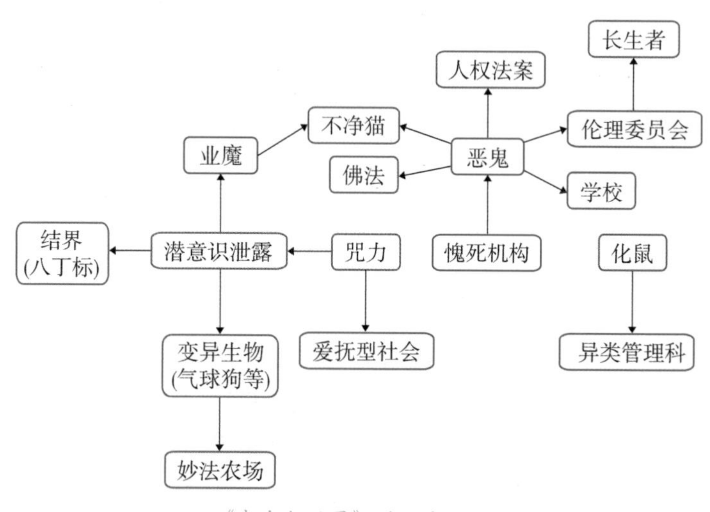

《来自新世界》的设定网络

1　奥森·斯科特·卡德：《如何创作科幻小说与奇幻小说》，天津：百花文艺出版社，2015年，第55页。

从图中可以看到，该小说的核心设定可以归结为一个what-if式的问题：如果在人类社会中有“咒力”的存在，世界会变得怎么样？咒力是一个偏奇幻的概念，在科幻小说里通常称之为意志力、遥动力，或者念力，早在上世纪中叶就已经有大量科幻作品有利用精神力量操控物质的设定。在当时的科幻作品或研究著作里，虽然不同作家使用的词汇不太相同，如查尔斯·哈尼斯惯用的telekineticist、约瑟夫·莱因使用的psychokinesis、查尔斯·福特笔下的teleportation，但它们的含义基本是一致的，即意念移物。但《来自新世界》仍然是极特别的一部作品，它以咒力的存在为前提，推演出了一幅令人惊惧的反乌托邦式的未来景象。

噩梦的起源来自于两个方面，它们都是咒力这一设定的衍生物。其一被称为“业魔”，指的是那些潜意识活动旺盛之人，他们泄露的潜意识会对周遭之物产生不可控的影响，对生物则会带来极其严重的伤害。其二被称为“恶鬼”，这是指那些愧死机构（一种生理性约束机制，让人无法通过咒力伤害别人）失效的人。与业魔与恶鬼的斗争贯穿了整个故事，作者在其中为我们呈现了各种社会性的设定，如“妙法农场”“伦理委员会”“异类管理科”等社会机构，“八丁标”“不净猫”“佛法”等约束性机制，以及“化鼠”这一异类生物及其背后所隐藏的可怕真相。这些设定彼此连接、不断衍生，织成了一张偌大的关系网络——这正是该作品令人震撼的根本源头。

在科幻作品里，孤立存在的设定是单薄无力的，不仅很难让读者信服，也无法与世界的其他部分协调自洽，甚至可能因为无法融入故事而变得毫无意义。因此，我们在创作的时候，要善于通过推演，将不同层面上的设定彼此连接起来，让它们形成一个层次丰富的设定链或设定网络，这不仅是完善作品设定体系的需要，而且是让设定系统内部自洽的需要。这在长篇科幻小说或科幻影视作品的创作过程中更是尤其重要。

需要注意的是，我们在构建设定网络时，要避免以下三种误区。其一，一些新手作者往往会沉迷于做设定本身，将设定做得极其完备，从世界地图到各种族的语言，不管是否和故事相契合，对什么都构想得很周到，最后导致作品从科幻小说变成了一本设定集。在做设定的时候，作者还是要保持适当的克制，不要让自己迷失在无穷无尽的世界构想之中。其二，设定链或设定网络的复杂程度要和文本的长度相匹配。如果你准备要写一个一万字左右的短篇小说，那设定链上只需要两三个概念就足够了，太多了反而会影响故事的表达，或者让小说的其他要素都淹没在了庞大的设定海洋中。同理，长篇小说的设定就不能太过简单，否则可能撑不起相应的篇幅，或者让整个故事看起来过于虚浮空洞。其三，做世界设定一定要以故事和人物的呈现为目标。或者更直接的说，设定一定要以某种方式与人物产生交集。最好的方式是，让设定以一种具有惊奇感的方式影响角色的生活。原因在于，在小说里对设定的交代要依赖于故事的推进，而且通常是基于其中主要角色的视角。如果设定蔓生到故事和人物无法触及的地方，那么它对于这个小说就是冗余的。如果某些设定和人物的塑造产生了冲突，或者因为设定的膨胀而影响了故事的推进，我们都应该坚决地摒弃掉那些设定中不合适的部分，像剪枝一样，只有去掉繁芜的枝节，才能凸显出清晰的主干。

第四节　社会响应推演

设定网络的推演在总体上可以分为两个部分，其一是自然设定的推演，其二是社会响应的推演。自然设定有科学规律可以因循，因此虽然需要作者具备一定的科学素养，但处理起来反倒是较为简单的。而在社会响应的推演上，由于人类社会是一个通过各种关系有机联系起来的复杂网络，其复杂和灵活的程度甚至超过了科学设定间的关联网络。同时，它又需要作者走进生活，熟悉整个社会的运作机制和人们的生活状态、情感关切、行为模式等，这些恰恰是很多年轻的科幻作家所缺乏的。

一般而言，对于某种新技术在社会上会激发何种响应，我们至少可以从六个方面来考虑。

第一是从该技术的原理机制出发，讨论其可能会造成何种效应。重点应该从技术的局限性、稳定性和风险性等方面进行考虑。比如通过同步轨道上布置的光帆反射阳光来进行太阳能发电，那么光帆、地球和太阳的相对位置要如何调整，是否有可能造成某些时候反而遮挡了阳光的情形呢？它要如何防御陨石和太空垃圾呢？这种装置有没有什么固有的缺陷（比如光帆材料易老化），从而造成重大的故障呢？

第二是考虑该技术对我们的物质世界会产生什么影响，比如说太阳光帆会不会影响地球的局部气温，进而影响全球的生态环境呢？有时候，某种技术甚至会对我们这个宇宙造成严重而不可逆转的影响。比如在刘慈欣《三体》中，曲率驱动飞船会在空间中留下航迹；阿西莫夫的《神们自己》里，“电子通道”会导致太阳爆炸、地球灭亡等。

第三是考虑该技术在社会管理、科学研究等公共领域有可能发挥的作用，及其伴生的负面效应。比如大数据和人脸识别摄像头，现在已经广泛运用在社会管理中，但它也带来隐私泄露等风险。再往前推演一点，它完全可以改变整个社会治理的方式，张冉的《以太》就是一个这样的例子。在科研领域，从社会上搜集到的大量数据则让定量的社会计算成为迅速发展的学科，以后会不会真的形成《基地》中所描写的“心理史学”呢？

第四是聚焦该技术的商业运用。比如，它有哪些可能的商业前景，它在推广过程中会不会受到来自社会的阻力，它的商用过程分为哪几个阶段等等。这类作品中经常涉及到的元素包括传媒广告、精准营销、商业竞争、寡头垄断等。这个过程中需要把技术的功用和大众的需求联系起来，尽量发散思维，开拓出更多样化的商业模式。

第五个方面，我们要重点分析人们将如何使用这项技术。很多时候，技术的使用者们会打破常规，发掘出设备提供方所不曾想到的用途，一些很私密的用途，或者将其用于犯罪。比如植入人体的心脏起搏器，曾经有黑客爆出其漏洞，声称可以遥控其释放高压电来杀人。任何一种技术都面临这样的处境，你永远无法控制人们如何使用它。

最后我们将要考虑的是该技术对人们心理上带来的影响。我们的生活被林林总总的产品包围着，所见所闻都是各种现代技术生成的信息。在这种环境中，人们的心理和生活状态就不可避免地会被身边的技术造物所影响，或烦恼、或喜悦、或痴迷。互联网刚问世的时候，大概很少有人能想到几十年后人们会因此变得越来越喜欢宅在家里。科幻作家应该要训练这样的预见能力。

第三章 科幻设定的呈现

对于一个科幻小说而言，设定的构造固然重要，但并不是决定小说优秀与否的决定性要素。这里的关键是，我们如何将设定合理地融入到故事之中，同时在小说的推进过程中，通过较为自然的方式将设定交代给读者——对于一些较为复杂的设定网络来说，这一点尤其重要。

第一节 知识硬块

常常有人会抱怨说，在他们阅读的科幻小说里，特别是一些所谓的“硬科幻”小说里，经常出现大段大段的充满科学名词的段落，很影响阅读体验。这种情况通常就是设定交代不自然的体现——老实说，很多老派的科幻作品中都有这样的毛病。这并不是只有中国科幻小说才有的现象，在国外，这些解释部分通常叫做“信息结”（infordumps）或者“解释性肿块”（expository lumps），在国内的科幻圈里，我们通常叫它“知识硬块”。那么，小说里出现的这些知识硬块，是好事还是坏事呢？或许有部分读者乐意阅读这样的段落，但我认为，对大多数读者而言，这样的硬块都会对阅读造成负面的影响。1983年，叶至善在回忆自己创作《失踪的哥哥》的经历时称，他在写作时,极力想避免当时科幻小说的通病，即讲述科学原理时与故事脱节，这会让“知识硬块”与小说如同“油水分离”。[1]那时候中国科幻小说具有强烈的科普特征，所以出现知识硬块是很常见的现象，读者也相对宽容。而今的科幻创作环境已经与那时大为不同，所以知识硬块在小说中的出现会比那时更显突兀，因此是今天的创作者们更应该避免的。王晋康在一次采访中曾提到，自己“坚决不能在小说中出现知识硬块。只保留那些对情节推进最必要的知识，而且要尽量打碎，融化在故事中。”刘慈欣也曾提到，自己在《三体》第一部的后三分之一中，用很生

1 叶永烈:《叶至善和〈失踪的哥哥〉》,《世界科幻博览》2005年第7期，第6页。

硬的方式把知识解释出来，出现了一些“知识硬块”，后来在英文翻译时，抓住机会做了一些删减。

如何将设定自然地交代出来，避免知识硬块，是需要一定技巧的。我们不妨先来看一段初学者的习作。这是在我的科幻创作课上，一名学生在课程前期所提交的一则小说初稿，在正文的一开始，他这样写道：

> 里佐斯基教授研究生物的大脑已经二十年了，去年终于因为“聪明素”的发现而获得了诺贝尔生理学和医学奖。
>
> “聪明素”在脑脊液合成，是一种促进型生物激素。越经常使用大脑思考问题的生物，其脑中“聪明素”的含量便越高，相应的智商也就越高。这是从目前对哺乳动物所做实验中得到的结论。里佐斯基的团队对不同的哺乳动物，如鼠、猫、狗等做过注射后的短期检测，发现效果很显著。它们都表现出了能够书写类文字及制作工具的特点，但是较长时间的持续更进后，它们的智力提升似乎也很快遇到瓶颈。……

很明显，“聪明素”是这篇作品的核心设定，而作者似乎急于把这一设定交代清楚。他等不及故事的介入，在简单提到发明人后，就花费大量篇幅来介绍“聪明素”的特点。事实上这是很多初学者经常采用的一种写法：在小说的一开始便向读者倾泻设定。前面讲过，科幻小说与现实主义题材最根本的不同，就在于其背景世界具有某些不同于现实的地方，也就是作品的设定。初学者或许认为，在作品一开始把设定集中交代清楚，就可以在接下来的部分更轻松、更流畅地讲述故事，按照现实主义题材的写法来写就行了。看似取巧，其实是放弃了科幻小说的一个巨大的优势。交代设定并不应该看作是作品的负担，一个好的设定，其实是作品的闪光点，也是其构造疏离感和惊奇感的重要来源。在阅读的过程中，那些在不经意间显露的设定一角，会让我们产生探索陌生世界的好奇心和惊喜感，从而增加作品的吸引力。

所以，在对设定进行交代时，我们通常会将其拆散，变成一个个零碎的片段，嵌入到小说的故事进程之中。随着故事的推进，设定也逐渐拼凑完整，在读者的脑海里成型。可以说，大凡优秀的科幻作家，都是拆分设定的高手。在课堂上，我通常会以菲利普·迪克的作品为例进行说明。美国科幻作家托马斯·迪什称赞迪克为“科幻作家的科幻作家”，因为其小说具有“惊人的创造力”，“点子又多又好”，“在想象力光谱中，能占据整整一个独特的波段”。[1]事实确实如此，几乎在每一篇迪克的小说里，都有着不同以往的新鲜设定。因此，以迪克的作品为分析对象，可以很好地展现出设定呈现的技巧。在接下来的几节里，我们会以其短篇小说《头环制造者》为例，结合我自己的创作经验，分别对几类设

1 托马斯·迪什：《全面回忆——菲利普·迪克中短篇小说全集5》，四川：四川科学技术出版社，2019年，"序言"。

定呈现的方式进行说明。我强烈建议读者先自己阅读一遍这篇小说，然后再看本节的内容。小说篇幅不长，半小时即可读完。其中文版被收录于两本短篇合集中，一本叫做《菲利普·迪克的电子梦》，其中收录了被同名剧集所改编的十则短篇小说，另一本叫做《命运规划局》，是菲利普·迪克中短篇小说全集的第二本。

第二节 叙述式呈现

通过叙述，直接向读者交代设定，是最直接的设定呈现的方式。它的好处是极为高效，三两句就可以让读者明白其中的来龙去脉，但也有很多潜在的坏处。比如，它有可能会打断故事的推进，在小说中形成一个“硬块”。所以，叙述式的设定呈现，一定要找到一个合适的位置插入，而且尽量不要太长。在《头环制造者》一文中，下述段落就是一个叙述式的设定交代案例：

> 这道仿佛无解的难题，在2004年的马达加斯加大爆炸中得到了解决。驻扎在该片区域的数千士兵遭受了大量的强辐射伤害。爆炸幸存的士兵大多丧失了生殖能力。他们的后代总计不过数百个，但其中许多孩子的神经系统却展现出一种全新特征。于是，在人类几千年的历史中，史无前例地，变种人横空出世。

这篇小说有两个主要的设定，一个是社会上存在着可以读出别人思想的变种人——心感人，他们为政府服务，但又阴谋推翻政府，建立属于自己的政权；另一个设定是利用某种金属制作出的头环可以屏蔽读心人阅读自己的思想，一个反抗组织暗中制造大量的头环并将其投放到人群中。这两个设定构造出两个相互对立和斗争的集团，它们共同构成了小说设定体系的核心。上述段落，就是对心感人出现的原因所做的一个交代。

值得注意的是，虽然这段文字是小说里第一次对心感人的来由进行直接描述，但并非是心感人第一次出现在故事中。在这之前，一位政府官员在审查头环佩戴者时，就曾提到过心感人，但那时并没有对其进行全面的解释，因为时机不好。在那个片段中，两名政府官员的对话正有力地推动着剧情的发展，如果这时插入大段对心感人的叙述，会影响故事的流畅性。在那之后，一位叫阿博德的心感人被招入，以帮助读取被捕者的思想。这时，小说先是站在政府官员的视角，对阿博德此人进行了简单的展示，“金黄色的头发，蓝色的眼睛——一个长相平凡的孩子”，然后借着这一契机，才对心感人的来龙去脉进行了细致的交代。这就是上述段落出现的故事环境。所以，我们可以看到，叙述式的设定呈现并非不能使用，而是要找到合适的时机。

一个常见的误解是，在科幻小说里，当一个陌生名词第一次出现时，一定要马上对其进行解释。其实大可不必，把它放着不管，反而会激发读者的好奇心，这样读者在读到后续出现的解释时，也会有恍然之感。当然，这样做的前提是，这些陌生词汇不能太多、太集中、太频繁，以便让读者可以绕过这些疑点继续读下去，而不影响他们对故事的理解。

总之，叙述式是最为直接、高效的设定呈现方式。因此，它通常用来交代故事的历史背景或者对一些极为复杂抽象的设定体系进行描述。但由于它的出现会打断故事的进程，所以需要寻找合适的位置插入，以尽量减小其对故事连贯性和阅读感的影响。

第三节　对话式呈现

在对话中交代设定，可谓是科幻小说中最常见的设定呈现方式了。相比于叙述式，它具有一个明显的优势，就是可以在情节推进的同时，把设定交代清楚——因为对话往往也是推动情节发展的重要方式。另外，它也是一种更适合影视剧的设定呈现方式，因为在影视的环境下，叙述式文本是很难表现的，而对话则可以顺利嵌入。

在《头环制造者》一文中，通过对话交代设定的例子有很多。在这些例子里，有的是在对话中直接对设定进行了解释，而另一些则是通过间接暗示的方式，对设定进行了某种程度的展现。下面我们对这两类情况各举一例，进行说明。

例 1：

“他戴着头环，就是他！”

“把它取下来！”

更多的石块落下。老人惊惧地喘着粗气，试图从挡在他身前的两个士兵中间挤过。一块石头击中了他的后背。

“你隐瞒了什么思想？”蜡黄脸的年轻人跑到老人面前，“你为什么不敢接受探查？”

“他隐瞒了见不得人的思想！”一个工人抢下了老人的帽子。一双双手急不可待地伸向老人脑袋上戴着的金属细环。

“没人有权利隐瞒思想！”

例 2：

罗斯翻开牛皮纸文件夹，拿出一只弯曲的金属圆环。他仔细地端详了一会儿，“看看它，只是一根某种不知名的合金长条，但它却能有效地阻隔所有的探查手段。心感人都气疯了。心感人想进入佩戴者的思维时，它能反过来震荡心感人的思绪。就像震荡波一样。”

在这两个例子中，作者都借助人物之口，对头环这一设定进行了展示。例1出现的位置是在全文开篇不久，所以，在这些对话里并没有直接说明头环是什么，但通过它们，读者应该可以大致猜测到头环的作用。而相比之下，例2就直接了许多，借助官员罗斯之口，对头环进行了正面说明，也印证了之前的情节。

究竟是在对话中作正面说明好呢，还是间接暗示更好，要根据对话所处的故事环境、文本位置以及对话涉及的人物来确定。在例1中，一群人在围攻一个戴头环的老人。在场的所有人显然都知道头环的作用，所以在对话中插入正面说明就会显得很突兀，况且在小说开篇也没有必要急于将设定交代清楚。其实，在菲利普·迪克的很多小说里，往往通篇都没有对设定的正面说明，但通过其中人物的对话，读者仍然可以还原出其设定的全貌。总体来看，我更倾向于采用间接暗示的方式在对话中呈现设定，相比在对话中做正面说明，它往往显得更加自然。

当然，对话式呈现也有它的缺点。一是它不如叙述式那么高效，为了说明一个设定，作者可能需要设计出一大段对话，这其中或许只有一小部分是作者真正需要的。其二，在对话中交代设定需要使相关设定符合人物的视角和认知水平，这就是为什么很多科幻作品里经常让一个科学家的角色发表长篇大论的原因。其三，把对设定的交代灌注到对话中，特别是做正面说明时，有一个必然的风险，那就是可能会破坏对话的自然感。在一些科幻小说中，人物的对话有时候会莫名其妙地拐到奇怪的地方——前面几句话还在聊着家常，后面突然就转变成对一些科技理论的讨论。这种情况当然是我们要尽量避免的。

第四节 缺省式呈现

在菲利普·迪克的小说里经常出现这样一种设定呈现的方式：他只是不管不顾地抛出一个陌生的名词，或者描写一个奇怪的场景，却并不对其作任何解释。作者以强迫的方式让读者进入到自己构造的世界之中，期间并无任何过渡，就像你一大早打开门，发现自己已然置身于一片陌生的荒漠之中。正如编剧马修·格雷厄姆所评价的：“迪克将你从极高处生生地扔入他的世界，没有一句解释，不做一句道歉。在他的头脑中，正常的规则不适用，从零加速到六十迈只需一秒钟。”[1]

这种处理方式在最大程度上保证了故事推进的连贯性，让读者沉浸其中，而不会被时而冒出的设定解释拉回现实。另外，它常常给读者以意外的惊喜，仿佛是藏在小说中的一个个闪光点，时刻牵引着读者的注意力。例如，在文中有这样一段话：

1 马修·格雷厄姆：《菲利普·迪克的电子梦》，四川：四川科学技术出版社，2019年，“封底”。

> 思想净化局的理事罗斯将信息备忘板推到一边，“又一起案件。真期待《反豁免法案》获得通过。”

这段话里，一连出现了三个不加解释的概念：“思想净化局”“信息备忘板”“反豁免法案”。这些名词在之前从未出现过，在其后的几个段落中，作者也没有对它们做任何解释，似乎默认读者都已熟知这些概念。但是它们并没有对读者的阅读造成太大的阻碍，因为从字面意义上，读者便可以大致猜测到它们的含义。在整篇小说中，这些名词还会不断出现，每出现一次，便让其含义在读者的意识中强化一次，最终就这样潜移默化地将设定印刻在了读者的脑海中，仿佛它们和我们已知的其他日常事物一样，并无区别。或许可以将其称为“洗脑式”呈现方式。

还有一些时候，作者会突然在文中描写一些具有疏离感的场景，但只是作为主要剧情的花絮，同样对此不作任何解释。例如，在警察驱散了攻击老人的人群后，扶起了老人，之后出现了这样的描写：

> “很好。”警察松开了金属手掌，“为了您的自身安全，建议您离开街道，进入室内。”

文中的“金属手掌”显然意味着警察并非普通人担任，而是某种机器人。这个设定在之前的剧情中从未提及，但在这里以这种不经意的方式呈现出来，乍一看有些奇怪，但读者立刻领会其意，产生惊喜之感。又比如，在心感人进入审查办公室的时候，有这样一句描写：

> 办公室的大门消融，一个四肢细长、脸色蜡黄的年轻人走了进来。

这里的“大门消融”又是一个不经意间呈现的设定。纵观全文，作者始终都没有解释这种通过“消融”而开启的大门选用的是什么材料，又到底基于什么机制，但这些其实并不重要。重要的是，通过这些点到即止的描写，小说成功地营造出了一种未来感和疏离感。

缺省式的设定呈现方式最大化地保证了小说叙述的连贯性和间接性。这并不是菲利普·迪克所独有的写作方式，很多科幻作家都使用过类似的方式。比如，海因莱因也是此中高手。在《来自地球的威胁》一文中，他在描述月亮城中的生活方式时，基本上只是抛出一个个奇特的简单词语，而不加任何解释：

> 当有旅行飞船到来时，我还要给那些来自地球的“土拨鼠”们做导游。……我们来到了航天港外的城区通道，我的一只脚刚踏上滑行道，她就停住了脚步。

确实没必要对这些设定进行解释，因为读者看到“滑行道”一词时，马上就可以在头脑中出现它的形象，而“土拨鼠”则直截了当地表明了月球人对地球人的态度。著名科幻编辑坎贝尔曾要求作家在写未来的故事时，应该假装他们是在给生活在未来的人而写的，也就是说，不需要对日常概念做任何解释，让惊奇场景在叙述中自然地生发出来。

对于初学者来说需要注意的是，这种直接抛出陌生名词或者奇怪场景的处理方式，要有所节制，不可滥用，否则也会破坏读者的阅读感，带来反效果。更重要的是，要给读者留下生动、可感的意象。如果只是抛出一堆自己生造的名词，不解释，也无法让读者形成任何意象，那还不如不用。比如一些科幻小说里大量使用“量子音乐”“量子麻醉枪”“量子波武器”等名词，我觉得就大可不必，因为它们无法形塑出具有惊奇感的意象。读者看到“量子麻醉枪”会产生什么画面呢？不外乎还是普通麻醉枪的形象，这一点儿也不“科幻”。

第五节　渐进式呈现

对于一些较为复杂的设定，或者与故事推进息息相关的设定，我们通常不能在一个节点上将其完全呈现出来，而是要采取分步的方式，渐进式地揭露设定的全貌。因为与故事的推进契合在一起，这种呈现的方式不仅显得更为自然，而且可以借助设定本身构造有力的悬念，增加故事的张力，往往会给读者留下深刻的印象。

《头环制造者》这篇小说有一个核心的设定——互传网络，就采用了渐进式的呈现方式。对于心感人，小说最早只是提到，他们可以扫描普通人的思想，但对于他们彼此之间能否互相感应，却并没有提及，或者说，被有意回避了。例如，心感人阿博德在对自己的一次抓捕过程进行陈述时，说到了以下的话：

> 弗兰克林是另一个心感人发现的，不是我。我被告知他朝我这个方向来了。当他走到我旁边时，我大喊他戴着头环。

第一次读这段话的时候，读者大概并不会觉得这有什么问题。这里首次在文中出现了两个心感人之间的交流，但对交流方式则是一笔带过。在通读全文之后，如果读者再次回读这段话，就会发现原来其中已经藏着设定的某些端倪。

作者第一次对这个设定做部分揭露的场景，出现在故事已经推进到三分之二的位置处。那时候，两个反抗者试图潜入瓦尔多议员的宅邸进行游说。两人间出现了这样一段对话：

> “有几个机器人守卫。”卡特放下了望远镜，“不过我担心的不是它们。我担心，倘若瓦尔多身边有个心感人，他会侦测到我们的头环。”
>
> “但我们不能摘掉头环。”
>
> “不能摘。若真有心感人，整件事会立马传得尽人皆知，心感人之间会互相传递思绪。”

这里第一次提到“心感人之间会互相传递思绪”，这也暗中对应了之前两个心感人在抓捕过程中互通消息的陈述。但是行文至此，这个设定仍然只被披露了一部分。例如，心感人之间思绪的传递，是点对点的，还是一对多的？有距离或者连接数的限制吗？诸如此类的很多设定的细节都没有揭示出来，因为它们和故事最终的走向息息相关——它们是故事的主人公完成最后一击的致命武器。

直到故事的最后一个场景，心感人阿博德和反抗者卡特对峙，作者才终于提及了“互传网络”这一概念。这个名词出现在两人的对话之中：

> 阿博德的眼睛快速转了转，“把它摘下来。我要扫描你——头环制作者阁下。”
>
> 卡特咕哝了一句：“你什么意思？”
>
> “我们扫描了你的几个手下，获取了你的样貌——以及你来这里的细节。我只身来此之前，通过我们的互传网络，预先通知了瓦尔多。我想亲自会会你。”

到这里，作者才第一次披露出心感人之间的互相感应是以网络的形式存在的。但小说在此并没有对这个概念继续深挖，进一步解释这种网络会带来的各种效应。直到故事最后，卡特和阿博德的对峙发生了惊人的逆转，作者才借卡特之口最终完成了这个设定的呈现：

> 阿博德发狂似的将莱姆枪深深地杵在自己的腹部，扣动了扳机。他被炸成千万碎片，纷纷扬扬地落了下来。卡特捂着脸，向后退去。他闭上眼睛，屏住了呼吸。
>
> 当他睁开眼睛的时候，阿博德已经消失了。
>
> 卡特摇了摇头，“太迟了，阿博德。你的动作不够快。扫描是即时的——而瓦尔多在范围之内。通过心感人的互传网络……而且即使他们没收到你扫描出的信息，他们也会继续扫描我。”

借助心感人的互传网络，卡特最终逆转了这场近乎压倒式的战斗。这让我们很容易想起刘慈欣的《三体2》。在那本小说里，作者也构造了一个复杂的设定——宇宙社会学，而主人公也同样借助它在小说结尾出实现了一次绝地逆转。读者不妨去仔细分析一下，在刘慈欣的笔下，这种复杂的设定是如何在不经意间进行铺陈，逐渐露出端倪，并最终被揭示出来的。

总体而言，渐进式呈现将复杂设定进行拆分，在不同位置分批交代，既避免了集中交代设定时容易出现的知识硬块，也让设定的呈现和故事的推进协同进行，因此通常用于那些与故事的悬念构造有密切关系的或是在整个设定体系中处于核心位置的终极设定。

最后，我们把本章提到的几种呈现方式做一个总结，如下表所示。

科幻设定的呈现方式

呈现方式	优点	缺点	适用设定
叙述式	直接、高效	打断故事进程	历史背景、复杂抽象体系
对话式	自然、融入故事	破坏对话的自然感	与人物视角或认知相符的设定
缺省式	连贯、疏离感	不宜密集出现	简单的、画面性较强的设定
渐进式	与叙事协同推进	低效	悬疑或终极设定

在实际的写作过程中，具体采用什么样的方式进行设定的呈现，是一个很复杂的问题，对于同样的设定，不同作家也可能会采取不同的处理方式。作家需要在自己的表达能力和读者的需求之间寻找一个平衡点，让自己可以更为舒服和流畅地将脑中构想的世界生动地传达给读者。

关于创作的部分，我们就结束于此。虽然本书的读者并不见得要从事科幻创作的工作，但创作一途可以让你更加深入地了解这一文类，知道作家在构思时大致经历了怎样的心路历程，特别是如何将设定、故事、人物和整体情绪捏合起来——要使其彼此融洽往往是很困难的。这样，以后我们在欣赏和研究科幻作品时，便有了一个新的视角，可以从创作者的角度来思考，作者为何要做出这样或那样的处理。比起单纯的读者来说，代入作者的思考逻辑，会给阅读带来别样的乐趣，同时也使我们有机会更加深入地贴近科幻作家的思维核心。

（本编撰写：刘洋）

第六编　关 键 词

科学狂人

“科学狂人”（mad scientist），常被称为科学怪人、疯狂科学家，更全面地说是科技狂人。科学狂人是西方科幻叙事作品中的常见角色，因为超前的科技想象总离不开科学家的存在。有学者认为，19世纪科幻可被视为“对工业革命社会剧变的两种意识形态的回应”，“实证主义者眼中的科幻英雄典范是科学家或工程师，比如儒勒·凡尔纳笔下的李登布洛克教授或塞勒斯·史密斯，而在浪漫主义者眼中，科幻反派的代表是疯狂（或邪恶）的科学家，比如歌德笔下的浮士德或玛丽·雪莱笔下的维克多·弗兰肯斯坦。”[1]可见，19世纪科幻中既有为人类福祉而追求真理、推动科技发展的正面科学家，也有脱离宗教或科技伦理轨道并滥用科技的狂人、怪人、恶人或局外人形象。后者对既有知识嗤之以鼻，受追求科学进步的雄心或执念牵引，为取得科技突破、改变世界，他们不惜突破宗教/世俗伦理和科技禁区，或牺牲人类利益。这类科学家即为科学狂人。有学者认为，“文学作品中有五类老一套的科学家形象”，即“邪恶的炼金术士，愚蠢的科学家，作为英雄、冒险家或救世主的科学家，不近人情的研究人员，不能掌握自己的发现的科学家”，其中“五类人物中有四类是不受欢迎的”。[2]在科幻电影中情况类似，犯错或邪恶的科学狂人形象同样令人印象深刻。但不可忽视的是，不管是在日常语用还是在科幻文艺中，科学狂人并非均倾向于负面，例如电影《回到未来》和《百变星君》中的科学狂人就非如此。

在现实中，每个时代都有自己的标志性科技革新；在科幻中，不同时代的科学狂人也有不同的执念、科学知识和技术手段。在中世纪、文艺复兴与人文主义时期，现实和传说中的科学狂人常与炼金术联系起来。19世纪，经典的科学狂人形象开始出现在文学中，这与当时的科技大发展息息相关。玛丽·雪莱小说《弗兰肯斯坦，或现代的普罗米修斯》创造了首个有影响力的科学狂人文学形象。在科学狂人所擅长的领域方面，“在19世纪后达尔文时代的科幻中……化学和生物学取代物理学、天文学，成为这一时期作品偏爱的领域……因为这些科学更容易唤起人们对实验出错的恐惧”。[3]在二战后，科学狂人又与核能联系起来。当代科学狂人则多来自生物医学或基因工程等领域。科幻中的部分科学狂人形象还有现实原型，例如法国小说《未来夏娃》中制造仿人机器人的发明家爱迪生。

从1910年代开始，科幻电影中的科学狂人形象借助银幕光影越来越凸显出来，反派角色越来越多：“他们从倒霉蛋和幽默大师变成了误入歧途的甚至是邪恶的家伙……这一时期的科技发现与发明开始具有了邪恶的弦外之音。”[4]例如，德国导演弗里茨·朗在电影《赌徒马布斯博士》和《大都会》中均塑造了邪恶的科学狂人形象。科学狂人及其技术、

---

1 罗杰·拉克赫斯特：《科幻界漫游指南》，由美译，北京：新星出版社，2022年，第33页。

2 R.D.海恩斯：《文学作品中的科学家形象》，郭凯声译，《世界科技研究与发展》1990年第5期，第27-40页。

3 罗杰·拉克赫斯特：《科幻界漫游指南》，第37-38页。

4 凯斯·M.约翰斯顿：《科幻电影导论》，夏彤译，北京：世界图书出版社，2016年，第67页。

实验室和造物成为当时恐怖电影中的重要元素。除以上作品，赫伯特·乔治·威尔斯的《莫罗博士的岛》、电影《弗兰肯斯坦》和《回到未来》系列以及动画片《瑞克和莫蒂》中均出现了典型的科学狂人角色。在外在形象方面，《大都会》《回到未来》《百变星君》和《瑞克和莫蒂》中的科学狂人有类似特征：中老年男性，白发散乱，牙齿参差不齐，穿着白色实验服，与试管和器皿打交道，在介绍科学成果时往往兴奋异常，有时会因实验而留疤或致残，等等。

“弗兰肯斯坦情结”（Frankenstein complex）和“世俗造物主的焦虑”等概念与科学狂人心理和伦理紧密相关。前者是艾萨克·阿西莫夫在小说《……汝竟顾念他》中提出的顾虑心理，意指人们害怕出自己手的“人造人”反叛的焦虑。从小说《弗兰肯斯坦》造人过程描述中可看出，弗兰肯斯坦内心处于科学狂人之兴奋与造人渎神之焦虑并存的复杂状态。“世俗造物主的焦虑”是弗兰肯斯坦等世俗造物主在渎神造人时的顾虑、焦虑与恐慌。在基督教文化中，人虽高于尘世万物，但未被赋予造人的权利。造人是科学狂人强烈而胆大的内在驱动，但却是僭越和渎神行为。

世俗造物主的焦虑和悲剧在西方文艺中不断出现。与之相应，科学狂人形象具有较强的西方科幻印记。一般而言，科学家形象往往与特定社会文化或创作个体对科技的态度相关，在社会迫切需要科技进步的文化语境或特定时代里，科学狂人形象的比重相对较低。例如，与西方科幻整体相比，20世纪80—90年代的中国科幻小说塑造了更多正面的科学家形象，因为人们推崇科技作用或社会迫切需要科技进步的文化语境并非孵化科学狂人的温床。

怪物怪兽

怪物怪兽在此包括科幻中的两种形象：一类是人形或类人的怪物，另一类是兽形或者类兽的怪兽。前者诞生于对人类形象的仿造和实验，例如失误的“人造人”，或源自人类的异化，后者则往往来自外星、史前、深海，或因科学实验、事故而生成。

怪物怪兽是贯穿现当代科幻历史的母题。从《弗兰肯斯坦》开始，类人怪物就常为科学狂人的孪生母题。在论著《自主性技术：作为政治思想主题的失控技术》中，美国技术哲学家兰登·维纳提出了“弗兰肯斯坦难题”（Frankenstein’s problem），即指科学狂人弗兰肯斯坦忽略了对造物的责任与义务，导致怪物问题难以收场，最终引发悲剧。在维纳看来，弗兰肯斯坦的怪物代表着可能会演变为怪物的技术造物。维纳借此呼吁人们重视科学发明的责任和伦理问题，而这种伦理问题也经常被科幻演绎。

科幻中的怪物怪兽形象众多，其出现原因至少有二：一是科学研究失误，这是导致怪物怪兽出现的最常见原因。部分科学狂人、科技企业或资本家的私心私利导致科学研究或科技应用“无禁区”，催生了怪物或怪兽，例如小说《弗兰肯斯坦》、电影《变蝇人》系列和《侏罗纪公园》系列中的怪物怪兽；科学实验泄露的生化污染物、病毒或辐射亦可能导致人或动物变异，如丧尸、僵尸等“活死人”般的变异人兽，或美国电影《狂暴巨兽》和日本经典《哥斯拉》系列中的巨型魔兽。二是社会和工业的快速发展导致人自身的异化和变形。例如日本电影《铁男》中主人公在交通事故后的“变形”。

如前所述，怪物怪兽可分为类人怪物和非人怪兽。类人怪物是奇幻或科幻文艺中以人为原型或出发点的怪物形态和类人奇观。类人怪物有时源于人之疏忽、托大或对伦理的漠视，有时又是人类对自身异化之恐惧的显影。类人怪物是人的直接镜像，催人反思现代科技、工业社会与人类命运的关系。随着生物和基因工程的发展，结合人与兽两种因素的类人生命或增强人类在当下更具前沿性。类人怪物主要有四种：传说中的人造人怪物，例如犹太教中的“泥人哥连”形象；科学技术的类人造物，例如《弗兰肯斯坦》中的怪物；人兽杂交的类人生命，例如《人兽杂交》中雌雄同体的德伦；人类异化成的怪物，例如“铁男”和“丧尸”等。

作为以兽形为基础的怪物，非人怪兽同样至少有四种类型：外星怪兽，例如“异形”“怪形”；史前怪兽，例如侏罗纪恐龙；巨型灵长类动物，例如“金刚”；变异的昆虫/爬行动物，例如《变蝇人Ⅰ》中与苍蝇基因结合而变成的怪兽；或深海怪兽，例如哥斯拉。它们常反抗人类入侵家园或威胁人类安全，与人产生激烈冲突。非人怪兽源自人类对神秘而未知自然的想象，或源自人类的过度欲望、失误或恐怖行为。它们经常成为自然力的化身或象征，给人类带来灾祸的同时，也会带来伦理警示，例如《侏罗纪公园》系列电影能令人重新思考人类与自身、生态和自然的关系。此外，它也可能是政治或战争创伤的艺术显影，例如电影《哥斯拉I》背后的核恐惧情结。非人怪兽并非纯粹地意味着危险或恐怖，有些怪兽或人兽接触中所展现的单纯情感，有时恰是人际交流所欠缺的，例如2005年版电影《金刚》中金刚与女郎互动的场景。银幕视觉化和特效提高了怪物怪兽母题在科幻电影和游戏中的重要性，成就了《金刚》这样的经典之作。

外星人

外星人，或曰外星生命（alien或extra-terrestrial life），意指地球之外的类人或非类人生命。电影《超时空接触》的女主角埃莉曾说，“宇宙那么大，如果只有我们，那也太浪费空间了”。在似无边界的宇宙中，人类至今尚未确凿发现外星生命，因为找到类地行星或在其他星球上寻得孵化生命所需的液态水均非易事。但人们也不愿相信外星生命根本不存在，埃莉和《宇宙探索编辑部》中的唐志军更是孜孜不倦地寻找外星生命。这种认知模糊性和“费米悖论”（Fermi paradox），即过高估计地外生命存在可能与缺乏确切证据之间的悖谬，为人们的外星生命想象释放了空间。

外星生命不仅是惊奇想象，也是人类镜像。外星生命可分为类人和非类人生命。实际上，外星生命想象古已有之。西方对月球上存在生命可能性的探索和想象至晚始于17世纪，德国天文学家约翰尼斯·开普勒在《梦》中将月球上的“原住生命”描述为居住在洞穴和岩缝中、只在白天短暂现身的生物。法国哲人伏尔泰在《微型巨人》中讲述了天狼星的巨人来访地球并与人类讨论哲学问题的故事。关于太阳系以内外星生命的早期科幻作品在19世纪发展起来，最常见的外星生命形式为月球和火星生命。在威尔斯的《世界大战》中，章鱼似的火星人拥有强大武器，但也有致命弱点，最终被小小的细菌打败。类似情节也出现在电影《火星人玩转地球》中，杀伤性极强的火星人在听到特定音乐后爆脑而亡——作家或编剧们可以信马游缰地想象外星人的威力，但并不见得知晓如何利用有逻辑的技术方式去“终结”它们。在早期地外生命想象中，外星生命大多具有类人外观。在20世纪上半叶的科幻漫画里，亦常能看到与人类似的外星人形象，只是被“涂成了绿色或蓝色，额头上长出了突变的触角，偶尔还会多长出一对胳膊腿”。[1]虽然外形千奇百怪，但部分外星生命并没有显露迥异于人类的内核，而是“看起来更像是穿着奇装异服的人类”。[2]

相对于人类而言，科幻中的外星生命可扮演众多角色，它们在与人类的关系中也扮演不同角色：侵略地球和人类的异族，这是早期外星人叙事的常见角色，例如在威尔斯小说《世界大战》、电影《火星人玩转地球》和《独立日》中的外星人；残杀人类的外星怪物，这些怪物与入侵者类似，但尚未对人类整体存亡造成威胁，例如在电影《异形Ⅰ》和《怪形I》中的怪物；偶到地球却影响深远的“路边野餐者”，例如苏联作家斯特鲁伽茨基兄弟的小说《路边野餐》讲述了外星人来访后对地球环境以及人性产生的影响；黑暗丛林里的猎人，例如在小说《三体》里的各种宇宙文明；未怀恶意或者能引发同情的外星来客，例如在电影《E.T.外星人》中的外星“萌兽”；人类始祖的可能性选项，或曰人类生命的工程师，例如在电影《普罗米修斯》中的白色巨人；外星“世外桃源”中的类人生命和被掠夺者，例如在电影《阿凡达》中的纳美人；外星另类智慧生命，它们作为参照物能让人类更好地反观自身，例如在电影《飞向太空》和《降临》中的智慧海洋和七肢桶；难以探明的遥远外星智慧体，例如《超时空接触》中的外星智慧；来自外星的正义维护者或人类朋友，例如《超人》中的超级英雄和变形金刚系列的汽车人。

人类需要他者和镜像，它可能是类人怪物或非人怪兽，也可能是外星人。外星生命往往能映射人的心理、人性，甚至成为人类及其社会和政治关系的隐喻。在《火星人玩转地球》中，有虚伪懦弱的总统，又有沉浸在冷战思维中的好战将军；观众既可在《普罗米修斯》中看到希望永生的资本家，又可在《阿凡达》中看到遵从利己主义的人类对外星的侵略。科幻外星生命想象也可能是时代精神的显影，例如19和20世纪之交的外星生命想象部分映射了当时的种族观念，电影《肉体掠夺者》则反映了1950年代意识形态差异造成的不信任和恐惧。

1　罗恩·米勒：《外星生命简史：人类400年地外生命探索与想象全纪录》，罗妍莉译，北京：北京联合出版公司，2018年，第145页。

2　罗恩·米勒：《外星生命简史：人类400年地外生命探索与想象全纪录》，第151页。

机器人

“Robot”概念源于捷克作家卡雷尔·恰佩克的剧作《罗素姆的万能机器人》，在捷克语中原意为“劳役”。在当今技术现实中，robot并不具备“机器人”的字面之意，而是自动机器、“人形机器”或“仿人机器”。在科幻文艺中，robot与外星人、怪物等类似，都是极具传统的类人和他者形象，并主要分为两类：一是如果它在外形、智能和情感等方面具有仿人特性时，则类似于“android”（类人机器人）、“humanoid”（人形机器人）、“hubot”（人机器）、“芯机人”等概念，实际上是程度有所差异的类人机器人；二是如果它缺少人形、缺乏人性、不具人情、没有人智，就更像是自动机。但后者经常难以进入人文讨论，人文领域更关注仿人或类人属性凸显、能与人类和人类社会建立情感或伦理关联的机器人。

在当代机器人成为技术现实两千多年前，与人的自我认知紧密相关的仿人机器人就已开始出现在西方神话、传说、构想、哲思和文学作品中，automaton（仿人自动机）和android等说法早已有之。早期机器人先是忠实地代人从事重复劳动，然后助人认识自我，最终在技术反思中成为陌生它者和隐患所在。19世纪，早期机器人叙事开始出现在现当代文学中，例如德国作家E.T.A.霍夫曼的小说《沙人》、美国作家爱德华·埃利斯的小说《大草原的蒸汽人》、阿根廷作家爱德华多·洪博特的小说《奥拉西奥·卡里邦和仿人自动机》和法国作家利尔·亚当的小说《未来夏娃》以及美国作家安布罗斯·比尔斯的小说《莫克森的主人》等。

进入20世纪之后，“现代机器人小说之父”艾萨克·阿西莫夫让机器人叙事更受关注。在短篇小说《转圈圈》中，他提出了广为人知的“three laws of robotics”：一、机器人不得伤害人类,或坐视人类受到伤害；二、除非违背第一法则,机器人必须服从人类的命令；三、在不违背第一、二法则情况下，机器人必须保护自己。这种“机器人一禁二须”并非类似于物理定律的、不以人之意志为转移的客观定律，而是人给予机器人的“行为法则”和“伦理紧箍咒”。鉴于此，“three laws of robotics”并非“机器人三定律”，而是“机器人三法则”[1]。理论上讲，任何科幻作家都可尝试为机器人制定法则，例如手冢治虫在《铁臂阿童木》中就提出了迥异于阿西莫夫“三法则”的“机器人法”。此外，遭遇人性的阿西莫夫“三法则”并非无懈可击，关于其内部逻辑的思辨催生了电影《机械公敌》等重要的机器人叙事作品，特别是当第一、二法则发生冲突时，例如机器人为了保护人类而违背人类命令。在20世纪的科幻作品中，机器人既可能是忠实奴仆，又经常成为反叛造物，并在《西部世界》电影版和《终结者》系列中与人类展开生存之争。值得注意的是，东西方文化中的机器人想象的差异在20世纪下半叶开始显现出来。例如，

1　亦有学者重视“three laws of robotics”背后潜存的基督教文化背景，即从神与人、人与机之间造物主与造物的类比关系视角出发，同时受“十诫”说法启发，认为“three laws of robotics”也可译为“机器人三诫律”。

日本社会在战后形成了愿景式的乐观机器人文化，《铁臂阿童木》等科幻动漫作品对此有直接影响。

进入21世纪后，西方机器人恶托邦叙事带来的审美满足感和认知新奇感已经日渐降低，机器人叙事进入“日常科幻”时代，日常生活空间中的人机协存和伦理纠缠成为新热点，人机日常叙事的欧美代表性作品包括伊恩·麦克尤恩的小说《我这样的机器》、美国电影《机器人与弗兰克》和石黑一雄的小说《克拉拉与太阳》，中国代表性作品包括阿缺的《格里芬太太准备今晚自杀》和宝树的《妞妞》。这类人机日常叙事既是近年来人工智能热潮的产物，也是科幻与时代对话的结果。

人们还经常将机器人与智能机器、数字生命和其他模仿机器（如机器猫或机器狗等）联系起来。以智能机器为例：它们不再像18和19世纪的早期机器人技术那样去追求对人类外形的模仿，而是人类理性和逻辑的化身，同样成为人的镜像与参照物，著名科幻形象有《2001：太空漫游》中的Hal-9000和《流浪地球》中的Moss，但两者都演化为反叛机器。在跨学科的讨论中，机器人与智能机器、AI本身都经常被共同讨论，有时也会被等同视之。近年来，大众媒体和学术界将无实体的AI程序称为机器人的做法仍很常见，例如聊天机器人。数字生命则主要是基于数字技术的仿人生命，它追求对人类生命（特别是意识、情感和记忆）的拟态，例如《流浪地球》中得以永生的图丫丫和《云端情人》中的电脑程序女友萨曼莎。此外，广义上的机器人也包括“变形金刚”以及人机合作的“机甲”。

超级英雄

超级英雄（superhero）是具有某种超能力和使命感、能从困境中升华成为英雄并伸张正义的泛科幻虚构角色。超级英雄有多种“出身”，他既可是“天选之子”，例如《超人Ⅰ》中的超级英雄就是外星来客，也可能是平民中成长起来的英雄，例如《蜘蛛侠I》中的高中生彼得·帕克。

虽然日本科幻中也有阿童木和奥特曼这样的经典超级英雄，但多数广为人知的超英角色出现美国漫画和影视中。超级英雄往往先在漫画迷中成名，然后通过好莱坞电影获得更大影响。1938年，“超人”在漫画中成为首个经典超级英雄。从1990年代起，通过电影、电视和游戏工业，超级英雄逐渐成为流行文化造就的新神话和人们的集体记忆。《超人》和《蜘蛛侠》这两部电影具有里程碑的意义。前者让超人形象变得家喻户晓。在电影中，超人平时看似懦弱的腼腆记者，但在危难时刻就会变成伸张正义的超级英雄。他健硕的身躯、正气凛然的气质和惩治邪恶的画面令人印象深刻。在《蜘蛛侠》中，彼得本是父母双亡、生活窘迫、情场失意的年轻人，成为蜘蛛侠之后不仅更加重视亲情、友情和爱情，也坚定了“能力越大、责任越大”的信念。

进入21世纪，超级英雄角色在全球大众文化中变得更加流行。除了超人和蜘蛛侠，蝙蝠侠、神奇女侠和正义联盟以及钢铁侠、美国队长、雷神、绿巨人、复仇者联盟、神奇四侠等都具有较高知名度。在这一母题发展史早期，超级英雄均是美国白人男性形象。随着时代发展，美国超级英雄文化在保障自身内核前提下不断吸纳借鉴其他文化，英雄形象变得日益多元，非裔和亚裔超级英雄均已出现，女性超级英雄角色（superheroine）也变得更引人关注，例如电影《惊奇队长》将在漫画界活跃已久的第七代惊奇队长卡罗尔·丹弗斯搬上了银幕，原籍尼日利亚的科幻作家尼迪·奥科拉弗发布的舒莉系列也广受关注。

“超人”和“蜘蛛侠”等超级英雄受欢迎，不仅因为他们在影片中借助超能力弘扬正义，还在于他们在特定政治或社会心理语境中抓住了人心。首先，个体乃至社会需要从超级英雄那里获得安全感，例如，超级英雄可以在面对战争、犯罪、恐怖主义或核弹威胁时扮演救世主的角色。在二战期间，身穿着蓝红色制服的超人被塑造为美国爱国主义的象征，可与敌对势力战斗，甚至在1940年漫画中逮捕了希特勒。其次，普通读者或观众还能从超级英雄那里学会怀抱希望，汲取应对逆境的力量，这在“蜘蛛侠”的成长故事中尤为明显。可见，超级英雄有时也是人们内在需求的化身和时代精神的棱镜。

生命工程

生命工程（life engineering），简言之，是对有机生命的维护、改造或加强的工程。在科幻中，生命工程指通过科技手段而进行的人体（或动、植物体）改造、复制或再造活动，与之相应的是现实科学中的生命科学、生物和基因工程等技术。与人相关的生命工程催生了克隆人、仿生人、基因改造人和生物强化人等科幻形象。这类关于生命工程的叙事指向了“何以为人”“人之边界”和自我找寻的哲学追问和存在状态。与科幻中的太空旅行、星际战争等相比，生命工程是更具现实基础的“硬科学”。赛博格同样可被视为生命工程的结果，只是赛博格更强调控制论机体、人机混合体的存在，而生命工程经常偏重于生物、基因与医学，并不局限于人。

生命工程既关乎人类个体的权利、尊严以及人之为人的核心问题，也牵涉人类社会整体的生命正义。当生命工程进入科幻叙事，自然成为重要话题。尽管它看似前沿，但实际上它也是科幻文艺的传统类型。在19世纪的科幻文艺中，《弗兰肯斯坦》和威尔斯的经典小说《莫罗博士的岛》都以生命工程和科学狂人为主题。新世纪以来，生命工程越来越成为当下科幻与现实中的热门话题，同时它也符合加拿大科幻作家杰夫·瑞曼在新世纪之初主张科幻界应更关注“地球事务”的呼吁。

在生命工程及其“人造生命”类叙事中，故事往往源于对人之增强或极限的探索，因为这种探索是人类长久以来的梦想，或源于科学狂人研究和行为突破伦理禁区。这两种因素在《弗兰肯斯坦》以及电影《人兽杂交》中均有体现。科技公司、资本家在科学研究中的私心私利和过度欲望都会引发生命工程事故，例如在《变蝇人》《侏罗纪公园》和《异形》系列中，科技公司或资本都扮演了重要角色。有的生命工程科幻叙事源于以技术为手段的权利角力，即某个群体（性别）希望借助生命工程实现对另一群体的控制。例如，在美国作家艾拉·莱文小说《斯戴佛的妻子们》中，斯戴佛小镇的女人都是无限顺从、尽职尽责的“完美妻子”，这映射了当时的美国女权主义运动及男性的相应焦虑。在其2014年版电影改编《复制娇妻》中，女科学家克莱尔杀死了不忠的丈夫，并用机器人技术复制了他，以确保两人能永远在一起。她还依靠芯片植入大脑技术将小镇上的其他女性改造成顺从妻子，构建了斯戴佛这个夫妻关系和谐的小型科技乌托邦。但这看似人间乐园的景象被拒绝接受改造的女主角乔安娜所打破。电影结尾显示，男性反被“洗脑”，一个性别反转的“新乌托邦”出现了。

这些与人类自身息息相关的生命工程议题，自然无法绕过科技和生命伦理的拷问。越轨的生命工程可能引发严重后果，例如从技术上可能会催生类人怪物，或被企图加以控制的怪物反噬。在《人兽杂交》中，科学家一方面追求科技突破，另一方面又没有坚定的科研伦理意识，这导致他们忽视了人兽杂交体的未知性及其技术和伦理风险。此外，王晋康小说《豹人》探讨了人与动物基因融合造成的身份和伦理问题。缺乏伦理有效约束的生命工程还可能造成社会或个体生命的不公平现象。电影《千钧一发》勾绘了基因歧视造成的黑暗未来。从人出生那刻起，一滴血就能泄露个体寿命、健康、死因以及疾病发生率等重要信息，因而基因代替人种、肤色、贫富和性别，成为引发歧视的关键因素。

此外，电影《超体》、《升级》以及小说《别让我走》等作品是关于人体改造或再造的当代科幻代表作。动物体方面，著名案例是《侏罗纪公园》系列，科学家和科技资本家企图扮演上帝角色、通过基因工程重启恐龙世界的尝试以失败告终。在植物生命工程方面，2021年的中国电影《重启地球》提供了较新案例：科学家为治理地球沙漠化而在植物中注入超级生长素，但实验室事故导致植物生长成为巨型地下怪物，并大规模攻击地表，人们面临疯狂植物版的“灭球之灾”。

乌托邦

乌托邦在希腊语中本意为“乌有乡”，它多被理解为美好的、理想化的政治社会图景，但并非真实的既定存在。“乌托邦”概念发端于英国政治家和作家托马斯·莫尔的名著《乌托邦：关于最完美的国家制度和乌托邦新岛的既有益又有趣的金书》，该书以旅行者（原世界与新世界之间的中介人）见闻为基础，勾绘了一个理想化秩序的岛国，为后来的乌托邦叙事树立了典范。

乌托邦和科幻都有浓厚的世界拟构和思想实验色彩，两者交集甚广。文学理论家詹姆逊和苏恩文都重视科幻与乌托邦之间的亲缘关联。例如，苏恩文在为科幻建构谱系、溯源时指出，“严格而确切地讲，乌托邦小说是科幻小说的一个亚文类。但同时，乌托邦小说又不仅如此——它也是科幻小说最正式和最重要的一位意识形态先祖”。[1]在现当代科幻出

1 达科·苏恩文:《科幻小说面面观》，郝琳等译，合肥：安徽文艺出版社，2011年，第163页。

现前，奇异旅行与乌托邦之旅就经常重合。

传统乌托邦建基于社会经济想象，而科幻叙事的性质决定了它可以天然地勾绘由科技参与、主导建制或催生的乌托邦世界。不少科幻作品都具有乌托邦元素，多数重要科幻作家笔下都有乌托邦叙事。借助科幻为乌托邦注入新的活力，乌托邦“在科幻领域……变成了与古典乌托邦很不相同的东西”[1]，例如科幻提供的能量拓宽了传统乌托邦的想象空间，其视域既可局限于小镇，也可远超孤岛乃至地球，并实现了乌托邦叙事中探险者到科学家的角色转换。

现当代科幻与乌托邦紧密结合的典型产物可被视为科幻式乌托邦叙事，它在19世纪就已引人关注。在科幻与乌托邦交集的最中心位置，是崇尚和笃定科技在未来世界建构中核心作用的技术乌托邦叙事。爱德华·贝拉米小说《回顾：2000—1887》讲述了生活在19世纪的主人公韦斯特在2000年苏醒后的见闻。沉睡百余年后，他面对的已是因为科技发展而改天换地的乌托邦式波士顿。技术乌托邦想象的范例还有威尔斯《现代乌托邦》和《未来事物的面貌》等小说中的“世界国”想象以及叶永烈的中篇小说《小灵通漫游未来》中的“未来市”想象。此外，苏联作家伊·安·叶弗列莫夫的小说《仙女座星云》也勾绘了科技发达的共产主义未来世界。在跨学科视域下，作为未来想象和发展信念的“技术乌托邦主义”（technological utopianism或techno-utopianism）并不限于科幻范围内的世界拟构，也可能是技术专家或未来学家等群体的未来推想信念。

20世纪的人类集体灾难和科技威胁压抑了文人和艺术家想象美好世界的能力，恶托邦或曰敌托邦、反乌托邦逐渐流行起来。恶托邦意味着走向反面的、讽刺性的、失序的乌托邦。在美国作家乔治·斯凯勒的《不再有黑色》中，白人和黑人因为科学家改变皮肤色素沉积的方法而变得无法再区分开来。但这种医疗科技的普及并未实现人类解放，而是在当时历史语境中导致了美国社会的崩溃。叶甫盖尼·扎米亚金的《我们》、奥尔德斯·赫胥黎的《美丽新世界》和乔治·奥威尔的《1984》被称为“反乌托邦三部曲”。例如在《美丽新世界》描述的政治和科技未来中，人性被扭曲，人在高科技社会中成为被操控的个体，“美丽新世界”成为辛辣的讽刺。此外，《终结者》《黑客帝国》等作品描绘了科技反噬而直接催生的黑暗图景，是典型的技术恶托邦叙事。

此外，科幻式乌托邦有时也包括女性（主义）乌托邦和生态乌托邦。“女性（主义）乌托邦”（feminist utopia）的核心问题是在乌托邦式世界拟构中对女性社区或两性冲突的讨论，代表性作品包括厄休拉·勒古因的《黑暗的左手》和苏西-麦基·恰尔纳斯的《母系》。“生态乌托邦”（Ecotopia）概念来源于欧内斯特·卡伦巴赫的同名小说，顾名思义，是与生态相关的乌托邦叙事，相关科幻作品体现了科幻在20世纪后半期对生态问题的参与和讨论。当下，“后人类”和“（后）人类世”正不断激发着人们的想象与讨论，相关

1 爱德华·詹姆斯、法拉·门德尔松：《剑桥科幻文学史》，穆从军译，天津：百花文艺出版社，2018年，第390页。

（反）乌托邦想象也值得继续关注。

末日灾难

灾难叙事作品可分为现实和科幻灾难叙事。前者以历史真实灾难为基础，例如《泰坦尼克号》。后者则通过前瞻性的科学幻想和更自由的世界构建，在更大的时空尺度上塑造和反思人类正在或可能面临的灾难，重要作品如科幻电影《后天》、《2012》和《流浪地球》。灾难叙事并非科幻专属，但科幻在灾难叙事方面却有不可替代的作用，这既体现在更宏大的时空尺度、技术加持的视觉奇观，也体现在前瞻化的道德反思、对人性的折射以及对现实的影响。同时，末日叙事（Apocalyptic narrative）可以让人类瞬间面临灭顶之灾，给人带来更大冲击。例如，《后天》等"气候叙事"（cli-fi）不仅能让观众受到视觉和内心震撼，也能激发观众的环保意识，提醒各界更加关注气候变化和全球变暖问题。

灾难叙事在科幻文艺早期就已是重要类型，多呈现为末日灾难想象，它又分种族末日和世界末日想象。早在19世纪初，让-巴蒂斯特·库赞·德·格兰维尔和玛丽·雪莱就分别创作了叙事诗《最后的人》和小说《最后一人》。在《最后一人》中，人类于22世纪因全球性瘟疫而走向灭亡。类似的末日想象也出现在阿鲁修·阿泽维多的《魔鬼》等19世纪末拉美文学作品中。在20世纪中后期，科幻灾难叙事渐成气候，诞生了沃德·穆尔的《比你想象的更绿》、乔治·斯图尔特的《地球在忍受》和约翰·克里斯托弗的《冬天的世界》等著名小说。21世纪以来，随着生态忧患意识的增强以及数字技术等电影工业技术的发展，灾难叙事的影视化蓬勃发展，《2012》等好莱坞商业大片应运而生，末日灾难叙事成为令人震撼的银幕奇观。

科幻能构建无数种未来的世界，也可能构建无数种世界毁灭的可能。科幻中设定的（末日）灾难可能源自宗教天启、外星撞击及其他宇宙灾害（如太阳系灾情）、外星或恐怖分子入侵危机，也可能源自能源危机、自然灾害、气候危机、生化灾难（例如核弹或病毒危机）等等。例如，《人类之子》《后天》等灾难片讲述的是环境污染、温室效应等人类自身作为而导致的灭种威胁，《日本沉没》和《流浪地球》等科幻片中灾难起因则是不可抗拒的地球或太阳系恶变。2002年，荷兰科学家保罗·克鲁岑提出关于人类活动对地质影响的"人类世"概念，进一步激发了关于人类行为对地球和自然之影响的讨论。相应地，人们关于气候、灾难乃至末日的科幻想象即便没有增加，也完全没有理由停止。例如，在德国作家弗兰克·施茨廷的小说《群》中，人类活动影响到了海洋生态，神秘的海底群体智能做出回应，而人类只有合作才能找到问题答案并展开反思。

科幻灾难叙事往往是宏大叙事与个体命运的结合。一方面，科幻电影中的灾难叙事经常表现为宏大叙事，依靠特定的美学诉求和特技效果，让观众身临其境地感受地球家园和人类整体的命运。另一方面，灾难叙事虽讲述群体命运，但往往从个体命运和人性出发，营造个体挣扎求生与人类灾难命运同行共振的场景。在灾难叙事所勾绘的末世废土中，又有曙光隐现，个体的劫后重生承载了人类的未来希望，这既是人类火种不灭的底线，也是观众带着心理震撼和“净化”（catharsis）离开“末日体验”的起点。

同时，科幻末日灾难叙事是人类社会集体焦虑的投射。因此，灾难想象多具有社会文化特征，能折射出不同文化面对灾难的态度：《流浪地球》中的保护家园意识、大无畏的牺牲精神、乐观主义态度都具有中国文化特色，影片弘扬了人类在灾难面前应该消除隔阂、摒弃成见，构建人类命运共同体；《日本沉没》体现了日本社会的岛国焦虑和忧患意识；美国灾难叙事中则经常出现个人英雄主义以及对政治和政策的批评或反思。

此外，末日灾难叙事还有一种重要分支，即“后末日叙事”（post-apocalyptic fiction）。它主要讲述废土（wasteland）上的劫后余生，新世纪以来的代表性作品包括电影《人类之子》、《机器人九号》、《掠食城市》和《芬奇》。与之相关的还有“劫后无生叙事”，例如在《爱、死亡和机器人》第三季短片《三个机器人：退场策略》中，透过机器人在末世废土中对人类灭亡原因和状况的调查，人性和阶层分化都被回构出来。

时间旅行

时间旅行（time travel），即超出线性时间常态的时间逆转或跳跃。在物理学中，时间旅行已有爱因斯坦相对论视域下的超光速运动以及基普・索恩的虫洞和时间机器等理论假设。以前者为例：如果人的运动速度趋近于光速，则时间对于他来说就趋于停滞，如果时间超过光速，那时间对他来说就会回拨。虽然时间旅行在当下仍停留在理论假设，但人们的确热衷于幻想时间旅行。实际上，科幻叙事本身也可被视为时间思想实验。从宏观上讲，几乎所有科幻想象都是广义的时间旅行，没有时间推移或错位，就不易构建替代世界。从微观上讲，科幻时间旅行是对时间客观规律和时间社会标准化的克服，是更改既定情境、开启另类经历的重要方式。

时间旅行科幻叙事可与中国当代文艺语境中的“穿越剧”类比，两者既有交集，又有差异。时间旅行可分“硬穿越”和“软穿越”：硬穿越“在意穿越的工具和方法，有着扎实的科学理论依据，故事能根据科学基础自圆其说。讲究科学的穿越方法论，思维严谨、认真，是理性主义的穿越……硬穿越多为科幻电影，或所谓的‘高智商烧脑电影’。”[1]硬穿越代表作包括《时间机器》和《回到未来》系列，其穿越主要基于科学技术，例如各类时间机器、超光速飞行或太空船等。而软穿越则“不在意穿越的机制与原因……着力于穿越者原有的身份符号、思维习惯、世界观、价值观等属性，是怎么和新世界发生冲突的，是浪漫主义的穿越……软穿越电影多为喜剧或浪漫爱情片。”[2]软穿越更像是奇幻式穿越，往往通过缺乏科技依据的途径：睡眠、催眠、醉酒甚至遭受脑部重击等。两种穿越在一定

1 娄逸：《时间与旅行：穿越电影中的时间晶体与文化之镜》，《电影新作》2016年第3期，第46页。

2 娄逸：《时间与旅行：穿越电影中的时间晶体与文化之镜》，第46页。

程度上可成为科幻与奇幻的差异点，但不可否认的是，“软穿越”在19世纪的欧洲、美国和拉美早期科幻文学中，时间穿越就频频出现。以拉美文学为例，当时已出现福斯福洛斯·塞里洛斯的小说《1970年的墨西哥》和华金·菲利西奥·多斯·桑托斯的小说《写于2000年的巴西历史篇章》等作品。

科幻中的时间旅行叙事可分三类：一是回到过去，以某种方式见证或改变历史，例在马克·吐温的小说《亚瑟王宫廷的康涅狄格美国佬》中，19世纪的美国人汉克·摩根阴差阳错回到了6世纪的亚瑟王时代，在取得亚瑟王信任后，尝试开始工业和民主革命，从而改变世界。二是前往未来，经历个体、人类或社会的变化，例如爱德华·贝拉米小说《回顾：2000—1887》、威尔斯小说《时间机器》以及叶永烈小说《小灵通漫游未来》。在《时间机器》中，时间旅人（time traveller）借助“时间机器”进入“第四维度”（即时间），在公元802701年的未来见证了人类的退化。三是从未来回到现在，例如《哆啦A梦》中的机器猫来自22世纪。部分科幻作品，例如《回到未来》系列，兼具不同的时间穿越去向，也有部分作品中出现了反复的时空穿梭。英国电影《有关时间旅行的热门问题》不仅以时间穿越为故事线，还让角色讨论时间旅人、时间机器、时间裂缝（time leaks）、时间犯罪（time crime）、外祖父悖论（grandfather paradox）、混沌理论（chaos theory）、时间重置（time reset）和平行宇宙（parallel universe）等一系列与时间旅行相关的话题。在20和21世纪的影视作品中，时间旅行和时间机器被更多人所熟知。《回到未来》系列中的时间穿越车以及《哆啦A梦》中的时光机已成为一代人的集体记忆。

在科幻中，时间旅行可能引发的后果包括参与未来社会生活、改变个人宿命或者改变历史进程等。相比面向未来的时间旅行有广阔的想象空间，回到过去的时间穿梭更容易面临叙事或逻辑问题，例如与既有历史产生冲突，或者触发逻辑问题。以“外祖父悖论”为例：假如一个人可乘坐时间机器回到母亲出生之前，阻碍外祖父母结合或杀死了他们中的一人，那此人的母亲也就不会出生，那他又如何出生、并通过时间旅行去完成这场谋杀呢？这种逻辑问题在科幻电影中得到关注，但有时也被忽略。在《回到未来I》中，主人公马蒂穿越到父母认识前，拒绝了未来母亲的示爱，极力撮合她与未来父亲结合，以避免拦截了自己的出生；但他也鼓励懦弱的父亲反抗霸凌，逆转了父亲的人生轨迹，在此干预了个体的命运。为避免引发时间旅行悖论，物理学家史蒂芬·霍金在《时间简史》中提出了两种方案：一是“遵循既定历史路径”，即时间旅行者不能自由行动，不能改变既定历史；二是“开启或然历史假设”，即时间旅行者回到过去后可自由行动，但他随后进入的是与既定历史不同的另外历史时空中。

时间悖论是不少科幻作品的逻辑红线，其中不乏大致符合霍金“遵循既定历史路径”方案的例子。在雷·布拉德伯里小说《一声惊雷》中，时间旅行者意外踩死一只蝴蝶，由此引发的“蝴蝶效应”造成了人类发展进程的巨变，唯一解救方案就是回到事故前避免蝴蝶被踩死。部分科幻叙事会塑造“时间警察”角色，旨在避免时间错乱和外祖父悖论，或

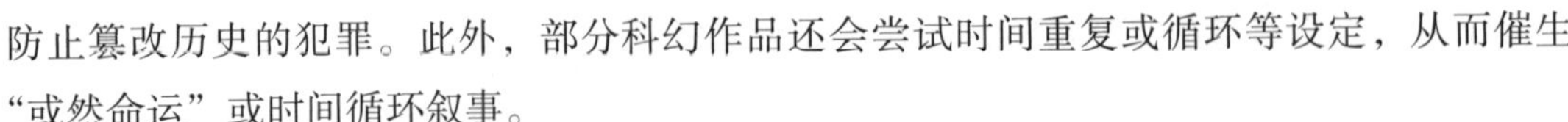

防止篡改历史的犯罪。此外，部分科幻作品还会尝试时间重复或循环等设定，从而催生“或然命运”或时间循环叙事。

或然历史

“或然历史”（alternate history）叙事，或曰“替换世界”或“架空历史”叙事，在泛科幻领域亦很常见。或然历史是对既定历史的解构、颠覆与替代。历史具有偶然性，某个因素的变化，或会导致不同的历史进程。或然历史叙事以“What-If”为根基，对历史做虚拟式推想和思想实验。或然历史叙事“探索了历史的分岔点，即历史在某个岔路口走向不同方向的问题”，从而得以“另辟蹊径地理解当代社会”。[1]优秀的或然历史作品并非对历史做漫无边际的改编或戏说，而是依靠合理的叙事和逻辑，解构既定历史，通过世界拟构和思想实验的方式促使人们从另一个角度重新审视历史和当下。

在由历史学家J.C.斯奎尔1931年编辑的随笔杂文集《如果事情不是这样》中，核心历史事件可能会产生的不同后果、结局成为推想实验的对象。读者仅从文集标题中就可窥见或然历史主题的出发点。二战后，或然历史叙事逐渐发展起来，代表性文学和电影作品包括菲利普·迪克的小说《高堡奇人》、沃德·穆尔的小说《迎禧年》和日韩电影《2009迷失记忆》，前两部的历史分岔点是战争，即基于“如果轴心国赢得二战”“如果南方联邦赢得美国南北战争”的历史假设展开演义，后一部则是基于历史事件，即基于“要是安重根未能击毙伊藤博文会怎样”的历史假设展开推想。

20世纪80年代兴起的“蒸汽朋克”是或然历史与科幻文艺结合的典型代表。基于某种技术革新，蒸汽朋克叙事多是对十九世纪英国维多利亚时代或类似历史时空的重构。威廉·吉布森和布鲁斯·斯特林的《差分机》和保罗·迪菲利波的《蒸汽朋克三部曲》是蒸汽朋克的代表作。前者讲述了查尔斯·巴贝奇的“蒸汽差分机”让信息革命提前到来、英国乃至世界历史被改写的故事；后者用克隆替身取代维多利亚女王，戏谑地解构和重构了维多利亚时代。由刘宇昆同名短篇小说改编的动画短片《狩猎愉快》则将以山东为背景的聊斋奇幻世界与以香港为背景的蒸汽朋克世界结合起来，狐狸精的后代获得机器之神，得以在蒸汽朋克的城市森林里继续狩猎。

“或然历史”属于政治与社会历史推想，“或然命运”或“时间循环”叙事则指向了个体命运，它基于“事情如果可以重来”展开命运推演：在此类叙事中，与个体相关的事件发展呈现出多种可能性，并导致不同的结局或命运。事件的每次细微变化都会牵一发而动全身从而引发“蝴蝶效应”，造成个体命运的偏离和各种可能性的平行并置。或然命运代表作包括波兰电影《机遇之歌》、德国电影《罗拉快跑》、美国电影《蝴蝶效应》等。在《罗拉快跑》中，主人公罗拉为帮助男友避免黑帮报复，不得不在短时间内拿到十万马克。

1　戴维·锡德：《牛津通识读本：科幻作品》，邵志军译，南京：译林出版社，2017年，第113页。

为此，她如电脑游戏角色般经历了三种不同可能性，每一种可能结束，时间便回到原点，故事以另一种方式重新开始。相应地，她也经历了三种不同的结局。

与或然命运相关的科幻概念还有“平行宇宙”，即与此在世界平行共在或有交集的存在世界。物理学家谈论平行宇宙或多重宇宙（multiverse）产生和存在的理论可能，科幻则赋予了它可被感知和可以参与的故事设定。科幻中的平行世界可能类似于主人公的原存宇宙，也可能与之迥异。例如，在电影《瞬息全宇宙》中，主人公伊芙琳既可以通过“宇宙跳跃”进入与主宇宙相似的平行世界，化身巨星等角色，也可以在不适合生命生存的异世界中化身巨石，可谓一念一世界，处境万变。科幻中的多个平行世界也可能在特殊情况下产生交集，例如在电影《彗星来的那一夜》中，八个人在不同的平行宇宙与自己和朋友的其他存在体交错缠绕，主人公艾米甚至企图杀害另一个自己以取而代之，进入她认为更美好的那个世界。

异域探索

在科幻史前史以及早期科幻史中，“异域探索”长期都占据核心地位。在早期乌托邦叙事中，也常采用奇异旅行或异域探索的形式。科幻中的异域探索，有时是被动地进入异域，例如被逼无奈逃亡或误入歧途，有时则是主动的异域探索，例如宇宙殖民、寻找生存空间或资源或寻找人类起源。“奇异旅行”和“地外探索”等既是异域探索的临近概念，也可被视为其子概念。

“奇异旅行”（voyages extraordinaires）虽是对儒勒·凡尔纳小说的总结，但不管早期科幻是从古希腊还是从19世纪算起，“奇异旅行”都是“史前科幻”或早期科幻的中流砥柱。奇异旅行既包括时间旅行也包括空间旅行，在此主要以空间旅行或曰异域探索为例。有学者认为，“我们现在称之为科幻小说的文学类型，起源于古希腊小说中的幻想旅行故事”，“科幻小说的原型为关于星际旅行的小说”，“空间旅行的故事形成了这一文学类型[科幻]的核心”。[1]1781年，推想小说集《假想之旅、梦境、幻象与玄妙小说集》在法国出版，其中有“假想之旅”三十卷，包括西哈诺·德·贝热拉克的《月球之旅》和《太阳帝国纪事》、玛丽-安·德·卢米埃-罗贝尔的《西顿勋爵的七大行星之旅》等作品。奇异旅行和探险是凡尔纳文学作品的核心主题，相关包括《地心游记》《海底两万里》《从地球到月球》《环绕月球》等。另一位“科幻小说之父”威尔斯同样关注月球。在他的小说《最早登上月球的人》中，两个地球人无意间来到月球，在那里遇到了虫形月球生命，他们历尽千辛万苦才摆脱后者。1902年，乔治·梅里爱执导的《月球旅行记》取材自凡尔纳和威尔斯作品，成为科幻影史的开山之作。现存中国首部原创科幻小说《月球殖民地小说》同样将目光投向了早已激发中国人无数想象的月球。

1 亚当·罗伯茨：《科幻小说史》，第1-2页。

早期科幻中的虚构探险有三种目的地："地球自身、近地太空和地球的内部"。[1]近地太空范围内的星际旅行想象至晚在16世纪就已出现，但科幻真正脱离太阳系的界域、大规模地探索深空是在20世纪，特别是20世纪下半叶。在科幻剧《星际迷航》中，"进取者号"旨在"勇敢地前往无人涉足之地"。[2]无垠而神秘的宇宙不断激发科幻创作者的想象力，催生了众多优秀的科幻作品。例如，在50年代的科幻经典电影《禁忌星球》中，人们前往艾提尔星系第四行星进行探索，当地发达的奎尔族文明因无法控制意志力阴暗面已经灭亡，探险队员得知真相后逃离并炸毁了行星。在不同时代，人们对太空的想象也有差异。例如，在战后到世纪末的美国科幻电影中，想象中的太空经历了"充满魔法的奇异世界"、被写实描绘的现实太空和被人们带着自信和乐观探索的广阔世界[3]三个阶段。

外星或太空探索涉及的虫洞、黑洞、引力波、多维空间和超光速旅行等是宇宙物理学与科幻共同的兴趣点，外星探索所需要的宇宙飞船和空间站等也成为科幻的重要符号。外星探索叙事有诸多可能：有些异域探索作品能极大拓展人的自我认知和科学知识，即便《索拉里斯星》等作品中展示的异域及其智慧难以破解；《跨时空接触》等作品谈论的是人类对于探索神秘和宏大宇宙的孜孜追求；部分作品谈论与人相关的哲学问题，例如《2001：太空漫游》《火星任务》《普罗米修斯》是对人之起源、存在和未来的探索；《星际穿越》《红色星球》等作品的出发点则是为了寻找人类的出路与未来。其中，《2001：太空漫游》和《星际穿越》都位列科幻影史经典。此外，被探索的异境还可能成为人类与人世的镜子，例如《阿凡达》展现人类对外星球资源的掠夺，映射了人性中自私与凶残的一面。

太空歌剧

仰望星空总能激发人们无穷的想象。太空想象、太空漫游或星际旅行故事能让人对日常世界产生疏离感，通过外部视角反观地球。在太空想象中，"太空歌剧"（space opera，又译"宇宙史诗"）尤其值得关注。太空歌剧最早于1941年由美国作家威尔森·塔克定义："西部片叫horse opera，让多愁善感的家庭主妇潸然泪下的叫soap opera（肥皂剧），那些陈旧过时臭名昭著折磨人的太空船故事或者与此有关的拯救世界的故事，我们统称为space opera"；他认为，太空歌剧有三个特征：它一定与太空船和星际旅行有关；它"是令人兴奋的探险故事……是冲突性文学，通常靠武力解决事端"；它"常常屈从于程式化的情节而且十分平庸"。[4]一般而言，太空歌剧泛指将传奇探险、冒险故事和人类纷争的舞台设定在外太空的科幻作品。太空歌剧通常并不执着于对太空科技的硬核呈现，而是更关

1 戴维·锡德：《牛津通识读本：科幻作品》，第3页。

2 戴维·锡德：《牛津通识读本：科幻作品》，第10页。

3 电子骑士：《银河系科幻电影指南》，北京：世界图书出版社，2017年，第201-202页。

4 爱德华·詹姆斯、法拉·门德尔松：《剑桥科幻文学史》，第352页。

注发生在太空的故事本身。它往往以庞大的银河帝国或繁复的异星文化为背景，情节混合了动作与冒险。“理想化的男主角、未来武器、异域色彩浓厚的意外情节和黑白分明的善恶斗争”是太空歌剧的基本特征。[1]

在1887年匿名发表的小说《海外来客》中，美国征服了整个地球，地球上的殖民者飞往其他星球。它“为后来的科幻作品确定了一种模式，它把行星当作假想中的国家或者殖民地，从而把地球上的领土争端移置到了太阳系。”[2]在两次世界大战之间，太空歌剧开始大量出现在售价低廉的通俗文学杂志上，并在1930年代迎来首次黄金时代。爱德华·史密斯的《宇宙云雀号》和“透镜人”系列是早期太空歌剧的代表作。但早期太空歌剧并未受到评论界的普遍认可，雨果·根斯巴克就曾批评道，其“情节只是用一场战争把两个星球联系起来，到处都是射线和屠杀。”[3]

但不可否认的是，太空歌剧曾在科幻发展史上扮演重要角色。它在二战前美国的盛行，对科幻成为独立文类发挥了关键作用。在很多人看来，太空歌剧甚至是科幻的同义词[4]。《星际迷航》系列、《星球大战》系列、《银河英雄传说》系列以及德国“佩里·罗丹”（Perry Rhodan）系列等经典太空歌剧获得了前所未有的成功，一度改变了科幻影视乃至科幻的命运。《星球大战》等作品的特点包括：故事发生在深邃的宇宙即大尺度的时空中；常以战争和军事行动、政治博弈为背景，主要讲述权力和利益的争斗，故事富有戏剧性和传奇色彩；拥有英雄式的主角以及“阴谋与爱情”；具有天马行空的想象、歌剧的华丽色彩、浓厚的宇宙浪漫主义和崇高感。在“后星球大战时代”里，太空歌剧仍受到部分科幻作家和编剧青睐，仍在激发读者或观众对更广阔世界的想象，也不会像早期作品那般被评论界所质疑。与传统与经典作品相比，当代太空歌剧的影响力有所下降，但其程式化因素在变少，形式更为多样，探索性更强。弗洛·文奇的小说《深渊上的火》和伊恩·M.班克斯的“文明”系列被视为新太空歌剧的典范，代表了太空歌剧较晚近的发展。

与太空歌剧截然不同的科幻类型是聚焦地球事物或日常生活的“世俗科幻”（mundane sci-fi）或“日常科幻”（daily life sci-fi）。随着70—80年代计算机等技术的发展，聚焦人之自身和“大脑宇宙”而非广袤物理宇宙的生命工程、赛博朋克、虚拟空间等类型开始挤占异域探索、太空歌剧等类型的领地。这些让科幻“落地”的母题或亚类不仅为科幻开疆辟土，与太空歌剧等经典类型共同让科幻变得更加多元，也增加了科幻叙事的内容维度和思想深度。

1　戴维·锡德：《牛津通识读本：科幻作品》，第10页。

2　戴维·锡德：《牛津通识读本：科幻作品》，第7页。

3　爱德华·詹姆斯、法拉·门德尔松：《剑桥科幻文学史》，第353页。

4　爱德华·詹姆斯、法拉·门德尔松：《剑桥科幻文学史》，第351页。

赛博朋克

赛博朋克（cyberpunk）是当代科幻的重要亚类。1983年，赛博朋克概念首次出现于科幻作家布鲁斯·贝斯克的同名短篇小说。“cyber”来自数学家诺伯特·维纳提出的“cybernetics”（控制论），意味着技术对人的影响与控制。“punk”原为兴起于20世纪70年代的音乐浪潮，意指叛逆的青年亚文化。1980年代是美国经典赛博朋克书写的黄金时期，美国作家布鲁斯·斯特林认为赛博朋克是对当时科技新形势的回应：“科技本身发生了变化。对我们来说，它不再是胡佛水坝、帝国大厦、核电站那样巨大的蒸汽轰鸣式的往日奇迹。八十年代的科技紧贴着皮肤，回应着我们的触摸：个人计算机、索尼随身听、移动电话和软性隐形眼镜”；在他看来，赛博朋克不断出现的主题包括“身体入侵”（假肢、植入电路、身体改造、基因改造）和“大脑入侵”（脑机接口、人工智能、神经化学），“科技从根本上改变了对人的本质与自我本质的界定”。[1]除此之外，赛博朋克的经典元素还包括赛博空间、交界域（interzone）、虚拟现实、赛博格、跨国公司、墨镜以及黑客等，其思想内核是“高科技、低生活”。

威廉·吉布森小说《神经漫游者》、电影《银翼杀手》、动画电影《攻壳机动队》以及近年来的游戏《赛博朋克2077》和《底特律：变人》等，都是大众文化中知名的赛博朋克作品。赛博朋克有着独特的美学风格，即赛博美学。在《银翼杀手》和《攻壳机动队》等电影作品中，高科技感、人机结合有机体、布满霓虹和CRT显示器的街道、红蓝配色的雨夜、肮脏和黑暗的底层社区、隐约的犯罪气息、混杂的文化特色以及大都市散发的悲观意味等构成了独特的赛博审美冲击。

“赛博格”（cyborg），由“cybernetics”和“organism”（有机体）合成，又被称为电子人或半机械人，是人类有机体与机器或技术结合的结果。它由美国研究者内森·克兰和曼弗雷德·克莱因斯在报告《赛博格与太空》（1960）中提出。两人设想了解决太空旅行的办法,即将自动化的外接设备与人体重新构成控制论系统,以拓展宇航员的自我调节功能，使其更好地适应恶劣的外太空环境。赛博格可分为“恢复性、常态化、重新配置型和强化性”等四类，前两者是“纠正性的”，后两种是则会“产生新形式”。[2]通过语意延伸，被智能手机或电脑加强或附身的当代人都可能被认为是赛博格。因为人工心脏、假肢、骨骼固定装置等技术的发展，赛博格已有一定现实技术基础，英国科学家彼得·史考特-摩根就曾经不断进行赛博格式的自我改造。赛博格的思想内核是对人类自我理解、定位、存在或增强的哲学思考。唐娜·哈拉维在《赛博格宣言》中融合科幻小说想象、历史唯物主义和女性主义，将赛博格定义为自然生命与人造器械的结合、生物和社会的混合体以及实体

---

1 Bruce Sterling, *Mirrorshades: The Cyberpunk Anthology*, New York: Berkley, 1988, Preface xiii.

2 大卫·贝尔、布莱恩·D.罗德尔、尼古拉斯·普利斯、道格拉斯·舒勒：《赛博文化的关键概念》，郝靓译，北京：北京大学出版社，2020年，第61页。

与虚构的混杂，通过“我们都是赛博格”和“宁愿做一个赛博格，而不是一位女神”的宣言，赋予赛博格强劲的哲学和女性主义内涵。[1]在科幻中，赛博格叙事代表作包括《机械战警》《攻壳机动队》《阿丽塔：战斗天使》等。

新世纪以来，优秀的赛博朋克和赛博格主题作品越来越具有全球性，例如游戏《赛博朋克2077》由波兰开发商推出，赛博朋克风格小说《乌托邦》出自埃及作家艾哈迈德·哈立德·陶菲克之手，德国作家安德烈亚斯·阿申巴赫的《最后一人》和中国作家陈楸帆的《荒潮》也塑造了值得关注的赛博格形象。目前，赛博朋克和赛博格已逐渐出圈进入日常话语，成为知名度越来越高的大众文化概念。

此外，与赛博朋克关联紧密的“朋克科幻”包括蒸汽朋克、丝绸朋克和太阳朋克等。蒸汽朋克多基于平行于19世纪西方世界的架空世界观，标榜对蒸汽科技的崇拜和对维多利亚式复古审美的追求。丝绸朋克（silkpunk）追求东方古典美学与西方科学精神之结合，尤其关注对丝绸技术等古老东方技术的描写。太阳朋克（solarpunk）则倾向于想象人类如何利用科技成功解决气候变迁与污染等环境问题，以及达成与自然永续共存后的未来世界。

虚拟空间

“虚拟空间”（virtual space），或曰“虚拟世界”（virtual world），首先是指由计算机技术模拟的、相对于现实世界的数字存在空间，此外也可以是人与计算机交互而共同营造的虚实共在空间。虚拟空间能够显著拓宽人类的感知域和存在空间。在科幻中，它既可以是生存空间、游戏空间、造梦空间，也可以是替代空间和重生空间。虚拟空间可能是落魄人摆脱现实迷茫、找回情感幸福的港湾，例如《她》中电脑程序所构造的情爱世界；可能是通过技术建构的上下层级虚拟世界，例如《异次元骇客》中1937年、90年代和2024年的洛杉矶；可能是局外人摆脱与生俱来的现实身份、在更广阔的可能性中成为英雄的替代世界，例如《头号玩家》中结合网络游戏和虚拟实境技术的“绿洲”；也可能是囚禁人的假象和牢笼，例如《黑客帝国》中的矩阵；还可能是被呈现、虚构或改变的梦境空间，例如日本动画电影《红辣椒》和好莱坞电影《盗梦空间》中的梦境。

虚拟空间与赛博朋克交集甚广，但亦有差异，有时一部作品侧重其一，有时则仅占其一。虚拟空间特指通过智能技术构造或参与构造的存在空间，并非所有的虚拟空间叙事（例如电影《她》和《失控玩家》）都具有赛博朋克风格；赛博朋克叙事，如电影《银翼杀手》《阿丽塔：战斗天使》，不必然需要虚拟空间，而是侧重赛博美学这种审美维度和“高科技、低生活”的存在状态。

以虚拟世界为主题的早期作品包括德国电影《世界旦夕之间》、弗诺·文奇的小说

1　唐娜·哈拉维：《赛博格的宣言：20世纪晚期的科学、技术和社会主义-女性主义》，第312-386页。

《真名实姓》、美国电影《电子世界争霸战》、威廉·吉布森的小说《神经漫游者》、尼尔·斯蒂芬森的小说《雪崩》以及丹尼尔·加卢耶的小说《幻世-3》及其电影改编《异次元骇客》等。王晋康的小说《七重外壳》是中国科幻虚拟空间叙事的代表作。虚拟空间和赛博朋克叙事在科幻文艺史上具有转折意义，因为电脑和人脑构造的虚拟空间在一定程度上代替了物理意义上的广袤宇宙，赛博格则侵占了外星人乃至机器人的空间。对虚实、存在等哲学命题的讨论增加了虚拟空间叙事的思想深度。同时，虚拟空间还有区别于现实的审美格调，在《电子世界争霸战》等作品中，这种“电子时代的美感来源于电脑中的字符、炫酷的荧光效果、犹如技术人员穿着的紧身皮装或工装、机械或电子式的节奏与音响、铝合金或钛等贵金属外壳、轻巧的外型、简洁的图像化界面等方面”。[1]

电影《黑客帝国》让虚拟空间类型和虚实讨论大放异彩。在影片中，22世纪的人类社会已完全由人工智能机器所控制，人类世界变成了恶托邦，人类被培育成智能机器的生物电池。在此，绝大多数人仅生活在由AI制造的虚拟世界里。主人公尼奥选择直面残酷现实、尝试改变命运，但赛弗等角色宁愿在虚假的世界里享受生活。近年来，《头号玩家》等电影让沉浸式游戏中的虚拟空间广受关注。主人公韦德是现实世界中的边缘人，但在虚拟空间中战胜了实力雄厚的科技资本力量，成为了全民瞩目的英雄。韦德的成功不仅是小人物的励志故事，也体现了虚拟对现实的逆袭。但《头号玩家》片尾也强调，虚拟世界可能让局外人享受成功，但现实世界仍是唯一真实的存在。

虚拟空间的临近概念包括赛博空间(cyberspace)、元宇宙(metaverse)、虚拟现实(virtual reality）和化身（avatar）等。其中，赛博空间概念最早出现在威廉·吉布森的小说《整垮铬萝米》(1982）中。它是“由互联网等电子通信网络的合流所创建的空间，它的存在使全球各地任何人之间的计算机中介通讯成为可能”。[2]“元宇宙”由meta（元的、超越的）和(uni)verse（宇宙）复合而成，是初现于小说《雪崩》的概念。元宇宙的重要先驱是虚拟世界游戏，例如《第二人生》。作为虚拟空间的延伸，元宇宙是与现实平行或交互的、又是现实加强或延伸的虚拟空间，其关键词包括临场感、虚拟化身、跨平台互操作等。从技术上讲，它可能成为互联网的未来发展趋势；从哲学角度讲，它是否意味着人之存在的深刻改变，还有待观察。科幻既是时代的产物，也参与了时代的塑造。随着《头号玩家》《失控玩家》等元宇宙相关电影广受关注，虚拟现实（元宇宙）类型将与AI机器、赛博朋克、生命工程等母题或类型一样，继续推动科幻的更新迭代，并在近未来科幻文艺中占据重要位置。

（本编撰写：程林）

1 电子骑士：《银河系科幻电影指南》，第136页。

2 大卫·贝尔、布莱恩·D.罗德尔、尼古拉斯·普利斯、道格拉斯·舒勒：《赛博文化的关键概念》，第56页。

为方便有需要的读者，本书整理制作了书中专名的中外文对照表（包含正文中出现的作品名和人名），扫描下方二维码即可在线查阅。

参考文献

中文部分

一、著作

电子骑士：《银河系科幻电影指南》，北京：世界图书出版公司，2017年。

郭伟：《解构批评探秘》，北京：中国社会科学出版社，2019年。

韩文利：《动画学》，郑州：河南大学出版社，2018年。

侯大伟、杨枫主编：《追梦人：四川科幻口述史》，成都：四川人民出版社，2017年。

江晓原、穆蕴秋：《新科学史：科幻研究》，上海：上海交通大学出版社，2016年。

李道新：《中国电影文化史：1905—2004》，北京：北京大学出版社，2005年。

李捷：《美国动漫史话》，北京：中国青年出版社，2013年。

李墨谦：《世界玩具经典：公司·历史·大师》，北京：中国传媒大学出版社，2010年。

李铁：《美国动画史》，北京：北京交通大学出版社，2014年。

李铁：《中国动画史》，北京：北京交通大学出版社，2017年。

王向华、谷川建司、邱恺欣：《泛亚洲动漫研究》，济南：山东人民出版社，2012年。

吴岩：《科幻文学论纲》，重庆：重庆大学出版社，2021年。

吴岩主编：《20世纪中国科幻小说史》，北京：北京大学出版社，2022年。

吴岩主编：《科幻文学理论和学科体系建设》，重庆：重庆出版社，2008年。

中共中央文献研究室编：《习近平关于科技创新论述摘编》，北京：中央文献出版社，2016年。

萧星寒：《星空的旋律：世界科幻简史》，北京：北京理工大学出版社，2020年。

薛锋、赵可恒、郁芳：《动画发展史》，南京：东南大学出版社，2006年。

薛燕平：《世界动画电影大师》，北京：中国传媒大学出版社，2010年。

颜慧、索亚斌：《中国动画电影史》，北京：中国电影出版社，2005年。

周兰平：《动漫的历史（全彩插图版）》，重庆：重庆出版社，2007年。

庄孔韶：《人类学概论（第三版）》，北京：中国人民大学出版社，2020年。

[英]阿瑟·克拉克：《“太空漫游”四部曲：典藏版》，郝明义等译，上海：上海人民出版社，2013年。

[美]埃德加·爱伦·坡：《爱伦·坡短篇故事全集》，上海：上海世界图书出版公司，2008年。

[英]爱德华·詹姆斯、[英]法拉·门德尔松：《剑桥科幻文学史》，穆从军译，天津：百花文艺出版社，2018年。

[美]保罗·汉弗莱斯：《延长的万物之尺：计算科学、经验主义与科学方法》，苏湛译，北京：人民出版社，2017年。

[英]布赖恩·奥尔迪斯、[英]戴维·温格罗夫：《亿万年大狂欢：西方科幻小说史》，舒伟、孙法理、孙丹丁译，合肥：安徽文艺出版社，2011年。

[法]布鲁诺·拉图尔：《自然的政治：如何把科学带入民主》，麦永雄译，郑州：河南大学出版社，2016年。

[日]长山靖生：《日本科幻小说史话——从幕府末期到战后》，王宝田，等译，南京：南京大学出版社，2012年。

[英]大卫·贝尔、[英]布莱恩·D.罗德尔、[英]尼古拉斯·普利斯、[美]道格拉斯·舒勒：《赛博文化的关键概念》，郝靓译，北京：北京大学出版社，2020年。

[英]戴维·锡德：《牛津通识读本：科幻作品》，邵志军译，南京：译林出版社，2017年。

[美]E.M.罗杰斯：《创新的扩散（第五版）》，唐兴通、郑常青、张延臣译，北京：电子工业出版社，2016年。

[英]盖伊·哈雷主编：《科幻编年史：银河系伟大科幻作品视觉宝典》，王佳音译，北京：中国画报出版社，2019年。

[英]赫伯特·乔治·威尔斯：《时间机器》，陈震译，北京：中信出版社，2020年。

[法]吉尔·德勒兹、[法]费利克斯·加塔利：《资本主义与精神分裂（卷2）：千高原》，姜宇辉译，上海：上海书店出版社，2010年。

[德]加达默尔：《真理与方法——哲学诠释学的基本特征》，洪汉鼎译，上海：上海译文出版社，1999年。

[美]凯瑟琳·海勒：《我们何以成为后人类：文学、信息科学和控制论中的虚拟身体》，刘宇清译，北京：北京大学出版社，2017年。

[英]凯斯·M.约翰斯顿：《科幻电影导论》，夏彤译，北京：世界图书出版社，2016年。

[德]克里斯蒂安·黑尔曼：《世界科幻电影史》，陈钰鹏译，北京：中国电影出版社，1988年。

[美]克利福德·格尔茨：《文化的解释》，韩莉译，南京：译林出版社，2014年。

[美]兰登·维纳：《自主性技术：作为政治思想主题的失控技术》，北京：北京大学出版社，2014年。

[美]里德·塔克：《漫威大战DC》，付博文、陈小立译，北京：中信出版社，2019年。

[法]卢梭：《社会契约论》，何兆武译，北京：商务印书馆，2003年。

[美]罗恩·米勒：《太空艺术简史：科学看不见的，用艺术呈现》，朱宁雁、白哈斯译，北京：北京联合出版公司，2017年。

[美]罗恩·米勒：《外星生命简史：人类400年地外生命探索与想象全记录》，罗妍莉译，北京：北京联合出版公司，2018年。

[英]罗杰·拉克赫斯特：《科幻界漫游指南》，由美译，北京：新星出版社，2022年。

[意]罗西·布拉伊多蒂：《后人类》，宋根成译，郑州：河南大学出版社，2016年。

[法]米歇尔·福柯：《词与物——人文科学考古学》，莫伟民译，上海：上海三联书店，2001年。

[日]山口康田：《日本动画全史 日本动画领先世界的奇迹》，于素秋译，北京：中国科学技术出版社，2008年。

[加]苏恩文：《科幻小说变形记：科幻小说的诗学和文学类形史》，丁素萍、李靖民、李静滢译，合肥：安徽文艺出版社，2011年。

[加]苏恩文：《科幻小说面面观》，郝琳、李庆涛、程佳等译，合肥：安徽文艺出版社，2011年。

[美]唐娜·哈拉维：《类人猿、赛博格和女人——自然的重塑》，陈静译，郑州：河南大学出版社，2016年。

[美]特德·姜：《你一生的故事》，李克勤等译，南京：译林出版社，2019年。

[美]威廉·吉布森：《神经漫游者》，Denovo译，南京：江苏文艺出版社，2013年。

[英]亚当·罗伯茨：《科幻小说史》，马小悟译，北京：北京大学出版社，2010年。

[加]约翰·克卢特：《彩图科幻百科》，陈德民等译，上海：上海科技教育出版社，2003年。

[美]约翰·塞尔：《心脑与科学》，杨音莱译，上海：上海译文出版社，2006年。

[美]詹姆斯·冈恩：《科幻之路》，郭建中译，福州：福建少年儿童出版社，1997-1999年。

[美]詹姆斯·冈恩：《交错的世界：世界科幻图史》，姜倩译，上海：上海人民出版社，2020年。

二、论文

陈楸帆：《科幻如何激发创新精神》，《科普时报》2017年11月17日，第6版。

陈舒劼：《知识普及、意义斗争与思想实验——中国当代科幻小说中的科普叙述》，《东南学术》2020年第6期，第174-181页。

程林：《奴仆、镜像与它者：西方早期人类机器人想象》，《文艺争鸣》2020年第7期，第107-112页。

刘希：《当代中国科幻中的科技、性别和"赛博格"——以〈荒潮〉为例》，《文学评论》2019年第3期，第215-223页。

刘希：《"再现"研究：女性主义的视角》，《"话语"内外：百年中国文学中的性别再现和主体塑造》，南京：南京大学出版社，2021年，第11-41页。

娄逸：《时间与旅行：穿越电影中的时间晶体与文化之镜》，《电影新作》2016年第3期，第45-50页。

石静远：《代后记：性别建构与中国科幻的未来》，微像文化编：《春天来临的方式》，上海：上海文艺出版社，2022年，第367-378页。

宋明炜：《科幻的性别问题——超越二项性的诗学想象》，《上海文学》2022年第5期，第126-136页。

王德威：《鲁迅、韩松与未完的文学革命——"悬想"与"神思"》，《探索与争鸣》2019年第5期，第48-51页。

王峰：《走向后乌托邦诗学——科幻叙事对政治乌托邦的解放》，《外国美学》2020年第2期，第89-107页。

佚名：《科幻美术插图发展史》，《幻想艺术》2007年11月版。

张磊：《"人类世"：概念考察与人文反思》，《中国社会科学报》2022年3月22日，第3版。

[美]那檀霭孙：《民族科幻小说：〈月球殖民地〉与现代中国小说的诞生》，吴岩主编：《2016中国科幻研究》，武汉：湖北科学技术出版社，2016年，第8-27页。

[澳]R.D.海恩斯：《文学作品中的科学家形象》，郭凯声译，《世界科技研究与发展》1990年第5期，第27-40页。

[美]托马斯·斯科提亚：《作为思想实验的科幻小说》，陈芳译，《科学文化评论》2008年第5期，第71-79页。

[美]伊哈布·哈桑：《作为表现者的普罗米修斯：走向一种后人类主义文化？——五幕大学假面剧（献给神圣之灵）》，张桂丹、王坤宇译，《广州大学学报（社会科学版）》2021年第4期，第27-37页。

三、电子文献

艾漍echo：《在游戏中寻找"科幻新浪潮运动"的遗产》，2020年4月10日，https://www.toutiao.com/article/6813773626953695757/?source=seo_tt_juhe，2023年4月17日访问。

仝欣：《怀念J.G.巴拉德：他影响了英国的摇滚乐》，2009年4月23日，http://ent.sina.com.cn/y/m/2009-04-23/09092487236.shtml，2023年4月17日访问。

杨潇：《A is for Brian——怀念布赖恩·奥尔迪斯》，2017年9月8日，http://www.chinawriter.com.cn/n1/2017/0908/c404081-29524491.html，2023年4月17日访问。

外文部分

一、著作

A. L. Kroeber, *Anthropology*, New York: Harcourt, Brace and Company, 1923.

Alec Nevala-Lee, *Astounding: John W. Campbell, Isaac Asimov, Robert A. Heinlein, L. Ron Hubbard, and the Golden Age of Science Fiction*, New York: Dey Street Books, 2019.

Alf Hornborg, *Global Ecology and Unequal Exchange: Fetishism in a Zero-Sum World*, London: Routledge, 2011.

Alfred W. Crosby, Jr., *The Columbian Exchange: Biological Consequences of 1492. Westport*, Connecticut: Greenwood Press, 1972.

Anindita Banerjee ed., *Russian Science Fiction Literature and Cinema: A Critical Reader*, Boston: Academic Studies Press, 2018.

Barry Keith Grant, *100 Science Fiction Films*, London: Bloomsbury Publishing, 2019.

Brian David Johnson, *Science Fiction Prototyping: Designing the Future with Science Fiction*, San Rafael: Morgan & Claypool Publishers, 2011.

Brian Wilson Aldiss, *The Detached Retina: Aspects of Science Fiction and Fantasy*, Liverpool: Liverpool University Press, 1995.

Bruce Sterling, *Mirrorshades: The Cyberpunk Anthology*, New York: Berkly, 1988.

Chris Stuckmann and Anime Impact, *The Movies and Shows that Changed the World of Japanese Animation*, Coral Gables: Mango Publishing Group, 2018.

Daisy Yan Du, *Animated Encounters: Transnational Movements of Chinese Animation, 1940s-1970s*, Honolulu: University of Hawai'i Press, 2018.

Darko Suvin, *Metamorphoses of Science Fiction: On the Poetics and History of a Literary Genre*, New Haven: Yale University Press, 1979.

Donna Haraway, *Staying with the Trouble: Making Kin in the Chthulucene*, Durham: Duke University Press, 2016.

Edward James and Farah Mendlesohn eds., *The Cambridge Companion to Science Fiction*, Cambridge: Cambridge University Press, 2003.

Elizabeth Kolbert, *The Sixth Extinction: An Unnatural History*, New York: Henry Holt, 2014.

Eric Carl Link and Gerry Canavan eds., *The Cambridge Companion to American Science Fiction*, Cambridge: Cambridge University Press, 2015.

Erle C. Ellis, *Anthropocene: A Very Short Introduction*, Oxford: Oxford University Press, 2018.

George Orwell, *The Complete Works of George Orwell, Volume Twenty: Our Job Is to Make Life Worth Living: 1948-1949*, London: Secker and Warburg, 1998.

Gerry Canavan and Eric Carl Link eds., *The Cambridge History of Science Fiction*, Cambridge: Cambridge University Press, 2019.

Gregory Claeys, *Dystopia: A Natural History*, Oxford: Oxford University Press, 2017.

Hal Draper, *The Two Souls of Socialism*, Independent Socialist Committee: A Center for Socialist Education, 1966.

Hans Moravec, *Mind Children: The Future of Robot and Human Intelligence*, Cambridge: Harvard University Press, 1988.

Istvan Csicsery-Ronay, Jr., *The Seven Beauties of Science Fiction*, Middletown: Wesleyan University Press, 2008.

J. P. Telotte, *Science Fiction Film*, Cambridge: Cambridge University Press, 2004.

John Scalzi, *The Rough Guide to Sci-Fi Movies*, Toronto: Penguin Books Canada Ltd., 2005.

Keith M. Booker, *Historical Dictionary of Science Fiction Cinema*, United States: Rowman & Littlefield Publishers, 2020.

Krishan Kumar, *Utopia and Anti-Utopia in Modern Times*, Oxford and New York: Blackwell, 1987.

Lea Daniel, *George Orwell: Animal Farm/Nineteen Eighty-Four*, Basingstoke: Palgrave Macmillan, 2001.

Lyman Tower Sargent, *Utopianism: A Very Short Introduction*, Oxford: Oxford University Press, 2020.

Marco Pellitteri and Heung-wah Wong eds., *Japanese Animation in Asia: Transnational Industry, Audiences, and Success*, New York: Routledge, 2022.

Paul Kincaid, *Iain M. Banks*, Urbana: University of Illinois Press, 2017.

Raffaella Baccolini and Tom Moylan eds., *Dark Horizons: Science Fiction and the Dystopian Imagination*, New York and London: Routledge, 2003.

R. W. Connell, *Masculinities*, Cambridge: Polity Press, 1995.

Stephen Hawking, *A Brief History of Time*, New York: Bantam Books,1998.

Stephen Holland, *Sci-Fi Art: A Graphic History*, Lewes: ILEX, 2009.

Stephen P. Lockwood, *The New Wave in Science Fiction: A Primer*, Bloomington: Indiana University Press, 1985.

Tom Moylan, *Demand the Impossible: Science Fiction and the Utopian Imagination*, London: Methuen, 1986.

Tom Moylan, *Scraps of the Untainted Sky: Science Fiction, Utopia, Dystopia*, Boulder: Westview, 2000.

山中貴幸、皆川ゆか、五味洋子：『日本TVアニメーション大全』，東京：世界文化社，2014年。

二、论文

Anahita Baregheh, Jennifer Rowley and Sally Sambrook, “Towards a Multidisciplinary Definition of Innovation”, *Management Decision* 47.8 (2009), pp.1323-1339.

Andreas Malm and Alf Hornborg, “The Geology of Mankind? A Critique of the Anthropocene Narrative,” *Anthropocene Review* 1 (2014), pp.62-69.

Andrew S. Mathews, “Anthropology and the Anthropocene: Criticisms, Experiments, and Collaborations,” *Annual Review of Anthropology* 49 (2020), pp.67-82.

Braidotti Rosi, “Four Theses on Posthuman Feminism,” in Richard Grusin ed., *Anthropocene Feminism*, Minneapolis: University of Minnesota Press, 2017, pp.21-48.

Carl D. Malmgren, “Self and Other in SF: Alien Encounters,” *Science Fiction Studies* 20.1 (Mar 1993), pp.15-33.

Caroline Bassett, Ed Steinmueller and George Voss, “Better Made Up: The Mutual Influence of Science Fiction and Innovation,” *Nesta Work* 7 (2013), pp.13.

D. Haraway, “Anthropocene, Capitalocene, Plantationocene, Chthulucene: Making Kin,” *Environmental Humanities* 6 (2015), pp.159-165.

Daniel M. Russell and Svetlana Yarosh, “Can We Look to Science Fiction for Innovation in HCI?” *Interactions* 25.2 (2018), pp.36-40.

David J. Rhees, “From Frankenstein to the Pacemaker,” *IEEE Engineering in Medicine and Biology Magazine* 28.4 (2009), pp.78-84.

David Samuels, "These Are the Stories That the Dogs Tell: Discourses of Identity and Difference in Ethnography and Science Fiction," *Cultural Anthropology* 11.1 (Feb 1996), pp.88-118.

DeRose Maria, "Redefining Women's Power Through Feminist Science Fiction," *Extrapolation* 46.1 (2005), pp.66-89.

Dipesh Chakrabarty, "The Climate of History: Four Theses," *Critical Inquiry* 35.2 (2009), pp.197-222.

E. R. Helford, "Feminism," in Gary Westfahl ed., *The Greenwood Encyclopedia of Science Fiction and Fantasy: Themes, Works and Wonders*, Connecticut: Greenwood Press, 2005, pp.289-291.

Gardner Dozois, "Beyond the Golden Age-Part II: The New Wave Years," *Thrust-Science Fiction in Review* 19 (1983), pp. 10-14.

Gregory Benford, "Aliens and Knowability: A Scientist's Perspective," in George Edgar Slusser et al. eds., *Bridges to Science Fiction*, Carbondale: Southern Illinois UP, 1980, pp. 53-63.

Harding Sandra, "Why Has the Sex/Gender System Become Visible Only Now?" in S. Harding and M. B. Hintikka Dordrecht eds., *Discovering Reality: Feminist Perspectives on Epistemology, Metaphysics, Methodology and Philosophy of Science*, Amsterdam: Kluwer Academic Publishers, 1983, pp.311-324.

Heather Anne Swanson, "Anthropocene as Political Geology: Current Debates over How to Tell Time," *Science as Culture* 25.1 (2016), pp.157-163.

J. N. Bailenson, N. Yee, A. Kim and J. Tecarro, "Sciencepunk: The Influence of Informed Science Fiction on Virtual Reality Research," in Margret Grebowicz eds., *SciFi in the Mind's Eye: Reading Science through Science Fiction*, Chicago: Open Court, 2007, pp. 147-164.

J. S. B. Evans, "In Two Minds: Dual Process Accounts of Reasoning," *Trends in Cognitive Sciences* 7.10 (2003), pp.454-459.

Jason W. Moore, "The Capitalocene Part I: On the Nature and Origins of Our Ecological Crisis," *Journal of Peasant Studies* 4 (2017), pp.594-630.

Leon E. Stover, "Anthropology and Science Fiction," *Current Anthropology* 14.4 (1973), pp.471-474.

Liu Xi, "Stories on Sexual Violence as 'Thought Experiments': Contemporary Chinese Science Fiction as an Example," *SFRA Review* 52.3 (2022), pp.118-128.

Lyman Tower Sargent, "The Three Faces of Utopianism Revisited," *Utopian Studies* 5.1(1994), pp.1-17.

Lyman Tower Sargent, "Utopian Traditions: Themes and Variations," in Roland Schaer, Gregory Claeys and Lyman Tower Sargent eds., *Utopia: The Search for the Ideal Society in the Western World*, New York: The New York Public Library/Oxford University Press, 2000.

Lyu Guangzhao, "SFRA Conference Report: Futures from the Margins (Oslo, 2022, co-hosted by CoFutures)," *Vector* 296 (2022), pp.46-53.

Ma Mia Chen et al., "Roundtable: Can Chinese Science Fiction Transcend Binary Thinking?" *SFRA Review* 51.4 (2021), pp.217–31.

Markus Appel, Stefan Krause, Uli Gleich, and Martina Mara, "Meaning through Fiction: Science Fiction and Innovative Technologies," *Psychology of Aesthetics, Creativity, and the Arts* 10.4 (2016), pp.472-480.

Mary M. Crossan and Marina Apaydin, "A Multi-dimensional Framework of Organizational Innovation: A Systematic Review of the Literature," *Journal of Management Studies* 47.6 (2010), pp.1154-1191.

Milene Gonçalves and Philip Cash, "The Life Cycle of Creative Ideas: Towards a Dual-process Theory of Ideation," *Design Studies* 72 (2021), pp.1-31.

Naomi Klein, "Let Them Drown: The Violence of Othering in a Warming World," *London Review of Books* 38.11 (2016), pp.11-14.

Paul J. Crutzen, "Geology of Mankind," *Nature* 415 (2002), pp.23.

Paul J. Crutzen and Eugene F. Stoermer, "The 'Anthropocene'," *IGBP Newsletter* 41 (2000), pp.17-18.

Peter G. Stillman, "Dystopian Visions and Utopian Anticipations: Terry Bisson's 'Pirates of the Universe' as Critical Dystopia," *Science Fiction Studies* 28.3 (Nov 2001), pp.365-382.

Philip Jordan & Paula Alexandra Silva, "Charting Science Fiction in Computer Science Literature," in Z. Lv and H. Song eds., *Intelligent Technologies for Interactive Entertainment. INTETAIN 2021. Lecture Notes of the Institute for Computer Sciences, Social Informatics and Telecommunications Engineering* 429 (2022), pp.100-126.

Raymond Williams, "Science Fiction," *Science Fiction Studies* 15.3 (Nov 1988), pp.356-360.

Rob Latham, "From Outer to Inner Space: New Wave Science Fiction and the Singularity," *Science Fiction Studies* 39.1 (Mar 2012), pp. 28-39.

Rubin Gayle, "Traffic in Women: Notes on the Political Economy of Sex," in R. Reiter ed., *Toward an Anthropology of Women*, New York and London: Monthly Review Press, 1975, pp.157-210.

Samuel Gerald Collins, "Sail on! Sail on!: Anthropology, Science Fiction, and the Enticing Future," *Science Fiction Studies* 30.2 (Jul 2003), pp.180-198.

Samuel Gerald Collins, "Scientifically Valid and Artistically True: Chad Oliver, Anthropology, and Anthropological SF," *Science Fiction Studies* 31.2 (Jul 2004), pp.243-263.

Scott Joan W, "Gender: A Useful Category of Historical Analysis," *American Historical Review* 91.5 (1986), pp.1053-1075.

Simon L. Lewis and M. A. Maslin, "Defining the Anthropocene," *Nature* 519 (2015), pp.171-180.

Simon Ounsley, "Editorial," in Simon Ounsley and David Pringle eds., *Interzone* 19 (Spring 1987), p. 3.

Steven J. Heine, Travis Proulx and Kathleen D. Vohs, "The Meaning Maintenance Model: On the Coherence of Social Motivations," *Personality and Social Psychology Review* 10.2 (2006), pp.88-110.

Takayuki Tatsumi, "Generations and Controversies: An Overview of Japanese Science Fiction, 1957-1997," *Science Fiction Studies* 27.1 (Mar 2000), pp. 105-114.

Tim Brown, "Design Thinking," *Harvard Business Review* (Jun 2008), pp.1-9.

Todd J. Braje and Jon M. Erlandson, "Looking forward, Looking back: Humans, Anthropogenic Change, and the Anthropocene," *Anthropocene* 4 (2013), pp.116 -121.

William F. Ruddiman, "The Anthropocene," *The Annual Review of Earth and Planetary Sciences* 41.4 (2013), pp.1-24.

Xi Liu, "Stories on Sexual Violence as 'Thought Experiments': Post-1990s Chinese Science Fiction as an Example," *SFRA Review* 52.3 (Summer 2022), pp. 118-129.

三、电子文献

Frederic Jameson, "The Politics of Utopia," updated Jan/Feb 2004, https://newleftreview.org/issues/ii25/articles/fredric-jameson-the-politics-of-utopia, accessed 6 April 2023.

John Clute and David Langford eds., *The Encyclopedia of Science Fiction*, London: SFE Ltd and Reading: Ansible Editions, updated 2 January 2023, https://sf-encyclopedia.com, accessed 16 March 2023.

Perry Anderson, "The River of Time", updated Mar/Apr 2004, https://newleftreview. org/issues/ii26/articles/perry-anderson-the-river-of-time, accessed 10 March 2023.

Vernor Vinge, "The Coming Technological Singularity: How to Survive in the Post-Human Era," updated 30-31 March 1993, https://edoras.sdsu.edu/~vinge/misc/singularity.html, accessed 7 April 2023.

编写说明

本书分工如下

绪言：李广益

第一编　第一章：张泰旗

第一编　第二章：任冬梅

第一编　第三章：江晖

第一编　第四章：杨琼

第一编　第五章：范轶伦

第一编　第六章：姜振宇

第二编　第一章：郁旭映

第二编　第二章：刘希

第二编　第三章：郭伟

第二编　第四章：余昕

第二编　第五章：吕广钊

第三编　第一章：夏彤

第三编　第二章：刘健

第三编　第三章：方舟

第三编　第四章：李岩

第四编　第一章：王涛

第四编　第二章：姜佑怡

第四编　第三章：唐杰

第四编　第四章：张峰

第五编：刘洋

第六编：程林

王馨培、黄亚菲承担了本书主体部分的格式修订和文字校对工作。作为本书附录的专名中外文对照表和参考文献列表，由黄亚菲、童博轩在编委工作基础上分别编订。

在本书编写过程中，吴岩、林一苹、牛煜琛、高炜明、张郁桐、王垚、未央、阎美萍等亦提供了宝贵意见和重要协助，特此一并致谢。